河流水质指标伴生性分析及预测模型构建与应用

——以太子河干流为例

吴 奇 范 博 贾铭洋 栾 策
全占东 白伟桦 王丽学 等 著

U0253293

黄河水利出版社

· 郑 州 ·

内容提要

本书基于太子河辽阳段近 15 年水质监测数据及相应的 Landsat 8 卫星 OLI 数据，采用主成分分析、小波分析、通径分析和综合水质标识指数等方法，分析了太子河辽阳段各水质指标的关联伴生性，评估了近 15 年太子河水质综合等级的变化规律，分析了影响水质指标的潜在社会、自然等影响因素。在此基础上，通过构建 MIKE21 水动力–水质耦合模型，阐明了太子河辽阳段主要污染指标的衰减规律，为水质指标的精准预测提供了重要依据；通过构建基于机器学习的遥感反演模型，预测并分析了氨氮、总氮以及高锰酸盐指数等指标的时空演变规律，为水质等级的实时预判提供了新方法。两者结合使用，可以提高河流水质预测的时效性和准确性，更好地指导水污染控制和管理。

本书可供水利和环境相关部门的科研、管理及决策者参考使用，也可为大专院校师生提供参考。

图书在版编目（CIP）数据

河流水质指标伴生性分析及预测模型构建与应用：以太子河干流为例/吴奇等著. —郑州：黄河水利出版社，2023.6

ISBN 978-7-5509-3594-5

Ⅰ.①河… Ⅱ.①吴… Ⅲ.①河流–水质指标–研究–辽阳 Ⅳ.①X832

中国国家版本馆 CIP 数据核字（2023）第 106949 号

责任编辑	乔韵青	责任校对	韩莹莹
封面设计	黄瑞宁	责任监制	常红昕

出版发行 黄河水利出版社

地址：河南省郑州市顺河路 49 号　邮政编码：450003

网址：www.yrcp.com　E-mail:hhslcbs@126.com

发行部电话：0371-66020550

承印单位 广东虎彩云印刷有限公司

开　　本 787 mm×1 092 mm　1/16

印　　张 15.25

字　　数 352 千字　　　　　　　　印　数 1—1 000

版次印次 2023 年 6 月第 1 版　　2023 年 6 月第 1 次印刷

定　　价 75.00 元

前　言

本书针对河流水质预测精准度有限和时效性低的问题,结合地方服务项目"河流水质指标伴生性分析及模型构建与应用"(H2021356)、中国博士后科学基金面上项目"生物炭负载纳米镁盐对富营养水中氮磷在 AWD 稻田的协同再利用研究"(2021M693863)、辽宁省世界银行贷款项目"可持续发展农业项目成果监测与评价"(H2021449),以及国家自然科学基金(52009078)与辽宁省自然基金指导计划(2019-ZD-0705)等,研究河流主要污染指标的关联伴生性及预测模型的构建与应用。

辽宁省太子河是辽河水系重要的支流之一,其水质安全问题关系到辽宁省南部地区的生态环境和人民健康。21 世纪第 1 个 10 年,太子河流域水质污染问题日趋突出。太子河经重工业城市本溪市流入辽阳市境内,因上游带来大量的无机盐、有机物、重金属等污染物,且太子河辽阳段又有许多煤炭开采业、金属矿采选业、化工厂等重污染企业分布在沿岸,周边还有大量居民居住,导致工农业、生活污水直接排入水体中,造成河流生物多样性低、河岸带植被稀少、水质长期不达标、河势不稳、主河道游荡等问题。近年来,按照"截污控源,内源治理,原位修复,水质净化,生态修复,立体管控"六大原则,太子河流域大力实施截污、控污、清污、减污、治污工程,通过标本兼治、源头治理,水环境质量得到一定改善。2020 年,在进行水质监测的太子河辽宁省地表水断面中,年均水质达到或优于《地表水环境质量标准》(GB 3838—2002)Ⅲ类标准的断面比例为 74.4%,与 2019 年相比,优良断面同比上升 11.6 个百分点;劣Ⅴ类标准的断面比例为 0,比 2019 年下降 5.8 个百分点,水质总体改善明显,呈轻度污染。因此,太子河流域水质研究重点导向从"治理为主"转为"监控为主、治理为辅"。

遥感技术可以覆盖大范围的水域,MIKE21 技术则可以细致地模拟水体的动态变化,两者结合可以更全面、更精确地监测水质,及时发现水质问题。传统的水质监测方式需要人力物力较多,而遥感技术和 MIKE21 技术可以实现自动化监测,节省了大量的时间和成本,并且可以实现 24 h 不间断监测。由于遥感技术和 MIKE21 技术可以实现实时监测、预警和预测,可以及时做出反应,快速采取措施,避免水质问题扩大影响。根据以上研究思路,首先探明了近 15 年太子河辽阳段主要污染指标的时空分布规律,并剖析了主要水质污染指标的关联伴生性及周期性、水质综合等级演变和相关影响因素。在此基础上,构建了基于 MIKE21 的水动力-水质模型和基于 BP 神经网络的全氮、氨氮与高锰酸盐指数遥感反演模型,提出了主要水质污染指标的衰减规律,并对模型进行应用,预测了近年来各水质指标的空间分布特征。最后,根据太子河水质的时空分布规律、社会与自然等影响因素、水质指标伴生性问题以及模型预测结果,提出了相应的指导建议。基于遥感和MIKE21 协同监测水质的技术可以提高河流水质预测的时效性和准确性,更好地指导水污染控制和管理。

本书主要内容包括绪论、太子河干流水质的时空演变特征、太子河干流水质指标的伴生性分析与评价、基于 MIKE21 的太子河水质预测模型构建与应用、基于 BP 神经网络的太子河 COD_{Mn} 反演模型构建与应用、基于 BP 神经网络的全氮与氨氮遥感反演模型构建与应用、太子河干流辽阳段水环境问题与对策等。其中,第 1 章由吴奇、栾策、王丽学撰写,第 2 章由范博、全占东、李圣、任若涵撰写,第 3 章由贾铭洋、白伟桦、常闵茹、宫福征、贾晓峰撰写,第 4 章由栾策、王丽学、常闵茹、范博、贾铭洋撰写,第 5 章由吴奇、栾策、高源、宫福征、全占东撰写,第 6 章由吴奇、宫福征、白伟桦、栾策、贾晓峰撰写,第 7 章由范博、贾铭洋、全占东、白伟桦撰写。全书由吴奇、王丽学统稿。沈阳农业大学硕士研究生贾晓峰在本书编写过程中承担了部分资料整理和文字校对等工作,在此表示感谢!

在本书撰写过程中,我们力求注重全书的系统性、科学性和创新性。但是由于作者水平和研究时间有限,对有些问题的分析与认识还有待进一步深化,书中难免有疏漏和不足之处,敬请读者批评指正。

作 者

2023 年 3 月

目　录

第 1 章　绪　论

1.1　研究背景与意义

　　水资源是人类赖以生存和社会发展不可或缺的自然资源,其安全程度直接影响着人们的生命健康,也关系到经济社会的发展、和谐与稳定。然而,随着当前经济的飞速发展,人类的各种活动对水环境造成了极大影响。日益严重的水污染问题威胁着人们的生命安全,成为限制当今社会可持续发展的重要因素。我国是一个水资源较为短缺的国家,我国水资源总量约为 2.8×10^{13} m³,居世界第 6 位,但人均水资源量不到世界人均水平的 1/4,位居世界第 109 位,水资源供需矛盾日益显著,且时空分布不均匀(吴奇等,2021)。工业废水的不合理排放和农田施肥对河流造成污染,使我国本就短缺的水资源遭受更严重的威胁。全国范围内水污染问题愈发复杂化,河流湖泊水质恶劣和富营养化程度不断加剧等问题使我国水资源面临着尤为严峻的局面。为科学有效应对逐日加剧的水污染问题,2015 年我国颁发了《关于印发水污染防治行动计划的通知》,严格控制水污染问题,防范水环境风险。在各地区、各部门的不懈努力下,相比于 2015 年,我国水环境状况得到改善,但水污染形势依旧严峻,在城市建设、氮磷物质控制和河流湖泊水环境保护上仍存在很多问题。

　　淡水资源是人类和一切生物赖以生存与发展不可或缺的物质基础。随着我国经济的发展,工业化、城市化的不断推进,水域的污染也越来越严重。《2019 年全国生态环境统计公报》显示:全国废水中 COD(化学需氧量)年排放量 567.1 万 t,氨氮年排放量 46.3 万 t,总氮年排放量 117.6 万 t,总磷年排放量 5.9 万 t,石油类排放量 0.6 万 t,挥发酚排放量 147.1 t,氰化物排放量 38.3 t,重金属排放量 120.7 t。而根据相关数据测算,我国河流的 COD 承载力为 740.9 万 t,氨氮承载力为 29.8 万 t,氨氮排放量已远远超过河流本身对污染物的承载能力。根据生态环境部公布的《2020 中国生态环境状况公报》,2020 年,长江、黄河、珠江、松花江、淮河、海河、辽河七大流域和浙闽片河流、西北诸河、西南诸河主要江河监测的 1 614 个水质断面中,Ⅰ~Ⅲ类占 87.4%,比 2019 年上升 8.3 个百分点;劣 Ⅴ类占 0.2%,比 2019 年下降 2.8 个百分点。主要污染指标为化学需氧量、高锰酸盐指数和五日生化需氧量。西北诸河、浙闽片河流、长江流域、西南诸河和珠江流域水质为优,黄河流域、松花江流域和淮河流域水质良好,辽河流域和海河流域为轻度污染。从整体上看,我国水环境状况有所好转,但并没有得到根本性的改变,形势依然不容乐观,且近年来,我国重点流域已进入突发性水污染事故的高峰期。据统计,我国平均每 2~3 d 就会发生一起水体污染事故,这使我国水资源变得更加匮乏,严重威胁了生态环境和人类健康。水环境污染和水资源短缺对国民用水安全和区域经济的发展造成了严峻的威胁,并已经逐渐成为影响人们生活水平和制约经济社会可持续发展的重要原因。

河流系统是地球表面水循环、碳循环、营养物质循环和泥沙循环的最主要通道,是陆地水生生物多样性的基础,在很大程度上控制着海岸带的水体功能。河流是陆地可利用淡水资源最重要的组成部分,是离人们居住点和工作点最近的水体,是最易为人们获取的资源。随着经济社会的快速发展,工农业污水、养殖废水和生活污水过度排放,导致河流系统的水质恶化(Su et al.,2011;Zhang et al.,2010;Tan et al.,2023)。河流是最容易受到人类活动影响和最易遭受污染的水体,因为它们在其广阔的流域中承载着城市和工业废物以及农田径流的排放(Mustapha et al.,2012)。东北地区是我国重要的工业中心之一,也是我国最重要的粮食产区(Zhang et al.,2005;Lam et al.,2013;杨依等,2020)。工农业排放产生的大量污染物造成了严重的环境污染问题,影响了东北地区水系的水质(Vega et al.,1998;Shao et al.,2006)。水资源短缺和水污染已经成为制约我国可持续发展的瓶颈因素。监控和预防水环境问题,有利于维持水资源总量和水质安全,已变成全人类所关注的重点之一。改革开放以来,随着我国人口数量的增多、城市化程度的加重和工农业的发展,水污染情况越来越严重,我国成为水问题最为严重的国家之一。

辽河流域在全国七大流域中水质污染状况较严重,太子河是辽河流域的主要河流之一,也是辽宁省的工农业生产基地。近年来,太子河流域水质污染问题日趋突出。太子河经重工业城市本溪市流入辽阳市境内,水中本来就含有大量的无机盐、有机物、重金属等污染物,且太子河辽阳段又有许多煤炭开采业、金属矿采选业、化工厂等重污染企业分布在沿岸,周边还有大量居民居住,工农业、生活污水直接排入水体中。由于土壤侵蚀,大量泥沙进入河流,泥沙挟带的氮、磷等营养物质已成为太子河污染不可忽视的因素,造成生物多样性低、河岸带植被稀少、水质长期不达标、河势不稳、主河道游荡等问题(眭红艳等,2020)。太子河流域作为流经城市的社会经济命脉,其水环境保护对于区域经济社会可持续发展具有重要意义(李锦鹏等,2019)。2022年发布的《辽阳市"十四五"生态环境保护规划》,以习近平新时代中国特色社会主义思想为指导,扎实践行绿色发展理念,坚持"生态优先、绿色发展""三水统筹、系统治理"的原则。生态环境重点保护任务就是深入打好碧水保卫战,全面改善水生态环境质量,推进水生态、水环境和水资源三水共治战略,推动美丽河湖保护与建设,建立健全流域污染联防联控机制。到2025年,生态环境质量明显改善,主要污染物排放总量明显减少。生态系统稳定性显著增强,环境风险得到有效管控,环境监管和应急能力全面提升。人民群众满意度明显提高,为实现"美丽辽阳"打下坚实基础。《辽宁省生态环境状况公报》统计结果表明,2020年,在进行水质监测的辽宁省地表水的断面中,年均水质达到或优于《地表水环境质量标准》(GB 3838—2002)Ⅲ类标准的断面比例为74.4%,与2019年相比,优良断面同比上升11.6个百分点;Ⅳ类比例为22.1%;Ⅴ类比例为2.3%;劣Ⅴ类比例为0,比2019年下降5.8个百分点。水质总体改善明显,呈轻度污染。可以看出,自进行水质整治以来,辽宁省地表水环境均呈现变好的趋势。因此,持续高效监测水质对管理和整治水环境具有重要意义。

本书以太子河辽阳段为研究对象,根据实测数据,从时间和空间两个维度科学客观地选取影响太子河水质的主要污染指标,采用综合水质标识指数法对各个断面的主要水质指标逐月监测数据进行分析,利用MIKE21建立研究区域二维水动力模型,对模型进行数值分析,通过水质评价与水质模型的建立,揭示水体流动与水质状态的时空分布规律,为探索水动力与水质间耦合过程提供理论依据;利用 Landsat 8 遥感影像,基于 BP 神经网络算法建立太子河水质氨氮反演模型,进行组合验证与预测。以上内容的完成,不仅有利于从理论上剖析太子河流域水质时空变化的特点,而且可以对太子河流域水质进行全面、实时的区域性监测,弥补传统水质监测方式断面少、数据更新不及时的问题。从实践应用上为动态监测河流水体水质变化特征提供重要的技术保障,对辽宁省水质状况的持续改善具有重要的科学意义。

1.2　国内外研究进展与现状

1.2.1　我国水质整体研究状况

我国现阶段水资源的分布具有数量多、类型丰富、变化复杂等特点,在后期保护与治理流域生态环境阶段的任务较为繁多且难度系数较大(王琴等,2022;陈淑英等,2021)。因此,在流域保护方面,我国更注重其功能方面,采用分类、分层次的方法对其采取保护措施,但是大多数措施仅能单一地针对水动力或水质方面的问题进行改善和修复(林希晨等,2019)。然而,城市内部河流水位不一、自我修复能力较弱等特点,导致其容易受到外界因素的影响,若采用单一的解决措施无法取得明显的效果,更不能从根本上解决问题。保障水质安全是关系到人类健康、生态安全和经济社会可持续健康发展的重大课题。深入开展水质研究,科学、客观评价和系统掌握污染物浓度水平,模拟污染物扩散趋势,是保障水质安全的前提和基础(李茂静等,2019)。

准确评估河流水质污染程度、精准掌握河流水质分布特点、模拟水动力流动过程和污染物扩散趋势,是各流域水环境治理与管理的基础工作,对当地水环境安全保障、水资源科学管理等具有重要意义(林涛等,2022)。2015 年《水环境防治行动计划》(简称“水十条”)的发布对水体环境提出了严格的要求,明确提出要以改善水环境质量为核心,以水质达标倒逼污染防治(张晓婕等,2022;田颖等,2020)。为此,相关水环境学者开始注重水质评价方法与数值模拟的研究,来解决城市河流中存在的水环境问题。MIKE21 建立研究区域二维水动力模型,通过对模型进行数值分析,为探索水动力与水质间耦合过程提供了理论依据。但是 MIKE21 预测技术严重依赖设备投入和非常准确、全面的地形数据,对大面积监测流域污染支撑不足。遥感技术快速发展解决了这一问题,对于水体而言,受污染水体中含有的不同旋光活性物质,会对太阳光进行不同程度的吸收与反射,在光学上表现为不同的波谱特征,这就使得遥感水质反演成为可能。水质遥感监测技术是以遥感影像为基础,同时不被自然因素所影响,能够完善点位观测的缺点,为大区域多时间跨度的水体监测和水质参数的反演提供了技术支撑。机器学习方法不依赖于固定的模型框架,而是不断地“学习”模型校正过程中的反馈误差,完善自变量与因变量之间的复杂关系,是解决此类复杂问题的有效方法。徐萍等(2020)利用哨兵-2A、GF-1/WFV1、Landsat 8 卫星 OLI 数据,采用传统统计回归模型、机器学习模型对松花江哈尔滨段流域水体水质参数进行反演,结果表明机器学习模型算法对水质指标浓度反演精度高于传统统计回归模型。

上述研究表明,遥感技术具有监测范围广、获取成本低和获取周期短的优势,能够满足大范围和动态的水质监测需求,在水质监测方面具有较强的应用潜力。但为了更好地实现水质参数的反演,提高反演精度和模型的适用性,机器学习与遥感技术的结合已成为当前研究的热点。

1.2.2 水质评价的发展

水质评价属于环境质量评价的一部分,美国是较早开展水质评价的国家,也是第一个把环境影响评价用法律的形式固定下来规范人们行为的国家。20世纪60年代,美国学者 Jacobs 和 Horton et al. (1965)提出了水体质量评价的水质指数(QI)概念,标志着水质评价的开端,各个国家以此理论为基础,不断对水质评价的方法进行补充和发展。在1970年,美国国家卫生基金组织的 Brown et al. 基于水质指数(QI)理论提出了水质现状评价的质量指数法(WQI),该方法可以根据所选指标的重要性,赋予不同的权重,使结果更加接近实际状况,至今仍在广泛使用。同年,美国叙拉古大学教授 Nemerow(1974)在《河流污染的科学分析》中阐述了内梅罗污染指数法,他根据用水的种类,划分了不同的水质标准,作为水质结果的评判依据,是当前国内外水质污染评价最常用的方法之一。1977年,英国学者 Ross 总结水质评价的一些方法后,在对克鲁德河流进行水质评价时,采用了五日生化需氧量、氨氮、悬浮固体及溶解氧四项指标,对水质进行了评价,提出了一种较为简单的罗斯水质指数法。在20世纪70年代,苏联也积极展开了水质评价工作,在莫斯科河和伏尔加河上采用基于物理、化学和生物学指标评价法并建立了河流污染平衡模型,使评价结果更加全面、科学。20世纪90年代后,水污染事件日益严重,制约了各国社会和经济的发展,引起了高度重视,各个国家相继提出的《新德里宣言》《里约热内卢宣言》《柏林宣言》均强调了水质评价的重要性,对于水质评价的工作不再局限于部分区域,而是进入了全球性阶段。

我国的水质评价始于20世纪50年代,在全国主要河湖水库上进行水质评价,相较国外起步略晚一些。1972年,包含水质评价的《北京西郊环境质量评价研究》树立了我国在水质评价上的里程碑。1973年开始,北京市环境保护科学研究院进行环境质量评价的研究,评价范围主要在重点城市或小范围地区开展,为我国后面的水质评价工作打下了坚实的基础。关伯仁等(1974)提出了我国第一个对水质状况进行综合评价的指数。70年代以来,我国开始对重点河流湖泊进行水质评价工作,如杭州西湖、太湖、松花江等,取得较好研究成果的同时,也积累了丰富的经验。1979年后,我国进入改革开放阶段,经济飞速发展,随之而来的环境问题也不可忽视,尤其水环境问题已成为我国发展过程中不得不面对的难题。1983年国家颁布了《地面水环境质量标准》(GB 3838—83),经过三次修改后,于2002年颁布最新版《地表水环境质量标准》(GB 3838—2002)。20世纪80年代初到90年代末,我国形成了一套较为成熟的水质评价体系,提出了水质隶属度的概念。21世纪以来,随着各种数学方法与模型的不断发展,我国也逐渐提高了水质评价的工作效率。徐祖信等(2005)提出了单因子水质标识指数法和综合水质标识指数法,经常应用于水质评价过程中。

虽然水质评价工作在国内起步较晚,但发展十分迅速,主要经历了探索、发展、深入研究三个典型的阶段。

(1) 20 世纪 70 年代初期至中期,为探索阶段。研究人员在对官厅水库流域和渤海地区展开水质评价研究的基础上取得了一些经验积累,实现了从水质评价方法、内容、程序等的研究经验积累,到水质评价因子选取和权重处理等方面较为系统的研究。

(2) 20 世纪 70 年代中期至 80 年代初,为发展阶段。70 年代初,以中国科学院于成都召开的题为"区域环境学"的会议为开端,科学家们先后在东海、南海、松花江等 10 个全国具有代表性的水域展开了水质评价的科学研究工作。这一阶段的进展主要体现为调查研究工作进一步深入,水质评价指数系统不断创新和完善,并对综合防治水污染进行了初探。

(3) 20 世纪 80 年代初期至中期,为深入研究阶段。在对前 2 个阶段的研究成果和研究经验积累的基础上,逐渐形成了一套完整、合理、科学的水环境质量评价体系,初步创建了技术研究程序并对新的评价方法进行了探索研究。

从 20 世纪 80 年代开始,水质评价研究已经有了较好的发展,1981 年第一个国家级水质评价成果,采用地图重叠法、单因子评价法和加权算术平均河长的水质指数法对洋河水质进行了综合性评价。李树华等(1989)采用模糊集理论以及指数法,分别对北海港湾的水质进行了综合评价,并通过两种方法得出了相近的评定结果。现在国内水质评价有了很大的发展,很多研究者使用不同的水质评价方法对水质进行评价:李中原等(2020)依照彰武水库功能区对水质的要求和 2009—2015 年的实测水质数据,通过单因子水质标识指数法、综合污染指数法、有机污染指数法来评估其水环境状况。李如忠、陈慧等(2020)对合肥市环城公园 6 个景观水体开展了水质特征分析和富营养化评价。何飞、刘兆飞等(2020)以洪泽湖、高邮湖及洞庭湖为研究对象,利用集中度的概率密度函数方法(CPDF)来提高 Jason-2 测高数据精度,分析了降水量与各个湖泊水位变化的相关性,并基于实测水位数据对比评价了 Jason-2 测高卫星原始 GDR 数据和 CPDF 方法处理后的卫星数据的精度。

随着计算机技术的飞速发展以及研究确定性与不确定性理论的提出和应用,集对分析理论、可拓物元理论、灰色系统理论、模糊理论等相继被引入水质综合评价研究中,形成了许多新型的水质评价模型,诸如集对综合评价、模糊物元综合评价、灰色综合评价、模糊综合评价、聚类评价、BP 神经网络综合评价、投影寻踪评价等水质综合评价方法。刘广吉等(1988)考虑了各类水质分界线的模糊性,利用灰色聚类理论对汾河上游进行水质评价,得出的结果更为可观。陈昌彦等(1996)基于人工神经网络理论建立了地下水水质模型,对荆州市地下水的水质进行了评价。潘峰等(2003)在运用模糊综合评价法对北京市的五大河流进行评价时,采用了层次分析法计算各指标的权重,使水质评价结果更加合理。潘峰等(2003)将 PP 模型和 RAGA 模型融合,建立一种投影寻踪的水质评价模型,为水质评价提供了一种新的思路。万幼川等(2003)引入人工神经网络理论,通过自学习解决了定权的问题,应用 BP 网络的改进模型对东湖的水质进行综合评价,利用 GIS 强大的空间分析能力使评价结果更具可视性。郭翔云等(2005)采用主成分分析法对白洋淀的有机污染程度进行了评价,该方法对筛选水质指标的重要程度有很好的指导作用。魏明华等(2009)提出基于改进集对分析法的模糊综合评判理论,对山东某区域地下水水质进行评价,结果更贴近实际状况。符东等(2022)基于机器学习对沱江非点源污染情况进行了模糊水质评价。由此可见,基于机器学习的评价方法,成为一种新的趋势(Long-Ling et al.,2022)。

1.2.3 水质评价研究现状

国外对于水质评价的研究远早于我国,从20世纪初期就已经开始,德国工业迅速发展导致环境问题频发,人们也更加意识到水环境对人类生存发展的重要性,Kirk 和 Moson et al.(1902—1909)提出了生物学的水质评价分类方法。英国学者(1909—1911)首先提出利用化学指标对河流污染状况进行分类。Horton et al.(1965)首次提出水质指数这一概念,他选取10个参数进行计算,然后算出各参数的权重并赋值,也可称为"评分加权法"。20世纪70年代,各学者基于生物、化学、物理等指标,为水质评价方法提供了新思路。Brown et al.(1970)提出了水质质量指数(WQI),从35种水质指标中选取9种,根据相对重要性定出各自的权系数。Nemerow et al.(1974)考虑了14项水质指标来进行水质评价,并建议按水体三种用途分别计算污染指数,也就是现在广泛使用的内梅罗污染指数法。Ross et al.(1977)根据 BOD_5、DO、NH_3-N 和 SS 四项指标,对河克鲁德河进行了水质评价,进而提出罗斯水质指数。随着计算机技术的不断发展,评价方法也通过数学模型的方式进入研究者的视野中。Puckett et al.(1993)采用主成分分析法对美国一些河流进行了水质评价。20世纪末,水环境问题日益突出,大量学者把研究重点放在了宏观的水环境评价中。与此同时,世界各国也都纷纷对水环境标准进行完善,如美国、日本,甚至世界卫生组织都将标准进行了大幅度的调整。

河流水质分析评价的方法多种多样,但只有采用合理的水质分析评价方法,才能更客观、全面地反映河流水质状况,为河流的水环境保护提供科学依据。目前应用较多的水质分析评价方法主要有:主成分分析法、污染指数评价法、灰色系统评价法、人工神经网络评价法、模糊评价法、单因子水质标识指数法和综合水质标识指数法。

(1)主成分分析法。主成分分析的关键在于分析与压缩数据,在给予的原始数据中找出具有相关关系的变量并进行删减,使得到的新数据间互不相关,从而达到化繁为简、简化原始数据的目的。该方法充分考虑指标之间的信息折叠性,在保留原始信息的基础上全面降低了多维变量的维数,可以客观确定各个水质指标的权重。杨浩等(2021)采用主成分分析法对张家港市河道水质的时空特征进行分析,提取了污染河道水质的主要环境因素。Kumar et al.(2019)使用水质指数、主成分分析、聚类分析等方法对亚穆纳河水质特征进行分析并分类。邢洁等(2021)运用主成分分析法对松花江流域黑龙江段水质进行分析评价,根据评价结果确定了该水域的主要污染源,针对性地提出了污染防控对策。

(2)污染指数评价法。单因子指数法计算过程简单明了,以各水质指标所属的最差类别作为最终的水质评价结果,能够直观反映超标倍数与超标因子,但这种"一票否决法"的评价结果过于严格,各参评因子之间没有联系,不能综合反映水质状况。综合污染指数法建立在单因子指数法的基础上,利用数学手段对单因子指数法的结果进行综合计算来得到评价结果。综合污染指数法的局限性是只能对水质污染程度进行大致描述,不能精确水质的类别。综合水质标识指数法是一种全新反映河流综合水质的评价方法,可以判定水质类别,定性、定量评价污染程度,不会因为某在一项指标的变差而影响对水质总体的评价。不仅可以在同类别间进行比较,也可以在不同监测断面、不同水域之间进行比较。其解决了目前一些水质分析评价方法无法解决的问题,计算简单,在对劣Ⅴ类水体中黑臭水质的判定应用尤为广泛,是一种较好的水质分析评价方法。

(3)灰色系统评价法。现实中水环境系统容易受到周围环境因素的影响,并且水质数据的监测具有很大的不确定性,如数据不完整、资料不足、数据精度较低等,导致水质的变化规律难以得到判断,而灰色理论可合理解决这些问题,故可将其运用于水质评价中。灰色系统评价法在水质评价实践过程中取得了较好的效果,王平等(2013)应用灰色关联法来分析评价滏阳河的水质状况,评价结果与河流实际水质状况出入不大,验证了灰色评价法在水质评价中的可行性。

(4)人工神经网络评价法。人工神经网络依据人脑与神经系统发展而来,在对事物判断及分类时无须建立新的模式,可直接进行推理判断,不受固有模式的限制,其评价结果也较为准确。因其计算过程基本不依赖于模型,且具有一定的学习、适应能力,使得该方法在我国得到了广泛应用。赵军等(2020)基于BP神经网络模型对闽江口各主要水厂进行情景分析与水质模拟,模型表现良好,并根据研究结果为闽江河段水厂的咸潮入侵问题提供了解决对策。Salari et al. (2018)利用已有监测数据并建立最小二乘法与人工神经网络模型,发现人工神经网络具有其他方法没有的强大建模能力。邹涛等(2017)基于BP神经网络模型对新疆某区域的地下水进行了采样分析,评价结果为地下水资源的管理防控提供了思路。

(5)模糊评价法。由于水环境本身受多种不确定因素的影响,评价结果存在不定性,而利用模糊数学原理对多种不定因素进行定量化,有效地解决了水质评价中难以对多种可变因素进行综合评价的问题。目前我国学者已将模糊评价法应用到实际生活中,方运海等(2018)通过将模糊综合评价法与可变模糊集进行耦合的方式,来评价青岛市大沽河地下水的水质状况。Chai et al. (2020)研究发现模糊综合评价法既体现了评价标准与影响因素的模糊性,又可以解决多种因素影响的模糊界限问题,使水质评价结果更符合实际情况。于玥等(2020)利用模糊评价法对丹东的铁甲水库断面进行水质评价,避免因个别水质指标浓度偏高导致总体水质评价结果偏差的情况发生,研究所得结果与铁甲水库断面水质的实际情况相吻合。

(6)单因子水质标识指数法。单因子水质标识指数法是通过水质指标的实际监测值与标准值进行比较,选择最差的水质指标来判别水质类型。江峰等(2021)利用单因子水质标识指数法对洋水河流域地下水水质进行了评价。郑琨等(2018)发现该方法计算简便,在实际中应用广泛,但每个指标间相互独立,无法全面客观地反映研究区域内水质污染程度。

(7)综合水质标识指数法。综合水质标识指数法是在单因子水质标识指数法的基础上,综合考虑所有水质指标,计算出综合水质指数并将水质等级进行分类。Minakshi et al. (2017)利用综合水质标识指数法对科隆河的季节性水质状况进行了分析。李华栋等(2022)采用单因子水质标识指数、综合水质标识指数法两种方式对黄河山东段进行评价,发现单因子水质标识指数法具有片面性,而综合水质标识指数法可以客观地反映河流综合水质状况。

　　总体来讲,单因子评价法的分析结果仅仅可以评价水质等级,不能反映河流整体污染状况;模糊综合评价法选取的因子较多、权重较小,造成模糊矩阵信息丢失,不易分辨;主成分分析法的优势在于可以保留所有原始因子的信息,但无法直接对水质状况进行综合评估。这些水质评价方法对 Ⅰ～Ⅴ 类水的评价结果具有一定的科学合理性,但当水体综合水质达到劣 Ⅴ 类水时,采用这些评价方法就会出现偏于保守的结果。综合水质标识指数法可以定量分析水质优劣、定性评价水质级别以及判别单项水质指标与综合水质结果是否满足水环境功能区划目标(林涛等,2017)。而且其原理简单、易于操作,在水质调查和评价中得到了广泛应用。

1.2.4　土地利用变化对水质的影响

1.2.4.1　土地利用类型的提取

　　土地利用指人类根据经济社会发展需要,采取一定的技术手段,对土地进行经营管理和治理活动。对土地利用的研究最早可追溯到 20 世纪 20 年代,此时主要围绕土地利用调查而展开。1922 年索尔在美国密歇根州较早地开展土地利用综合调查;1935 年英国土地利用调查所完成全国土地利用调查。此后直至 90 年代,土地利用的调查工作在全球范围展开,此阶段土地利用研究主要围绕着土地资源调查评价展开,虽已开始注意到土地利用的变化,但仍旧缺乏对其变化规律及机制全面的、系统的研究。1995 年《土地利用/土地覆被变化科学研究计划》的发表标志着土地利用/土地覆被变化成为全球环境变化研究的核心领域,使土地利用/土地覆盖变化研究成为全球变化研究中的前沿及热点话题(李秀彬等,1996)。

　　土地利用变化作为全球环境变化与可持续发展研究的核心主题之一,学术界也围绕它开展了大量研究,并取得了丰硕的研究成果。国外学者对于土地利用变化的研究始于20 世纪 70—90 年代,因为土地利用与土地覆盖关系密切,土地利用变化是土地覆盖变化的直接驱动因子,不断导致土地覆盖的加速变化,所以国外的研究中土地利用变化通常和土地覆盖变化一起出现,即 LUCC(land use/land cover change)研究。土地利用的研究重心从土地的数量、类型转移到土地对生态环境影响上(Nelson et al.,1997;Allan et al.,1997;Basnyat et al.,1997;Bolstad et al.,1997;Pekarova et al.,1996),主要包括土地利用变化机制、土地利用动力学、土地利用的区域和全球模型等 3 个主题(张银辉等,2004)。Imbernon et al.(1999)针对肯尼亚高地两个邻近但不同的农业生态区的航空照片和顶点卫星图像,研究了 1958 年、1985 年、1995 年土地利用的变化情况,分析了土地利用变化在环境变化中的关键作用。Stephenne et al.(2001)构建了苏丹-萨赫勒全国范围内的土地利用动态模拟模型,并重建了过去的土地利用变化,用以更好地理解其驱动力。Lambin et al.(1997)对热带地区林地与旱地在区域尺度上进行了监测并建立了动态生态系统模型。Munroeaic et al.(2002)以计量经济学的方法介绍了洪都拉斯西部土地利用变化的方向和数量,并对其影响因素进行了排序和量化,认为相对价格、基础设施改善和地形的变化都与土地利用变化密切相关。Verburg et al.(1999)建立了印度尼西亚爪哇地区土地利用动态变化模型,模拟了1994—2010年间的土地利用变化格局。

土地利用研究内容的多元化一方面是因为资源调查和土地规划的现实需要,另一方面也是依赖于遥感技术的应用和发展。土地利用研究基于土地利用现状调查结果,传统的调查方法依赖野外调绘,需实地确定土地利用方式和量算土地面积,工作效率低、时效性差。而遥感技术在土地利用调查中的应用,大大减少了工作量,缩短了工作周期。尤其是高分辨率卫星的发射,提高了土地利用监测的精度。为了满足现代遥感信息人工与计算机解译的需要,美国地质调查局在20世纪70年代就已建立专门的土地利用分类系统,以适应基于遥感技术进行土地利用制图。Murthy et al. (1977)通过影像解译划分土地利用格局,并利用假红外波段和1:25 000的黑白影像进行土地利用分类。Lenney et al. (1996)基于Landsat TM数据的多时段NDVI特征来识别和监测尼罗河三角洲及邻近西部沙漠农地状况。Geiser et al. (2006)基于基准/掩膜技术,利用卫星图像、航空摄影和野外调查,对斯里兰卡地区卫星图像制定了解译方法,用以进行土地利用监测。Haack and English(1996)则以阿富汗为例详细介绍了利用遥感数据进行国家土地利用制图并将该数据纳入地理信息系统需要考虑的主要问题和程序。

中国遥感技术虽然起步晚但发展迅速,遥感技术在土地利用监测中的应用也相继展开。自王长耀等(1984)采用大比例尺彩色红外航片成功完成对天津市北郊区土地利用类型划分、地类界线转绘补测后,彩色红外航空遥感技术相继在西藏、滦河三角洲等地区展开(刘纪远等,1990)。应国土资源部对加强土地管理的总部署要求,土地利用动态遥感监测技术进入业务运行,而常用的监测方法主要包括目视解译法、计算机自动分类及目视解译分类与计算机图像处理相结合的方法。詹远增等(2018)通过研究浙江省第一次全国地理国情普查的地表覆盖提取工作,提出针对性的作业模式,设计和开发了相应的自动解译平台。黄敬峰等(1999)采用人机交互式的方法进行分类,对北疆南部、东疆吐鲁番地区土地类型进行分类并制作不同时相的土地利用遥感分类图。目前,国内土地利用的研究重点依旧在土地利用变化模型和土地利用变化的驱动机制上(王薇等,2014;李敏等,2021;董蕊等,2021;刘康等,2015)。

综上所述,目前国内外关于土地利用变化的研究已经较为深入,研究方法多样、技术手段不断革新。土地利用变化是导致生态环境质量、生态格局发生改变的重要驱动力。将土地利用变化研究作为生态环境质量变化研究的基础具有充分的理论支撑和实际可操作性。土地利用在学科发展过程中,其研究内容、手段发生显著变化,又因土地利用变化对区域水循环、环境治理、陆地生态系统影响深刻,是实现跨自然、人文双学科研究的重要领域。

1.2.4.2 土地利用与水质的关系

随着人口压力和经济活动的增加,流域范围内的土地利用类型和组合方式发生变化,从而导致较多的水源污染问题(Lee et al.,1991;Sagan et al.,2020)。Sliva et al. (2001)研究了加拿大安大略省南部3个流域的水质与土地利用之间的关系发现,城市用地对水质的影响最大,而林地面积的增加对缓解水质退化具有显著效果。Kang et al. (2010)使用线性模型揭示了土地利用类型对河流水质的影响状况,结果表明工业和城市用地是导致河流中大肠杆菌、肠球菌增加的主要因素,而农业、工业、采矿用地是重金属的重要来源。

Camara et al.（2019）分析了马来西亚土地利用和水质指标之间的关系,发现农业和森林相关活动对水质的影响较大,水体污染物来源农业用地和林地分别占82%、77%,城市发展过程中通过改变径流和侵蚀等水文过程对水质的影响更大,其污染物来源占87%。Yadav et al.（2019）研究了土地利用对泰国门河流域水质的影响状况,发现城市用地面积的增加是水体中营养盐浓度(总磷、氨氮)上升的主要因素,其次是农业用地面积。近些年,国内相关研究案例也不断增多。孙金华等（2011）研究了滇池流域土地利用类型对入湖河流水质的影响,结果表明水质指标与居民点及工况用地呈正相关,而与林地始终呈负相关。Zhang et al.（2010）分析了大辽河流域水质的变化情况,发现城市用地是水体污染物的最主要来源,但林地不能对改善水质提供缓冲。高斌等（2017）分析了太湖流域土地利用类型对地表水质的影响,结果表明水质整体上与城镇用地灰色关联度最大,其次是水田和旱地,而水域和林地的灰色关联度最低。

上述研究表明,土地利用与水质之间的关系随着空间尺度的变化而变化,然而由于不同研究区的空间差异性,地形、气候、水文状况甚至社会经济因素都作用于水质对土地利用状况的响应,因此对土地利用空间尺度的界定仍旧难以捉摸。Mwaijengo et al.（2020）在对基库来塔瓦河流域土地利用进行研究时,划定了三种空间尺度,即以监测点为圆心的缓冲区、监测点上游的缓冲区和监测点上游的整个流域,结果表明根据监测点划定的环形缓冲区统计的土地利用状况能更好地解释水体物理化学指标的变化。田皓予等（2020）在对泰国蒙河流域不同空间尺度河流水质与土地利用关系的分析中也发现缓冲区尺度的土地利用格局能更好地解释蒙河水质的变化,尤其是在5 km缓冲区空间尺度下。方娜等（2019）认为不同的缓冲区尺度下,土地利用方式与水质指标的相关性存在明显差异,500 m缓冲区内的土地利用方式对高锰酸盐指数空间分异的解释度最大,而在1 km缓冲区内叶绿素、总氮、总磷的解释度最大。

目前,对土地利用和水质之间关系的分析方法仍旧以多元统计分析为主,包括相关分析（Woon et al.，2012；Yang et al.，2007；Kerans et al.，2005；Zhou et al.，2016）、回归分析（Guo et al.，2010；Cheng et al.，2018）、模型模拟(陈强等,2015)和拟合分析等。随着统计学的发展,以冗余分析、典范对应分析为代表的梯度分析法（Alberti et al.，2006；杨强强等,2020；张殷俊等,2011)的应用范围逐渐扩大(胡和兵,2013),而研究对象主要集中在河流流域(徐启渝等,2020；刘庆等,2016；吉冬青等,2015；Shukla et al.，2018),对湖泊水体尤其太子河此类水源的研究较少。因此,本书以拟合分析检验土地利用变量与水质指标间的相关性,并以逐步分析法定量分析单个水质要素的影响因子。

1.2.5　水动力-水质模型研究现状

1.2.5.1　水动力模型研究现状

水动力学又称流体动力学,主要研究水体与其他流体的运动变化规律和边界间的相互作用。与其他学科相比,水动力可以分为两个主要研究方向:理论分析和试验研究。其中,试验研究可以细化为原型观测和模拟试验两种（Ditoro et al.，1983；Avant et al.，2018)。模拟试验则包含物理模拟和数值模拟两种方式。两者对比,物理模拟具有较强的直观性和较高的准确性,但它模拟成本较高,需要花费大量的人力、物力,并且比较难提取出多因子模拟的变化规律和较深的结果分析。20 世纪以后,随着计算机技术的逐渐成熟,数值模拟逐渐被水动力学领域广泛应用于实际中(李智睿等,2022)。

一维水动力模型最初建立在 19 世纪末期,Saint 提出了圣维南方程,标志着水动力数值模拟领域的开端,后期随着计算机科学技术的逐步发展,其受重视情况逐渐扩大并得到了广泛的认可(Falconer et al.,2004)。在 20 世纪中期,一维方程经过大量学者的研究后,开始逐渐涌现出一些简单的二维水动力模型,主要用于对简单流体的使用和验证。二维水动力模型主要的研究方向在于河流、河口、海岸等可以忽略成层作用的水体,1952 年,Isaacson、Troesh et al. 根据密西西比河和俄亥俄河部分河段的特点,对圣维南方程进行扩展和使用,建立了水动力模型进行数值模拟,并基于此方程建立了二维模型的边值计算方法,并且成功模拟了研究区海域的流畅形态。Hansen et al. 利用潮汐的周期性也成功简化了圣维南方程,从而提出了一种二维数值模拟的计算模型,基于此成功地模拟了研究区海域(北海潮流场)的形态变化。直至 20 世纪 80 年代,二维水动力模型才发展得较为成熟,被大多数学者广泛运用于水动力分析方面,并取得了不少成果。在学者们共同的研究下,二维水动力模型得到了更深层次的发展,并且也在一定程度上改良了数值模拟的使用方法。因此,为了更深一步地研究及适应模型本身的发展要求,对三维模型的研究也逐步开展起来。Jaeyoung Kim et al.(2017)采用 EFDC 水动力模型,探究了流速与藻类生物之间的耦合关系,并进行了归纳总结,为防止水华现象的出现提供了有效的防范措施。Demont Bouchard et al.(2017)采用水质分析模拟程序(WASP),对水体在多壁运移进行模拟,得出了两者间的运动相关关系。

国内学者对于水动力方面的研究与国外学者相比起步较晚,但发展迅速。1986 年,吴坚首次构建应用于浅水湖泊的水动力模型,以太湖流域为研究区域,利用有限差分法对风场与流场进行模拟。王谦谦等(1987)在风速恒定且持续不变的情况下,对太湖流域建立二维水动力模型,并模拟了三种流场变化情况,为接下来水动力模型的发展打下了坚实基础。姜加虎等(1991)对抚仙湖和滇池建立三维水动力模型,利用环流机制对上下层流的时空变化进行研究。吴炳方等(1996)利用地理信息系统提取东洞庭湖湖流的参数,并建立水动力模型,分析风力、湖床高程、湖岸形状等因素对水动力的影响,为解决大面积水动力模拟提供了依据。董延超等(2006)采用 RNG 双方程和 VOF 法对大伙房水库主溢洪道进行模拟,发现模拟结果与监测数据基本一致。齐亨达等(2014)对鄱阳湖高动态变化进行研究,将试验结果与 EFDC 模型进行对比,发现模拟情况与实际情况基本一致。宋利祥等(2019)通过利用暴雨内涝与水动力之间的密切联系,对不同模型的模拟方式进行研究,并对算法进行优化。随着科学的进步,数值模拟在科研领域逐渐占据重要地位,大量学者开始将数值模拟技术应用于多地区的河网模拟,并且将重点放在水洞及水环境特征方面,对其演变的形式和过程进行模拟分析,以期得到相关特性、调度模式及优化措施等方面的结论。吴坚等(1986)首次构建了二维浅水湖泊水动力模型,利用有限差分法,对太湖的风场、流场进行模拟,取得重要研究成果。姜彬彬等(2016)、王辉等(2015)通过建立三维水动力模型,探究了影响水库流场及水温变化的因素。

1.2.5.2 水质模型模拟研究

水质模型在数值模拟研究过程中是非常重要的工具,既可以用来预测水质的变化规律,也可以用来研究水体的自净能力以及污染物的迁移变化。当水体被污染时,水体中的污染物会随着水流的分流不断迁移,其间会受到各种作用的影响,如物理、化学、生态、气候等因素,导致污染物的迁移、混合、分解、降解和稀释。水质模型不仅是水环境科学研究的内容之一,也是水环境研究的重要手段。在全世界水环境学者的共同努力下,对水质模型的研究也越来越成熟,其过程大体可总结为三个阶段,见表1-1。

表 1-1　水质模型发展阶段

阶段	时间	原理	结果
第一阶段	1920—1960 年	以溶解氧和化学需氧量为耦合试验的研究目标,从而分析是否耗氧平衡	一维水质模型
第二阶段	1980—1990 年	以有限元法和有限差分法为试验基础,引入其他大量驱动因子,如温度、风向等	二维水质模型
第三阶段	1990 年至今	引入多种新型研究方法,如模糊数学、神经网络、"3S"技术等,将污染物的研究重心从点源向面源发展	三维水质模型

　　Streeter 和 Phelps(1925)在进行俄亥俄河污染问题研究时,首次建立氧平衡一维水质模型(S-P 模型),为水质模型的发展奠定了基础。Thomas et al. (1949)在 S-P 模型的基础上,考虑了泥沙对于生化需氧量的影响。O'Connor et al. (1967)对研究区域中溶解氧的时空分布进行分析时,将生化需氧量划分为碳化生化需氧量和硝化生化需氧量。由于 S-P 模型主要研究溶解氧与生化需氧量,但污染指标中除这两项外,水温、氨氮等指标也会随污染而改变,所以美国环境保护署(U. S. EPA)于 1970 年开发了河流综合水质模型(QUAL-Ⅰ),此模型可以更加全面地描述水质。Toro D M D et al. (1983)提出了 WASP 模型,这个模型综合考虑到自然因素与人文因素导致的水环境污染状况。Brown et al. (1987)在 QUAL-Ⅰ 的基础上建立 QUAL2E 模型,随后又建立了 QUAL2K 模型。20 世纪 90 年代至今,水质模型发展日益成熟,丹麦水动力研究所(1992)首次提出了动态水质模型(MIKE 模型)。Kinerson et al. (2002)建立了基于 GIS 的系统 BASINS 模型体系,对多目标环境系统进行分析。美国弗吉尼亚大学(2012)开发了综合性较强的环境流体力学模型 EFDC。

　　国内对于水质模型方面的研究是从 1972 年官厅水库受到严重污染之后开始的,自此国家对于水环境污染问题十分重视。顾丁锡等(1984)基于现场试验与室内试验,利用溶解氧、总磷、总氮三种水质指标,为研究区域分别建立了有无风生流时的水质模型,对风场流场进行了模拟,试验结果与实际情况基本一致,为我国湖泊水质模拟提供了思路与方法。舒金华等(1985)针对研究区域水体富营养化问题专门建立了富营养化水质模型,得出相关成果和预防措施。吴国豪等(1993)针对淀山湖研究区建立了二维稳态和动态两种水质模型,用于模拟研究区域湖体内部污染物运移情况。毛荣生等(1994)针对墨水湖富营养化问题,将湖体划分为 5 个部分并分别建立分散结构水质模型,模拟结果精度较高,可真实反映研究区状况。计勇等(2005)将紊乱扩散理论与底部淤泥污染加入水质模型中,并引入了扩散系数(W_e)的概念。宋国浩等(2008)将 BP 神经网络技术与水质模型相结合,结果表明,此水质模型的建立与其他模型相比具有较强的实用性和较高的精确性。赖锡军等(2011)构建了鄱阳湖二维水动力水质耦合模型,模拟了鄱阳湖的水体流动以及物质交换运移的过程,取得较好的成果。余富强等(2019)基于耦合模型的方法,探究了城市雨洪在中小型流域应用的可操作性。益波等(2017)成功运用一维水动力模型较好地处理了河道堰坝的工程性计算问题。徐贵泉等(2000)对水质、水动力之间的相互关系进行了分析并建立了河网水质的研究计算模型,通过分解分析、实地测量和室内试验对试验所需参数进行率定,最终制定了调水、补水方案对水环境进行改善。王好芳等(2004)首次提出了水质、水动力双重因素的概念,并利用两者相关关系构建了多目标协调模型对水资源的配置进行优化。付意成等(2009)在水环境承载力与水量大小的基础上提出了对水量水质联合调控的多目标动态耦合求解方法。孙娟等(2008)利用一维河网水动力-水质耦合模型进行模拟分析,提出改善水环境问题的方法,试验结果表明,用清洁水源对污水进行分析,可以有效地提升河网水质。王超等通过对河网进行调水试验可知,调水工程可以在一定范围内提升河网水质,并且具有较大的可实施性。

张亚等(2014)以于桥水库为研究对象,将 EFDC 与 WASP 相结合建立三维水动力-水质耦合模型,又利用人工神经网络模型对水质进行预测,并对水体富营养化控制措施进行探讨。丁贞玉等(2017)以氨氮和化学需氧量为两种主要水质指标,建立并应用WASP7.3 水质模型,对湟水河西钢桥断面水体污染物运移情况进行了模拟研究。龚春生等(2005)针对玄武湖水质构建专门的水质模型,成功模拟研究区内部污染物(含底泥)的水质运移情况,对后续浅水湖泊的治理具有重大意义。王欢等(2019)选用 MIKE ZERO软件中的 MIKE21 对引清活水工程构建水动力-水质耦合模型并进行模拟研究,最终选取最优治理方案,对其水质情况具有较好的提升。随着科技的进步,为了满足不同的需求,数值模型也在不断完善、创新,越来越多的数值模型被开发出来,供研究者选择,常用水质模型见表 1-2。

表 1-2 数值模型简介

模型	模拟内容	应用
DHI MIKE 系列软件	水动力学、环境水文学、泥沙输移过程、海岸和海洋学等	河流、湖泊、海岸及结构物的环境影响评价、洪水过程坡面流分析及污染物对流扩散模拟等
WASP	水动力学和环境水文学	水库、湖泊、河口、海岸、河流等
EFDC	水动力学和环境水文学	河流、湖泊和海洋等
QUAL2K	综合性强且多样元素丰富的河流水质模型	广泛应用于模拟流域污染物总量计算,进而对河流水质进行控制和管理
SMS 地表水模拟系统	水动力学、环境水文学、物质输移	河流和海洋(地表水)
Delft3D 软件包	水动力学、环境水文学、物质输移	水流、波浪、水质及泥沙输移等各个过程之间的相互作用(地表水)

本书采用 DHI MIKE 系列软件进行建模,因其具有操作界面清晰明了、计算结果直观、对于处理复杂地形更加简便等优势,在众多河湖、海岸、大型水利工程中均有广泛的应

用,准确性与可靠性均可满足要求。而且,MIKE 软件在水动力与水质的模拟方面功能较强大,对于在模拟过程中出现的复杂问题,它可以精确地解决,在水质模块中,还可以根据不同研究区域的不同污染状况建立相应的污染物成分模板,为将来污染物的治理与分析提供较为准确的建议。

1.2.6　水质遥感指标及反演机制

传统水质监测指标主要包括物理指标、化学指标和生物指标。物理指标主要包括水温、透明度、浑浊度、电导率等,化学指标包括一般的化学性水质指标(pH、碱度、硬度、阳离子、阴离子、总含盐量、一般有机物等)、有毒的化学性水质指标(如各种重金属、氰化物、多环芳烃、各种农药等)、氧平衡指标(溶解氧、化学需氧量、生化需氧量、总需氧量等),生物学水质指标主要包括细菌总数、病毒、总大肠菌群数、各种病原细菌等。2002 年,国家环境保护总局和国家质量监督检验检疫总局发布的《地表水环境质量标准》(GB 3838—2002),是我国地表水环境监测工作的重要依据之一,其中明确列出了 109 项水质指标,地表水环境质量标准基本项目 24 项,包括 pH、高锰酸盐指数、化学需氧量、氨氮等项目。

1.2.6.1　总氮、氨氮、总磷浓度反演

总氮(Total Nitrogen,TN)指水体中氮元素的含量,包括氨氮、硝酸盐氮、亚硝酸盐氮和有机氮;总磷(Total Phosphorus,TP)指水体中磷元素含量,主要以磷酸盐形式存在。造成水体中总氮、总磷浓度升高的原因有很多,包括农业化肥污染、畜禽养殖污染、城市污水排放污染等。

目前,关于氮、磷浓度对应水体的光谱特征以及利用遥感技术对其变化规律进行监测的原理仍不十分清楚,但有研究发现氮、磷污染物的含量对水体中浮游生物的生长有着限制作用,又被悬浮物所吸附,同悬浮物一起迁徙,且与叶绿素 a、总悬浮物等水质参数存在一定的联系(Matthews,2011)。因此,有学者试着通过叶绿素 a 等其他水质参数来估算氮、磷浓度。Carlson et al. (1977)研究发现水体中的总氮和总磷浓度与叶绿素 a 浓度显著相关。张霄宇等基于水体中悬浮物与颗粒态总磷浓度的函数关系,得到二者呈正相关关系,并估算了总磷浓度。区铭亮等通过对鄱阳湖 2009 年监测数据分析,发现 9 月叶绿素 a 与总氮、总磷的相关性最高,7 月最小,其余月份相关性不显著。刘静等通过对总氮、总磷与悬浮泥沙含量进行相关性分析,发现悬浮物泥沙含量与总氮、总磷相关性显著,并基于悬浮泥沙含量实测数据、敏感波段分别创建了间接、直接反演模型,预测鄱阳湖水体总氮、总磷浓度,直接反演模型的效果要高于间接反演模型。但是,在间接反演时水体中各种因子相互干扰,导致所估算的水质参数与实际差距较大。所以,学者们尝试利用遥感影像各波段或波段组合与氮、磷含量之间的函数关系,直接进行水体中氮、磷污染物含量的反演研究(Mountrakis et al. ,2011;Sun et al. ,2021)。赵旭阳等选取石家庄市黄壁庄水库为研究区域,利用实测光谱数据,将光谱微分技术与统计相关理论相结合确定与各水质参数相关性最好的波段和波段组合,并建立线性模型估算水质参数。Wu et al. (2009)基于 Landsat TM 数据,建立线性回归方程反演钱塘江干流总磷浓度,结果表明 TM 影像波段反射率与总磷浓度之间有很强的相关性,该方法可以得到广泛推广。Elizabeth et al. (2014)基于 Landsat ETM+的波段组合,得到总氮、总磷的多元线性回归方程,且相关性分

别高达 0.81 和 0.75。Jiang et al. (2021)基于无人机高光谱影像和地面监测数据,使用 12 个机器学习算法结合无人机高光谱遥感建立了密云水库全氮反演模型,研究表明各种机器学习算法对全氮反演的影响差异很大,Extra-Trees 回归算法最适合构建基于无人机高光谱数据的 TN 浓度反演模型。岳佳佳等(2016)利用 IKONOS 数据,建立了多元线性回归模型和两种神经网络模型,对黄石磁湖的 4 种水质参数进行反演,结果显示神经网络模型反演结果比多元线性回归模型更为精确。刘彦君等(2019)提取多光谱影像 16 个光谱参数,构建多种反演模型用于反演浙江农林大学东湖总氮、SS、TUB 水质参数,为小流域污染防治提供参考依据。

综上所述,总氮、氨氮和总磷是最常用的地表水体水质遥感监测指标,以总氮、氨氮、总磷作为遥感水质参数指标的研究中,研究区通常选取人类活动频繁地区,研究水体包括河流、水库和河流,其含量超标时,微生物大量繁殖、浮游生物生长旺盛,从而导致水体富营养化。

1.2.6.2 其他水质指标浓度反演

大多数研究不单独以总氮、总磷作为参数指标,水体中叶绿素 a、pH、高锰酸盐指数、溶解氧、化学需氧量也常被用作地表体水质遥感监测指标,这些指标与水质状况密切相关。朱熹等运用无人机多光谱影像数据,采用多元线性回归的方法,以上海市淀山湖和元荡为研究区,构建总磷、氨氮、高锰酸盐、溶解氧水质参数反演模型,将各水质参数相对误差保持在 30% 以内。Li et al. (2020)以武汉东湖为研究区域,利用遥感和水质监测信息,通过遗传算法和反向传播算法构建溶解氧、全氮、全磷、化学需氧量、pH 等水质参数反演模型,模拟东湖水质的演化规律。王歆晖等(2020)使用哨兵-2A 遥感影像,以上海市青浦区和松江区部分河流为研究区,基于因子分析的河流综合水质反演法构建溶解氧、高锰酸盐指数、五日生化需氧量、氨氮、总磷 5 项水质反演模型,得到综合水质用于确定水质类别。解启蒙等(2018)使用 Landsat 系列影像,以清河水库为研究区,采用最小二乘支持向量机模型,对高锰酸盐指数和透明度进行建模反演。刘宇等(2021)结合 2018 年 7 月镜泊湖实测叶绿素 a 浓度与同步 Landsat 8 影像,建立了叶绿素 a 线性回归模型,结果表明,包含 4 个波段的多元线性模型反演效果理想,R^2 达到 0.876,均方误差仅为 0.234。周志立等(2017)使用 Landsat 8 影像,利用线性回归模型和支持向量回归机模型对洪湖叶绿素 a 进行反演研究,结果显示,线性回归模型拟合精度较低,R^2 仅为 0.594,均方误差高达 3.781;支持向量回归机模型精度较高,预测效果理想,R^2 值为 0.875,均方误差仅为 0.203。

综上所述,虽然适合地面实测的水质指标种类繁多,但是通过遥感技术监测的水质指标依旧相对较少,并且不同地区同一模型的适用性也不同。高锰酸盐指数、总氮、氨氮、总磷、溶解氧、化学需氧量作为衡量水质的重要指标(Mathew et al. ,2017;Ma et al. ,2021),这些指标与水质情况密切相关,可通过遥感所获得的光谱信息直接获得,或者通过遥感反演的其他指标间接获得(Palmer et al. ,2015;Xiong et al. ,2020;邹宇博,2022)。

1.2.7 水质反演模型

水质遥感反演方法是将反射光的光谱信息转化为水质监测指标信息的方式,只有通过合适水质遥感方法的转换,光谱信息才能转换成所选水质指标的含量浓度数据(黄丹等,2018;Pahlevan et al.,2020)。不同地区的水体中水质参数及其含量的不同,导致水体对太阳辐射的反射也不同,同时展现在传感器上的光谱特征也具有差异性(谢欢等,2006)。遥感水质监测的本质是通过遥感的手段测量水体中水质光谱信息的变化,通过分析和检验光谱信息与水质参数的联系,建立合适的水质参数估算模型,并对水质进行监测(王玺森等,2022)。目前,水质遥感监测广泛采用的三种方法包括机理模型、经验模型和半经验模型。

1.2.7.1　机理模型

机理模型也称作分析模型,是建立在光学传输过程之上具有严格物理含义的通用模型,它具有反演精度高、通用性好的优点,但是需要提前通过传感器测得水体反射率或辐量度值来分析水体中各物质的吸收特征、吸收系数和后向散射系数,然后利用水质参数信息和吸收、后向散射系数建立数学模型计算水体中各物质的含量,是一种建立在光学传输过程之上具有严格物理意义的通用模型(赵松等,2021)。

水体中叶绿素、泥沙、悬浮物等各组分用其单位吸收系数和单位散射系数表示,用辐射传输模型模拟光在大气和水体中的传输过程,然后根据遥感数据反演水质浓度。机理模型的优点是具有明确的物理意义、稳定性好、普适性强、不需要大量的地面数据支撑。其缺点是需要根据水体的水质参数和光谱特征进行模型构建,在初次建模时需要散射系数、吸收系数等众多参数,这些参数需要在野外测量或者室内试验获取,部分参数会随着研究区的变化而变化,且在实际中一些参数无法获取,只能采取简化或近似的方式获得(赵汉取等,2021)。因此,机理模型在实际应用当中效果并不理想,可选择的水质指标数量少,且反演精度不具有显著优势。机理模型反演大多应用的地表水体水质参数指标是悬浮物浓度(江敏等,2010),其次是叶绿素 a 浓度,其他水质参数指标很少出现。田园通过 MERIS 数据,利用优化的 APPLE 半分析模型对太湖中的叶绿素 a 浓度进行反演,可决系数 R^2 为 0.788。

综上所述,机理模型常用于悬浮物浓度、叶绿素 a、泥沙等水质指标监测。机理模型不需要大量实测水质数据及遥感数据的支撑,通用性是所有方法中最好的,可对任意水体建立水质反演模型(刘曼等,2021)。然而,机理模型存在模型建立难度大、参数难以获取等问题,所以在实际水质反演中效果并不理想。

1.2.7.2　经验模型

经验模型主要是基于遥感波段数据与地面实测数据的相关性进行统计分析,选择相关性最好的波段或波段组合与实测数据构建统计回归模型,进而用于水质参数浓度的预测。

经验模型是一种简单有效的模型,它通过统计学方法建立适合的模型以达到定量反演水质参数的目的。经验模型的优点是简单、易懂,可以直接选择波段及波段组合构建复杂的统计回归模型来提高水质参数的反演精度,在应急监测中非常适用。经验模型的缺点是通用性和可移植性差,受水体特点和季节时间的限制,模型的建立与应用往往只能局限于小尺度研究区域和特定的季节或月份(王思梦等,2022)。同时,经验模型还需要大量的数据对反演模型进行验证,否则反演结果达不到预期效果,因此需要投入更多的财力和物力。经验模型主要包括线性、二次多项式、对数、指数和幂函数等模型,常选择两波段或多个波段组合。王贵臣等(2015)利用 CBERS-01 CCD 遥感数据,采用线性模型监测东平湖叶绿素含量,R^2 达到 0.848 1。Zhang et al. (2017)结合 Landsat 系列影像和多元线性逐步回归模型对丹江口水库全氮、全磷、高锰酸盐指数和五日生化需氧量浓度含量进行长期监测,R^2 分别达到 0.64、0.54、0.61、0.81。Liu et al. (2015)使用 IKONOS MS 数据,在慈湖和温瑞塘河研究反演总氮和总磷含量模型,R^2 分别达到 0.88 和 0.87。

综上所述,经验模型适用于多数水质监测指标,因为经验模型只需要通过统计方法获得回归公式,并不需要解释公式模型的物理含义。缺点在于经验模型缺乏物理机理的支持,模型的构建需要大量水质数据和遥感数据支撑,建模成本高,并且经验模型只与数据有关,模型可解释性差。

1.2.7.3 半经验模型

半经验模型和经验模型有相似之处,它是将水质参数光谱特征与数学统计方法相结合的一种方法。与经验模型不同的是,它先根据机载成像光谱仪或野外各种光谱仪实测的水体光谱特征,选择估算水质参数的最佳波段或波段组合,然后通过合适的方法建立遥感数据和水质间的反演模型。

半经验模型的优点是结合了水质参数光谱特征,比经验模型适用性好。同时所选的模型更为先进,精度更高(张克等,2018)。缺点同经验模型类似,受地域和时间的限制严重,大多用于小区域尺度和固定时间段,普适性较差,且需要的实测数据较多,同样需要消耗较多的人力和物力。半经验模型所采用的模型种类较多,大致分为经验统计法、机器学习法、深度学习法三种。其包括线性回归、随机森林、支持向量机、BP 人工神经网络、广义回归神经网络等众多模型。Huang et al. (2017)采用 Sentinel-2 MSI 数据,通过多项式模型和神经网络模型,反演北美休伦湖的入湖河流中叶绿素 a 浓度和有色溶解有机物浓度,其中多项式模型 R^2 值为 0.49 和 0.884,神经网络模型 R^2 值达到 0.733 和 0.913,可以看出机器学习模型反演精度比多项式模型有明显的提升。Guo et al. (2021)利用 Landsat 系列数据,采用支持向量回归模型对水体中溶解氧的浓度进行反演,R^2 值达到 0.94。谢婷婷等(2019)采用 GF-1 WFV 数据,运用指数函数模型、BP 神经网络模型和随机森林模型对闽江下游叶绿素 a 进行反演模型构建,其中多元回归模型 R^2 为 0.600,BP 神经网络模型 R^2 值为 0.752,随机森林模型 R^2 值达到 0.895,机器学习方法比指数函数模型精度高。机器学习模型的反演精度普遍较高,部分研究 R^2 值可达到 0.99。半经验模型以机理模型为整体框架,但对于其中部分参数,抛弃烦琐的生化分析,采用统计或机器学习方法获得。相比机理模型,半经验模型优势在于模型建立相对简单,无须复杂的实验室生化分析;相比经验模型,半经验模型优势在于无须大量的遥感数据及水质数据支撑,建模成本低(王丽艳等,2014)。然而,半经验模型一般需要两段式建模,模型建立过程相对较为烦琐,部分经验参数具有区域依赖性,因此迁移性较差,用于其他水体或者不同季节同一水体时,反演精度不能保证。

综上所述,目前遥感水质反演主要分为机理模型、经验模型和半经验模型。机理模型主要依据水体光学特性,但是现实中不同区域的不同水体组分差异较大,方程内部辐射传播过程十分烦琐,所以在实际反演过程中效果并不理想(陈俊英等,2019)。经验模型和半经验模型都是基于遥感数据进行统计分析来估算水质参数的,大量学者研究证明,机器学习算法精度要优于传统分析方法,且适应能力强、运算快。太子河流域作为辽宁省的主要供水源,地理位置特殊、社会影响大,其水质状况对辽宁省饮水安全和生态环境有着重要影响。目前,对太子河水质有关遥感反演研究较少,因此本书通过机器学习算法结合 Landsat 8 遥感数据对太子河流域水体进行水质参数反演研究,为监测河流水体变化特征提供重要的理论保障,对辽宁省水质状况的进一步改善具有重要的科学意义。

1.3　研究的主要内容与技术思路

1.3.1　研究目标

为实现太子河流域地表水体水质变化动态监测,加强水污染管理和治理能力,本研究的主要目标如下:

(1)探索遥感与 MIKE21 模型在河流水体水质反演的可行性,并构建相应的模型,为水质的定准和实时监测提供技术支持;

(2)剖析水质衰减规律,探索利用机器学习算法进行河流水体水质反演的潜力;

(3)寻找并评价影响水体水质的重要因素,为提出水污染防治措施提供理论依据。

1.3.2　水动力-水质以及基于机器学习的遥感反演模型

本书利用综合标识指数法以及 MIKE21 对辽阳市太子河进行水质评价并建立水动力-水质模型,通过对研究区域水位、流量和水质指标数据的处理,分析研究区域水质指标的时空分布特征并对其污染等级进行评价,为模型所需参数进行率定和修正,使得最终模拟结果可以更加贴近实际数值,将研究区域内部真实的流域情况反映出来。根据模拟结果分析流域水体内部污染物运移与扩散规律,为后期辽阳市太子河的水动力及水环境治理提供一定的技术参考。本书主要研究内容如下:

(1)研究区域数据的处理与时空分布特征的分析。基于研究区域的监测数据,将监测数据按汛期与非汛期整理出来,对溶解氧(DO)、化学需氧量(COD)、高锰酸盐指数(COD_{Mn})、五日生化需氧量(BOD_5)、氨氮(NH_3-N)、总磷(TP)、总氮(TN)和粪大肠菌群 8 种水质指标的时空分布特征进行分析,为后期水质评价以及水动力-水质模型的建立提供数据支撑。

(2)研究区域水质并分析水质与经济社会间的关系。利用综合水质标识指数法结合实测数据对研究区域水质状况进行评价,并总结分析汛期与非汛期水质等级的区别。通过分析水质与社会、自然及经济发展间的关系,为后期制定水环境治理措施提供有效依据。

(3)研究区域水动力-水质模型的构建与模拟。将研究区域的地形图进行基本处理后,将数据导入 Mike Zero 中对其进行初步的网格划分、地形插值等,并进行参数的率定,然后建立水动力模型,基于水动力模型再进行二次模拟,使得模拟结果可以直观、准确地反映研究区域水质状况,最终将两个模型耦合联用,构建水动力-水质模型。

(4)构建太子河流域遥感水质反演模型及影响因素分析。获取同一季相的 Landsat 8

遥感影像,通过 ENVI5.6 软件对所获取的遥感影像进行辐射定标、大气校正、影像裁剪等预处理,提取各水质监测断面点的波段反射率值。利用提取的波段及波段组合与水质指标浓度进行 Person 相关分析,找出水质指标相关性最高的三个波段或波段组合进行机器学习反演模型的构建。结合遥感数据和太子河流域实测水质数据,采用 BP 神经网络技术建立水体氨氮浓度反演模型,并结合实测水质参数数据验证模型精度,筛选出精度最高的模型,利用构建好的水质反演模型解析多年太子河流域各水质参数(氨氮、全氮和高锰酸盐)浓度分布图,根据反演结果分析水质指标浓度的时空变化规律;最后,结合太子河流域的实际情况,通过分析降雨量、土地利用类型、经济方面这 15 年来造成太子河流域水质变化的原因,为提出合理的水污染防治措施提供重要决策依据。

1.3.3　研究方法

本书利用 MIKE21 构建了主要水质污染指标的水动力-水质模型,通过机器学习技术建立太子河流域水质参数反演模型,分析太子河流域水质时空变化规律和影响水质的重要因素,从而为太子河流域水质防治提出合理措施。

(1)采用 MIKE21 和 BP 神经网络技术建立太子河流域水体氨氮、全氮和高锰酸盐等指标浓度反演模型。

(2)利用构建好的模型,通过 ENVI 5.6 绘制多年太子河流域同一季相水质指标浓度分布图,分析各水质指标时空变化规律。

(3)采用综合评价法对水质进行评价分析,结合 MIKE21 中获得的地形等数据,通过 ArcGIS 从社会、土地利用类型、经济方面等方面分析影响水体氨氮浓度变化的重要影响因素。

1.3.4　技术思路

本书利用综合水质标识指数法以及 MIKE21 模型,对辽阳市太子河进行水质评价并建立水动力-水质模型,通过对研究区域水位、流量和水质指标数据的处理,分析研究区域水质指标的时空分布特征并对其污染等级进行评价,为模型所需参数进行率定和修正,使得最终模拟结果可以更加贴近实际数值,将研究区域内部真实的流域情况反映出来。根据模拟结果分析流域水体内部污染物运移与扩散的动态变化规律,同时为了提升水质监测数据的时效性,基于 BP 神经网络等机器学习方法,建立了太子河流域遥感反演模型,两种模型相互验证,为后期辽阳市太子河的水动力及水环境治理提供综合的技术参考。本书首先基于水文学基本原理,剖析了太子河干流近 14 年主要污染参数的时空分布规律;利用 MIKE21 构建了太子河干流主要污染指标伴生性水动力-水质模型,剖析了太子河干流各主要水质指标的衰减规律,率定了模型相关参数;构建了基于 BP 神经网络的太子河干流全氮的反演模型,实现了对全氮的高效监测;最后通过组合应用两种模型,实现了太子河干流全氮的实时监测与诊断。

第 2 章　太子河干流水质的时空演变特征

2.1　研究区概况

2.1.1　自然地理

太子河流域位于辽宁省东部低山丘陵与辽河冲积平原过渡区(122°26′E ~ 124°53′E、40°29′N ~ 41°39′N),西部为辽河冲积平原农业灌溉区,是辽宁省商品粮基地,东部山区自然资源丰富,是多种经济作物的集中产区(刘鸣彦等,2021),具有重要的生态防护功能,如水土保持、防风固沙、水源涵养等。太子河干流全长约 464 km,流域面积约为 13 883 km²(苑晨等,2021),流贯辽阳、本溪、鞍山境内,是大辽河非常重要的支流。太子河上游为典型的山区型河流,下游为平原区,上游河道比降较大,下游河道比降较小,流域平均比降为 0.125‰(王超等,2022)。太子河流域经辽宁地区的本溪、辽阳等地,在辽阳境内主要支流有 24 条。浑河支流,其上游有二源:北太子河源出新宾县南,南太子河源出本溪县东,在北甸附近汇合后,西流本溪市、辽阳市,至海城市三岔河附近注入大辽河,大辽河流经营口市区注入渤海辽东湾。太子河全长 413 km,流域面积 13 883 km²,年平均径流量 33.3 亿 m³,平均流量 106 m³/s,落差 463 m,流域内平原地区和丘陵地区所占比例分别为 22.4%、77.6%。太子河流域是辽宁省重要的工农业生产基地,用水量占全省用水量的 70%。近年来,随着经济的快速发展以及各行各业用水量的急剧增长,研究区地表水污染、水资源短缺、江河断流等问题严重,相应的水环境治理措施使得太子河流域水环境得到一定程度的改善。

2.1.2　水文气象

太子河流域地处暖温带湿润、半湿润地区,主要为温带季风气候,其气候特点是年内温度变化较大,雨热同期,干冷同季,年平均气温为 5 ~ 10 ℃,夏季高温多雨多东南风,冬季寒冷干燥多西北风。流域的径流补给主要来源于降水,年平均降水量为 600 ~ 900 mm,降水量由东向西递减,降水年际变化大,且年内分配不均,受夏季环流影响,年降水量的 70% 以上集中在汛期,降水尤为集中在 7 月、8 月,约占年降水量的 60%。

太子河古称衍水、大梁河、梁水。燕太子丹逃亡于此,故名太子河。太子河的水源有南、北两支。南支的源头在本溪市本溪县东营坊乡羊湖沟草帽顶子山麓,北支的源头在抚顺市新宾满族自治县平顶山镇鸿雁沟。两条支流到本溪县马家崴子汇合成一股,蜿蜒西下,经由本溪县、本溪市区,到灯塔市鸡冠山乡瓦子峪村进入辽阳市境。由鸡冠山南行至孤家子,逶迤西下,经安平、西大窑、沙浒、小屯、望水台、沙岭、黄泥洼、柳壕、穆家、唐马寨等 18 个乡(镇),至唐马寨出境,经海城市三岔河入辽河,由营口入渤海。太子河全长 413 km,流域面积 13 883 km²,年平均径流量 33.3 亿 m³。

2.1.3　经济社会发展概况

太子河流域西部为辽河冲积平原农业灌溉区,具有重要的生态防护功能,如水土保持、防风固沙、水源涵养等。辽阳市作为国家级和省级商品粮生产基地,以优质粮田、温室大棚、畜牧业、林果业、淡水养殖业五项产业为重点的现代化农业发展迅速;此外,辽阳市工业门类丰富,化纤工业、铁合金工业等被列为国家重点产业,发展前景广阔。太子河是辽阳市人民的母亲河,其水质状况深受各级政府和人民的关注。因此,正确评价太子河的水质情况,对辽阳市经济社会的可持续发展、生态环境的良性循环都具有重要意义。

2.2　数据获取及研究内容

太子河上游森林茂密,植被覆盖率较高,海拔一般大于 500 m,河床比较稳定,床面无明显冲淤,多为卵石粗砂构成。中上游大小支流较多,其中流域面积超过 100 km² 的有清河、小汤河、五道河、小夹河、卧龙河、南沙河、细河、三道河、北沙河等。太子河全长 413 km,总面积 13 883 km²,年平均径流量 33.3 亿 m³。近年来,随着经济的快速发展以及各行业用水量的急剧增多,研究区地表水污染、水资源短缺、江河断流等问题日趋突出。太子河辽阳段主要污染来源有工农业废水、生活污水、畜禽养殖废水,水质逐月监测数据由辽宁省辽阳市水文局提供,本书选取太子河辽阳段的葠窝水库、汤河、管桥、辽阳、乌达哈堡、北沙河、小林子、唐马寨 8 个断面。

按照《地表水环境质量标准》(GB 3838—2002)中的 24 项基本指标进行筛选,发现各断面主要污染物为 8 项:溶解氧(DO)、高锰酸盐指数(COD$_{Mn}$)、化学需氧量(COD)、五日生化需氧量(BOD$_5$)、氨氮(NH$_3$-N)、总磷(TP)、总氮(TN)、粪大肠菌群。其他指标经比较均低于检出限,且远低于Ⅰ类水质标准限值。根据综合水质标识指数法原理,如果将未检出的指标纳入指数计算中,一是降低各断面综合指数之间的差异,不利于后续的对比分析;二是总体降低各断面综合指标值,使评价结果偏离实际情况(陶伟等,2021)。因此,本次评价剔除其他 16 项未检出指标,选择 8 项指标进行水质评价。水质逐月监测数据由辽宁省辽阳市水文局提供,人口和地区生产总值等经济社会数据来源于辽阳市统计年鉴和辽阳市国民经济和社会发展统计公报等。

图 2-1 显示了太子河流经的区域以及各监测断面的位置,图 2-2 为辽阳市河网等级划分图。

遥感数据选取 Landsat 8 OLI 传感器影像,数据来源于中国科学院计算机网络信息中心地理空间数据云平台。考虑水质监测时间与卫星数据接收时间同步等要求,选取水质监测前后 3 天内的影像数据,为了提高水体信息提取精确度,使用太子河流域附近的影像获取遵循云量少、可见度高的原则。本章主要内容如下:

(1)分析时段内主要污染物的年际变化趋势。充分收集辽阳太子河流域各测站关于要求时段不同污染物含量的测量资料,通过制表绘图,分析 2006—2020 年这 15 年内干流不同测站不同污染物的年际变化趋势,并进行线性拟合分析。

(2)分析主要污染物的季节变化(汛期与非汛期)规律。在年际变化分析的基础上,

图 2-1   太子河辽阳段水质监测点位

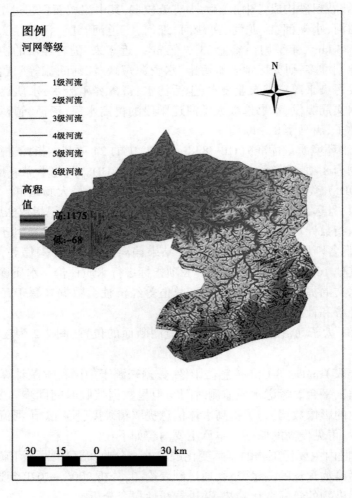

图 2-2   辽阳市河网等级划分

分季节计算各污染物的平均含量,进而分析主要污染物的季节变化规律。

（3）分析主要污染物的年内变化趋势。通过数据处理及制图,分析主要污染物年内的月变化规律。

（4）分析主要污染物的空间变化特征。选取多年多个水文站的水质观测资料以及辽阳太子河流域 DEM 数据图,通过处理与分析,对多年多站的各主要污染物进行描述概括,将不同断面的污染物指标分别进行比较,分析主要污染物的空间变化特征。

2.3　数据处理与分析方法

选取位于太子河干流的 6 个测站:葠窝水库坝前、管桥、辽阳、乌达哈堡、小林子、唐马寨 2006—2020 年的实测资料,通过比较与筛选,在多个实测指标中选取数据较全面的 8 个指标作为处理与研究的对象,进行数据预处理并使用 ORIGIN 软件绘制图像,其中主要涉及热图分析、趋势分析等。

2.4　结果与分析

2.4.1　主要污染物年际变化趋势

2.4.1.1　pH 年际变化

太子河 15 年不同断面 pH 的年际变化趋势如图 2-3 所示。由图 2-3 可知,葠窝水库坝前、乌达哈堡等测站数据 pH 15 年变化波动不大,辽阳测站呈现出剧烈变化,最低值是 7.3,最高值则是 8.3,总体呈上升趋势。15 年间太子河干流的 pH 在 7~8.5,呈现前期平缓后期剧烈波动状态,总体处于正常水平,基本满足此地区工业、农业的用水要求。

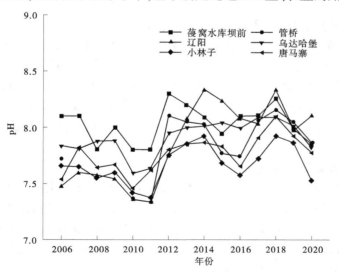

图 2-3　pH 年际变化折线图

2.4.1.2 氨氮年际变化

葠窝水库坝前、管桥、辽阳及乌达哈堡氨氮含量基本处于 2 mg/L 以下,属于 Ⅰ ~ Ⅲ 类水质,基本符合工业、农业用水标准,图 2-4 中小林子、唐马寨 15 年平均氨氮含量远远超出工业、农业用水标准,唐马寨最高值达到了 7.41 mg/L,小林子峰值则同样是在 2012 年达到了 5.41 mg/L,不能满足此地工业、农业用水需求。污染程度较高。乌达哈堡测站位于饮用水供应区,但 2007—2010 年测站实测数据显示,此河段氨氮含量略微超过了饮用水标准,其他几年符合饮用水标准要求。由图 2-4 分析可知,2007—2013 年水体受到污染尤其严重,导致水体中氨氮含量过高。

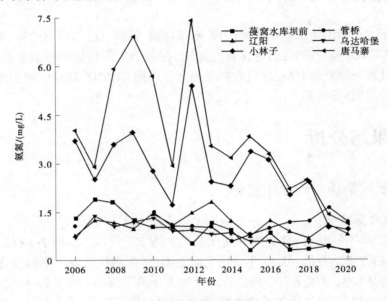

图 2-4　氨氮年际变化折线图

2.4.1.3 高锰酸盐指数年际变化

高锰酸盐指数的年际变化与氨氮含量的变化趋势基本一致,但高锰酸盐指数的变化一直处于 2 ~ 8 mg/L 的合理范围。在 2012 年,唐马寨出现了高锰酸盐指数平均最高值 7.83 mg/L。根据《地表水环境质量标准》(GB 3838—2002),高锰酸盐指数基本处于合理范围内,满足了各水功能区关于用水标准的要求。由图 2-5 可见,唐马寨和小林子高锰酸盐指数相对较高,尤其是在 2006—2013 年间,但并未像氨氮含量一样高出太多,整体处于正常偏高水准。

2.4.1.4 化学需氧量年际变化

化学需氧量(COD),是指在规定的条件下,水样中能被氧化的物质氧化所需耗用氧化剂的量,它是衡量污水中还原性污染物浓度的综合指标,单位是 mg/L。由图 2-6 可见,除了乌达哈堡在 2007 年呈现出异常的极高的化学需氧量,达到了 71.2 mg/L。2007 年前后乌达哈堡部分地区水质受到污染,其余年份每一个测站的化学需氧量实测数据都处于平缓的下降趋势中,大部分处于 20 mg/L 以下,总体趋于稳定。

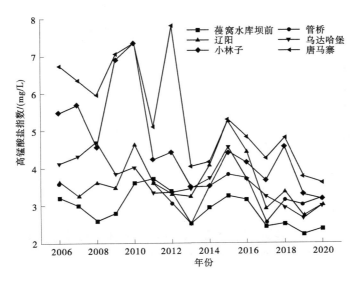

图 2-5　高锰酸盐指数年际变化折线图

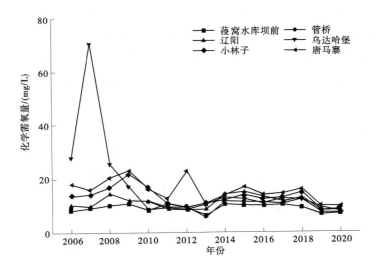

图 2-6　化学需氧量年际变化折线图

2.4.1.5　五日生化需氧量年际变化

2006—2020 年的五日生化需氧量年际变化如图 2-7 所示,2006—2020 年,太子河干流五日生化需氧量总体处于正常状态,并随时间缓慢地减小,可见污染治理逐渐发挥了成效。但在 2007 年,乌达哈堡的五日生化需氧量与化学需氧量一样呈现了突然增高的异常数值,达到了 55 mg/L 左右,其余控制断面五日生化需氧量基本都处于 0~10 mg/L,处于正常范围内,可见 2007 年太子河乌达哈堡控制断面受污染程度相对严重。

2.4.1.6　溶解氧年际变化

溶解氧 2006—2020 年基本呈现逐渐升高的趋势,总体来说处于 6~12 mg/L 的范围内。如图 2-8 所示,在 2012 年溶解氧相对较高,葠窝水库坝前、管桥及乌达哈堡当年的数

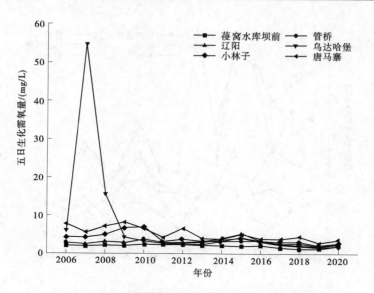

图 2-7　五日生化需氧量年际变化折线图

据中,溶解氧含量达到了 12 mg/L 甚至是 14 mg/L。葠窝水库坝前在 2007 年的年平均溶解氧是 6.5 mg/L,达到了最低值。按照《地表水环境质量标准》(GB 3838—2002),这 15 年来太子河干流溶解氧含量完全符合饮用水、工业以及农业的用水标准。

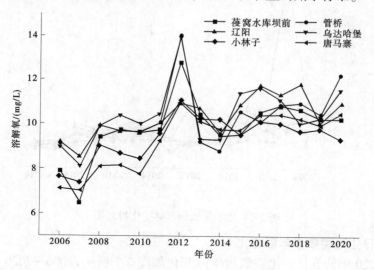

图 2-8　溶解氧年际变化折线图

2.4.1.7　总氮年际变化

总氮实测数据缺少一部分,只有 2016 年往后 5 年的数据较全。如图 2-9 所示,分析 2016—2020 年数据可以清晰地知道,太子河干流的总氮含量变化随着时间的推移呈现明显下降的趋势,但总体严重超标,基本没有符合工业、农业甚至是饮用水的标准。可见,太子河干流的污染治理工作已初见成效,但仍需继续进行并提出新的治理措施,以继续降低总氮含量,降低河流受到的污染程度。

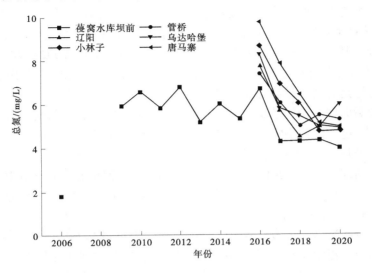

图 2-9　总氮年际变化折线图

2.4.1.8　总磷年际变化

总磷含量在 2014 年后才拥有了较为齐全的数据,如图 2-10 所示,2014—2020 年的数据显示,总磷含量总体基本处于 0.5 mg/L 以下。部分时段水质恶化,葠窝水库坝前在 2008 年的总磷含量突破了 2.0 mg/L 达到了 2.19 mg/L。太子河干流总磷含量总体处于逐年减少的状态。

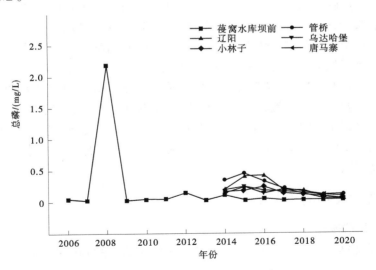

图 2-10　总磷年际变化折线图

2.4.1.9　小结

蓑窝水库坝前控制断面位于工业用水区。实测数据显示,综合 8 个不同污染指标的变化规律,可见此河段除了总磷指标,其余指标基本呈现平稳状态,总体污染物含量较低,受到的污染较轻微。根据《地表水环境质量标准》(GB 3838—2002),此河段在 2006—2020 年这 15 年间,水质变化不大,受污染程度较轻,满足了当地的工业用水需求。影响水质的主要指标是总磷含量和总氮含量。

管桥控制断面位于排污控制区,综合 8 个不同污染指标可知,管桥河段水质基本处于平稳状态。唯一过大的污染指标是总氮含量,在 2016 年处于 7~8 mg/L 的范围中。总体来说受到的污染较轻,水质相对较好。

辽阳控制断面的 pH 在 2014 年及 2018 年相对较大,但仍处于合理范围内。总氮指标与其他控制断面一样,处于相对较高的状态。辽阳控制断面位于过渡区,此河段的污染较轻,水质状态满足功能区要求。

乌达哈堡控制断面测量值显示,在 2007 年化学需氧量和五日生化需氧量指标过高,但是其他指标处于正常状态。可见,在 2007 年,乌达哈堡控制断面附近的河段流入污染物较多,致使化学需氧量和五日生化需氧量较往年偏高,可能是附近工厂排污造成的。

小林子断面氨氮含量和高锰酸盐指数在 2006—2020 年间波动相对较大,2006—2013 年间氨氮含量过高,高锰酸盐指数中等偏高,从 2013 年往后至 2020 年,可见污染治理略有成效,污染物含量呈现下降趋势。唐马寨断面与小林子断面相同状态,氨氮含量与高锰酸盐指数相对于其他断面过高,氨氮含量尤其不符合工业、农业用水标准的要求。2013 年以后,氨氮含量基本降低至正常状态。随着年份的变化,小林子和唐马寨断面的主要污染物大致呈现逐渐减少的趋势。

综合 6 个控制断面随年际变化的情况,可见太子河干流主要污染物基本上随着时间的推移在慢慢减少,pH 一直处于正常状态,随着时间的变化呈现小幅度波动。化学需氧量浓度在太子河干流段整体变化不大,基本上所有的断面都表现出总体下降的趋势。氨氮浓度很大但呈现先增大后变小的趋势,总氮浓度超标,但呈现逐年递减的趋势。五日生化需氧量基本平稳,总磷呈递减趋势。上游水质相对较好,基本满足了水功能区对于用水的要求标准。下游水环境质量较差,特别是唐马寨断面,其氨氮浓度大于 2 mg/L 的时段占全时段的 60% 以上,水质达到劣 Ⅴ 类,部分时段水质恶化,氨氮浓度可以达到 6 mg/L。

除了个别主要污染物指标超标,总体来说太子河干流上游水质中等,属于 Ⅰ~Ⅲ 类水质,下游水质较差。

2.4.2　主要污染物的季节变化规律

2.4.2.1　pH 季节变化

图 2-11 是 2006—2020 年间太子河干流 6 个控制断面的 pH 季度变化柱状图。

由图 2-11 可见,太子河干流不同断面 pH 在 4 个季节基本变化不大,夏季时的 pH 略微高于其他季节,冬季 pH 相对其他季节来说最小,处于 7.5~8.5 范围内。蓑窝水库坝前控制断面 pH 略微高于其他控制断面。可见,四季更替对 pH 的影响较小,pH 全年稳定变化不大,基本符合各水功能区对于水质的要求。

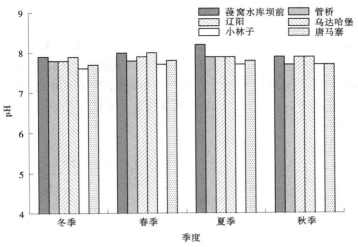

图 2-11　15 年 pH 季度变化柱状图

2.4.2.2　氨氮季度变化

图 2-12 是太子河干流氨氮含量四季变化柱状图,可见总体上冬季太子河干流的氨氮含量最高,夏季、秋季氨氮含量较低。从冬季到秋季,太子河干流氨氮含量是逐渐降低的,说明冬季河流受污染状况相对来说比较严重。小林子和唐马寨 2 个控制断面氨氮含量四季都很高,小林子氨氮含量最高值超过 5 mg/L,唐马寨氨氮含量最高值出现在冬季,超过了 6.5 mg/L,超过了《地表水环境质量标准》(GB 3838—2002)的规定。从氨氮含量指标可见,小林子和唐马寨四季都受到很大污染,可能是受到了附近工厂生产中产生的废料的影响。

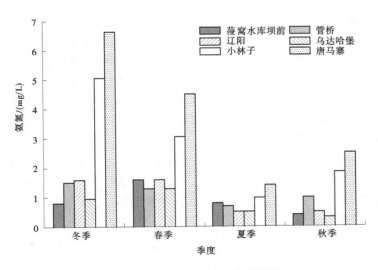

图 2-12　15 年氨氮季度变化柱状图

2.4.2.3　高锰酸盐指数季节变化

图 2-13 系统描述了太子河干流 15 年高锰酸盐指数随季节变化的规律。从上游到下游,6 个控制断面的高锰酸盐指数基本上是逐渐增高的。冬季高锰酸盐指数最高,夏季则最低,但整体处于正常值范围内。小林子断面和唐马寨断面高锰酸盐指数较其他断面较高,但两者高锰酸盐指数从冬季到秋季呈现明显下降趋势,证明冬季污染程度最重,夏季污染程度最轻。结合图 2-13 可知,小林子断面和唐马寨断面所在功能区受到污染,与其他功能区相比较严重。

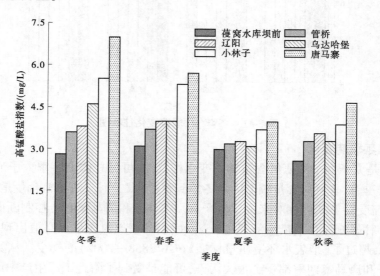

图 2-13　15 年高锰酸盐指数季节变化柱状图

2.4.2.4　化学需氧量季节变化

图 2-14 表示了从冬季到春季太子河干流化学需氧量的变化规律。化学需氧量全年差距不大,下游控制断面所在水功能区普遍大于上游控制断面所在水功能区。可见,下游受到的污染总体上要比上游严重一些,尤其冬季和春季时河流受到的污染更大些。太子河干流的化学需氧量总体处在 7.5~22.5 mg/L。全年化学需氧量总体随着季节变化降低。乌达哈堡控制断面所在河段化学需氧量略高。

2.4.2.5　五日生化需氧量季节变化

由图 2-15 可见,春季时五日生化需氧量指标最高,随季节的推移,五日生化需氧量总体呈现先增后减的趋势。除了乌达哈堡控制断面在冬季、春季五日生化需氧量超过了 8 mg/L,整体来看,水质糟糕的情况基本上出现在冬季和春季。

2.4.2.6　溶解氧季节变化

由图 2-16 可见,统计 15 年来溶解氧在不同季度的数据并作图,可见太子河干流溶解氧含量在冬季时最高,总体处于 7~13 mg/L,大致符合《地表水环境质量标准》(GB 3838—2002)。

2.4.2.7　总氮季节变化

总氮含量从上游到下游,从冬季到秋季,基本上全部呈现超标状态,由图 2-17 可见,

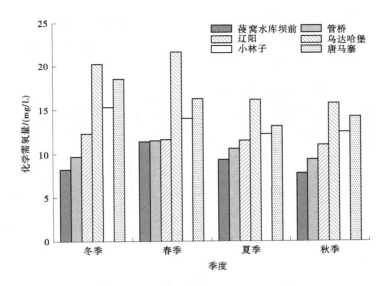

图 2-14　15 年化学需氧量季度变化柱状图

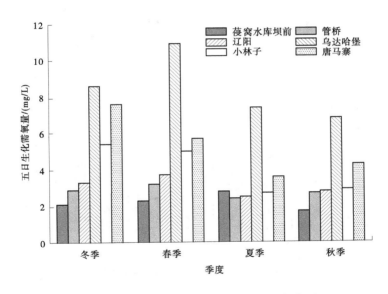

图 2-15　15 年五日生化需氧量季度变化柱状图

尤其是唐马寨断面的秋季数据,超过其他时间总氮含量的 2 倍,可能原因一是干流附近工厂排放的污水中污染物超标,二是附近农田种植中可能使用了过多化肥一类物品,随径流流入了太子河干流,致使太子河干流总氮严重超标。

2.4.2.8　总磷季节变化

总磷数据相对其他数据缺失一些,由图 2-18 可见,总磷含量总体处于 0~0.5 mg/L 范围内,偶有不同控制断面出现总磷过高的特殊情况。

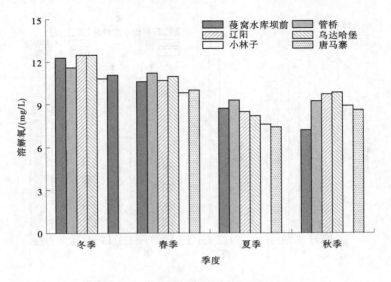

图 2-16　15 年溶解氧季度变化柱状图

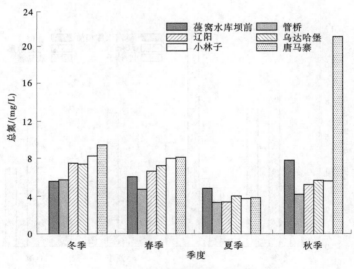

图 2-17　15 年总氮季度变化柱状图

2.4.2.9　小结

蓖窝水库坝前控制断面从冬季到春季,主要污染物基本呈现先增后减的趋势,且总体变化不大,根据大部分指标判断,污染较严重时期是冬季和春季,除总氮、总磷含量超标外,总体上蓖窝水库坝前控制断面所在河段水质属于Ⅱ、Ⅲ类。管桥控制断面所在河段随着四季交替,河流的 pH 基本不产生变化,氨氮含量小幅度波动,最高值出现在冬季。主要污染物呈现出先减后增的规律,总氮含量严重超标。

辽阳断面夏季污染最轻微,总体水质属于Ⅳ~Ⅴ类。乌达哈堡河段总氮超标,化学需氧量与五日生化需氧量高于其他河段同期数据。乌达哈堡主要污染物总体变化趋势是先

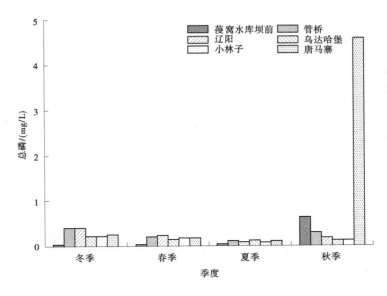

图 2-18　15 年总磷季度变化柱状图

减后增,污染较严重的季节同样是冬季和春季。乌达哈堡断面水质基本上属于Ⅳ~Ⅴ类。

小林子断面所在河段也基本是属于Ⅳ类水质,季节性变化不大,各指标波动也比较轻微。唐马寨断面与小林子断面的季节变化规律基本相同,但与某年秋季总磷、总氮实测数据相比其他年份较异常,因此唐马寨断面在 15 年季度变化柱状图中显示总磷、总氮含量较高。

综上所述,太子河干流污染情况随季节更替变化不大,波动范围较小,大致来看污染较严重的季节是冬季和春季,综合不同河段的水质情况可以得出,上游水质要比下游水质更好。太子河干流主要污染物中,总磷、总氮和氨氮含量过高,可能是受到了附近工厂排放污水以及农业用水的影响。

2.4.3　主要污染物的年内变化趋势

根据太子河干流 2006—2020 年的逐年实测数据,分析太子河干流各主要污染物的年内变化,并使用 ORIGIN 软件绘制年内变化分条热图。由图 2-19 可见,由于总氮、总磷含量实测数据较少,因此在绘制总氮、总磷含量年内变化分条热图时,没有与其他主要污染物一样绘制逐年年内月变化分条热图,而是绘制了月平均变化分条热图进行分析。图 2-19 是分条热图绘制结果。

2.4.3.1　年内变化

1—12 月,太子河干流总氮含量基本处于超标状态,6—9 月总氮含量相对较小,其余月份总氮含量严重超标。总磷含量每月变化不大,但在 12 月时某些河段含量略高,高于《地表水环境质量标准》(GB 3838—2002)的要求。

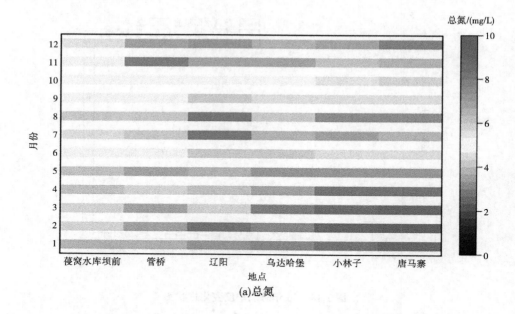

(a)总氮

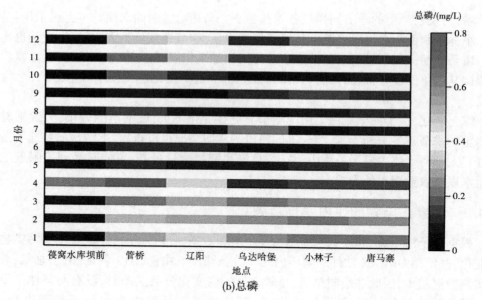

(b)总磷

图 2-19　2008—2020 年主要污染物月变化

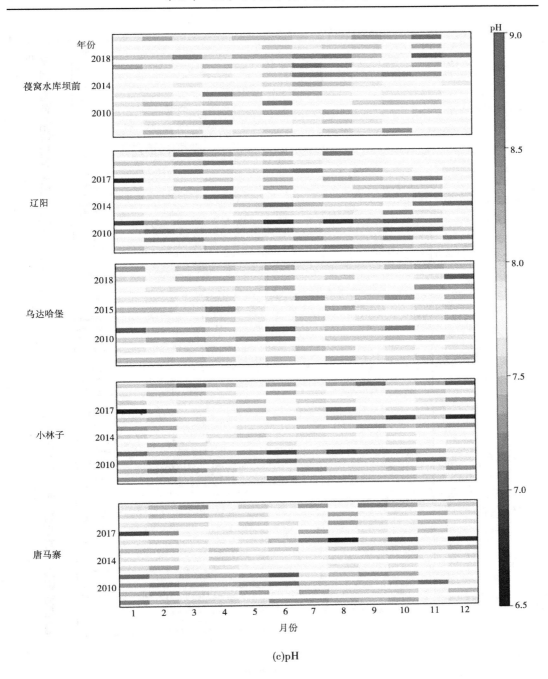

(c)pH

续图 2-19

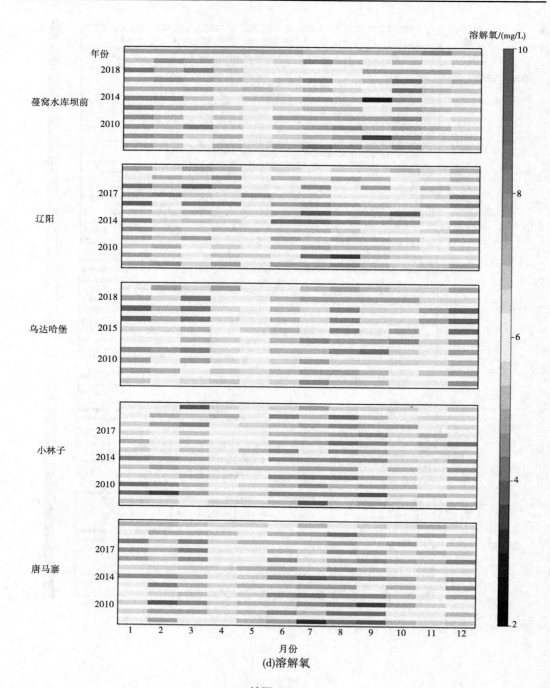

(d)溶解氧

续图 2-19

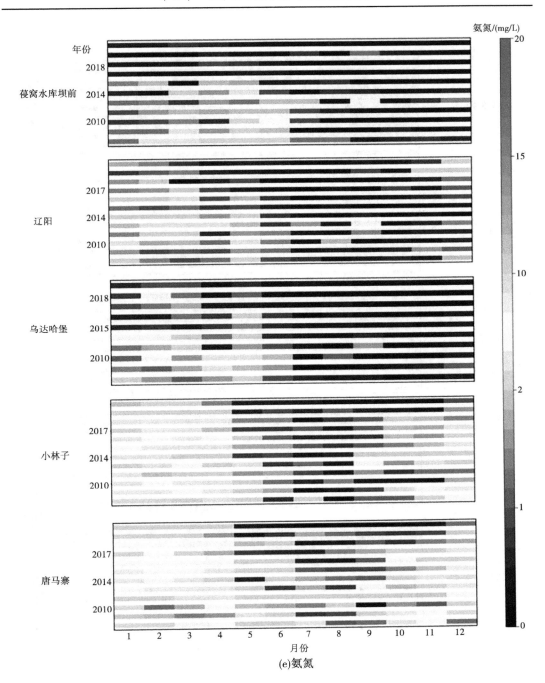

(e)氨氮

续图 2-19

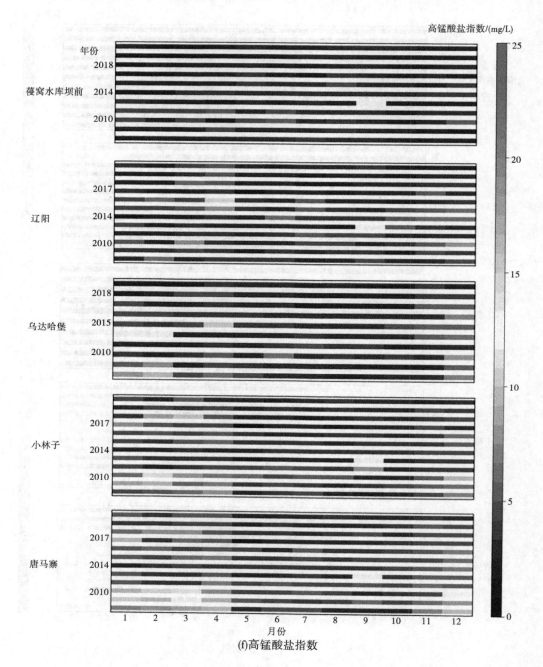

(f)高锰酸盐指数

续图 2-19

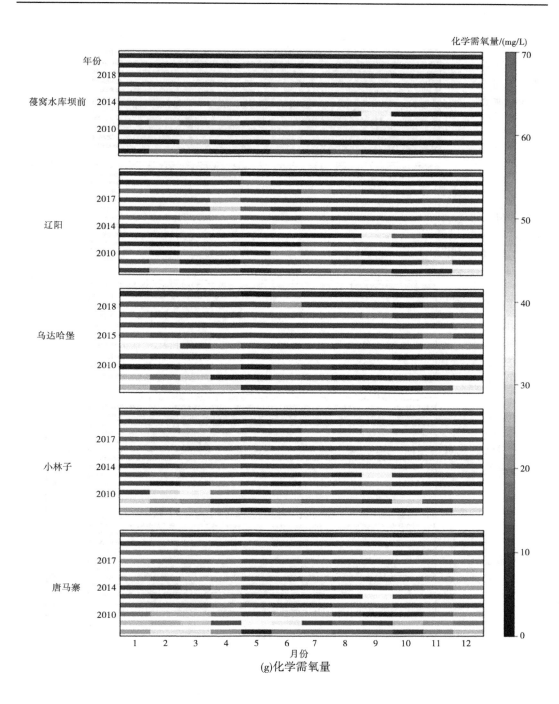

(g)化学需氧量

续图 2-19

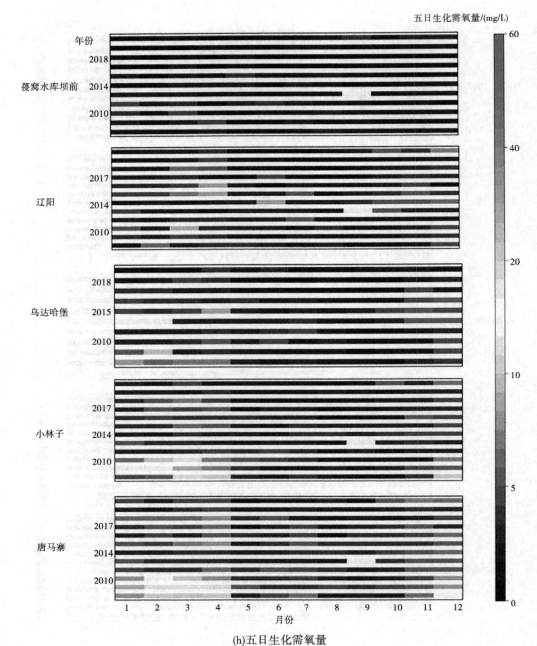

(h)五日生化需氧量

续图 2-19

　　pH 随月份变换呈现先增后减的趋势,3—8 月,pH 较高。同时,由图 2-19 可见上游 pH 比下游要高。太子河干流溶解氧在一年中的变化趋势是先减后增,变化较明显。5—11 月溶解氧含量较低,1—4 月、11 月、12 月中,溶解氧含量较高。主要原因是冬季的水温要比夏季低。另外,冬季的大气压要高于夏天。

　　分析图 2-19(e)可知,太子河干流上游氨氮含量基本平稳,全年变化波动不大,下游在 1—4 月、10—12 月氨氮含量相对较大,月变化趋势总体是先减后增。高锰酸盐指数在 12 个月中变化不大,化学需氧量、五日生化需氧量的月变化趋势与高锰酸盐指数的变化趋势大致相同,上游变化不大且指标较小,下游在 1—4 月、12 月时略有增高,呈现先减后增的趋势。总体来说水质较稳定。

2.4.3.2　空间特征

　　本书选取了地理空间数据云网站提供的 3 条 GDEMV3 30m 分辨率数字高程数据,通过 ArcGIS 进行合并、提取分析,提取出辽阳行政区的 DEM 数字高程数据图(见图 2-20)。在此图基础上,进行流量及流向的分析,如图 2-21、图 2-22 所示。

图 2-20　辽阳市 DEM 数字高程数据

图 2-21　辽阳市 DEM 图流向分析结果

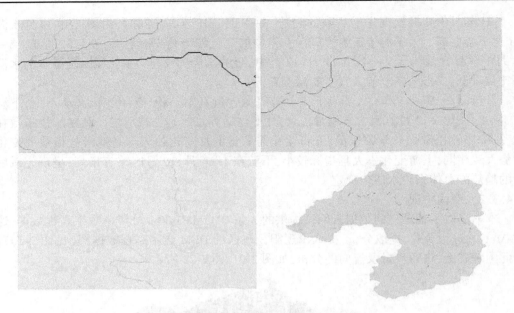

图 2-22　辽阳市 DEM 图流量分析结果

同时,根据太子河干流 2006—2020 年的逐年实测数据,分析太子河干流各主要污染物的年内变化,并使用 ORIGIN 软件绘制年内变化分条热图。由于总氮、总磷含量实测数据较少,因此在绘制总氮、总磷含量年内变化分条热图时,没有与其他主要污染物一样绘制逐年年内月变化分条热图,而是绘制了月平均变化分条热图进行分析。综合 DEM 图和分条热图结果,来分析时段内主要污染物的空间变化规律。

从上游到下游,太子河干流的 pH 逐渐变小。溶解氧含量基本不变,氨氮含量随水流流向逐渐增大。由空间分析可知,太子河干流附近支流较多,氨氮含量随水流流向增大,可能是由于附近支流污染较严重,汇入了干流,致使干流氨氮含量逐渐沉积,逐渐增大。高锰酸盐指数基本保持平稳,在下游偶尔会发生升高的现象,可能是附近工厂的污水排放入太子河中。化学需氧量和五日生化需氧量在空间上的分布较均匀,上游从水库中流入太子河干流的水中污染物沉积,随着支流的水汇入干流,流量逐渐增大,对污染物进行了稀释,致使化学需氧量和五日生化需氧量指标呈现缓慢的降低趋势,总氮和总磷含量顺着水流方向逐渐增高,总氮含量几乎全程较高,说明太子河干流附近支流总氮、总磷含量较高,汇入了干流,导致这些污染物呈现增加的趋势。

总体来说,太子河干流上游水质要好于下游,可能是沿途工厂和农田用水通过排污口、太子河沿程支流和径流排入干流造成了水质的逐渐污染。

2.4.4　趋势分析

通过对各断面主要污染物年际变化的线性拟合,可以得出 2006—2020 年间主要污染物总的变化趋势,判断哪几种污染物对河流水质产生了较大的影响(见图 2-23 ~ 图 2-28)。

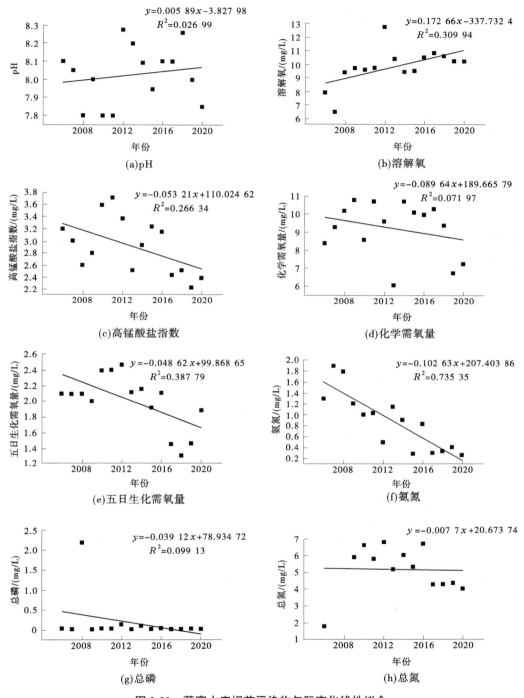

图 2-23　覆窝水库坝前污染物年际变化线性拟合

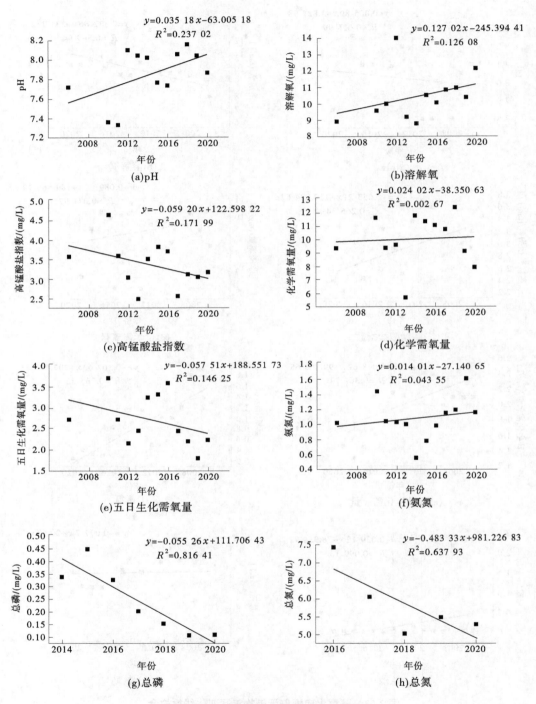

图 2-24　管桥污染物年际变化线性拟合

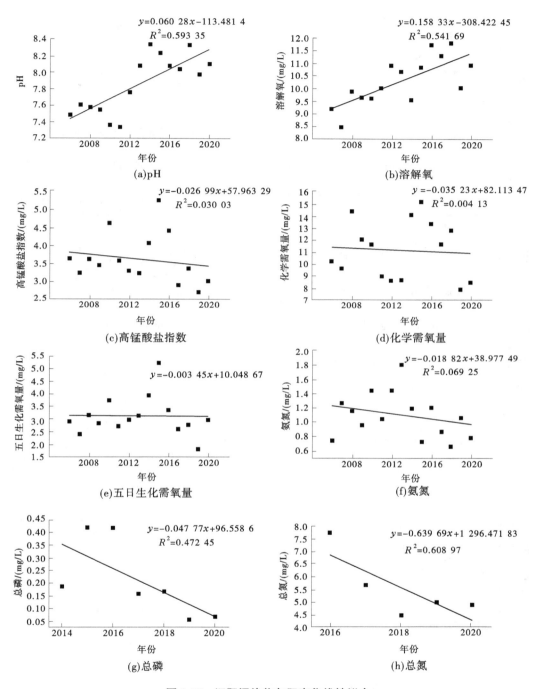

图 2-25　辽阳污染物年际变化线性拟合

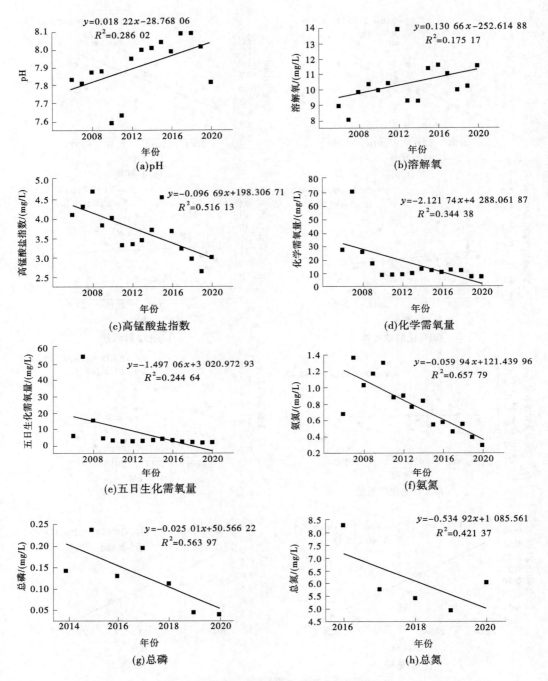

图 2-26　乌达哈堡污染物年际变化线性拟合

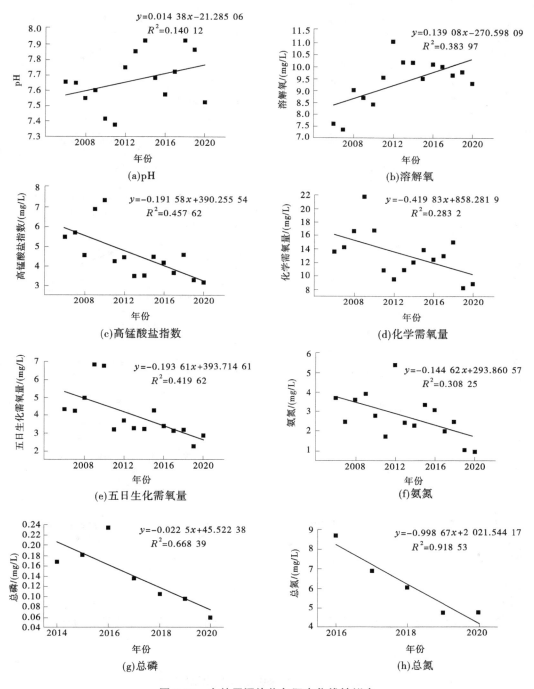

图 2-27　小林子污染物年际变化线性拟合

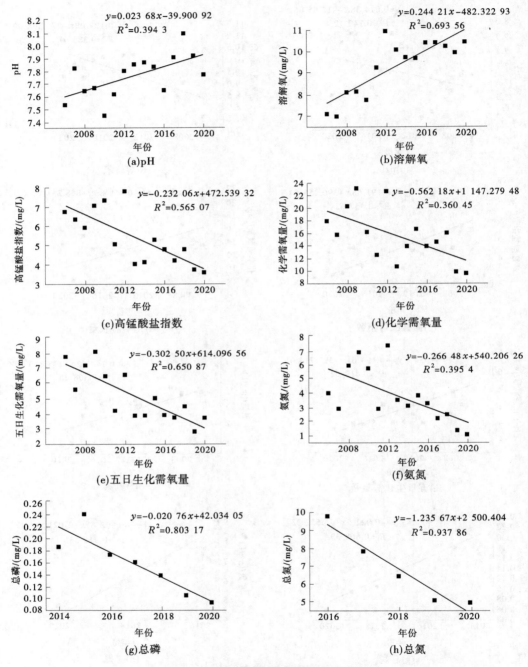

图 2-28　唐马寨污染物年际变化线性拟合

通过线性拟合表 2-1 可以看出,总的来讲,2006—2020 年太子河干流的污染程度在逐年减轻,可见当地水环境治理工作取得了较大的成效。pH 逐年升高,虽然仍在正常值范围内,但仍需治理,以保证河流其值一直处于 6～9 的范围内。氨氮、总磷、总氮和化学需氧量对干流的水质产生了较大的影响,需要进一步针对这些污染物进行治理。

表 2-1　太子河干流污染物年际变化线性拟合 k 值

断面	pH	溶解氧	高锰酸盐指数	化学需氧量	五日生化需氧量	氨氮	总磷	总氮
葠窝水库坝前	0.005 89	0.172 66	-0.053 21	-0.089 64	-0.048 62	-0.102 63	-0.039 12	-0.007 7
管桥	0.035 18	0.127 02	-0.059 20	0.024 02	-0.057 51	0.014 01	-0.055 26	-0.483 33
辽阳	0.060 28	0.158 33	-0.026 99	-0.035 23	-0.003 45	-0.018 82	-0.047 77	-0.639 69
乌达哈堡	0.018 22	0.130 66	-0.096 69	-2.121 74	-1.497 06	-0.059 94	-0.025 01	-0.534 92
小林子	0.014 38	0.139 08	-0.191 58	-0.419 83	-0.193 61	-0.144 62	-0.022 5	-0.998 67
唐马寨	0.023 68	0.244 21	-0.232 06	-0.562 18	-0.302 50	-0.266 48	-0.020 76	-1.235 67

2.4.5　汛期与非汛期规律

根据 2014—2020 年各断面的水质监测数据,计算出各断面汛期与非汛期的主要污染物指标平均值,见表 2-2,主要污染指标时间分布如图 2-29 所示。

表 2-2　汛期与非汛期污染指标实际监测值

断面		pH	溶解氧	高锰酸盐指数	化学需氧量	五日生化需氧量	氨氮	总磷	总氮	粪大肠菌群
葠窝水库	汛期	8.37	9.17	2.73	7.85	1.67	0.364	0.048	4.09	1 011
	非汛期	7.87	10.83	2.67	7.56	1.82	0.529	0.032	5.51	726
汤河	汛期	8.14	8.89	2.80	8.51	1.56	0.226	0.061	3.09	5 148
	非汛期	7.96	11.97	2.59	7.61	1.86	0.397	0.090	4.76	1 814
管桥	汛期	8.00	9.48	2.83	9.27	1.97	0.645	0.104	4.38	6 544
	非汛期	7.92	11.04	3.49	10.07	3.03	1.216	0.323	6.40	7 988
辽阳	汛期	8.19	9.25	3.17	9.66	2.31	0.320	0.073	4.03	5 441
	非汛期	8.14	11.75	3.91	12.29	3.65	1.244	0.272	6.75	1 970
乌达哈堡	汛期	8.08	8.54	2.60	9.08	1.90	0.265	0.090	4.44	1 034
	非汛期	7.99	11.79	3.78	10.59	3.05	0.656	0.149	6.96	1 401
北沙河	汛期	7.67	7.24	5.03	17.31	4.01	2.999	0.354	5.32	8 452
	非汛期	7.71	10.14	7.72	23.99	7.38	6.685	0.544	10.71	13 053

续表 2-2

断面		pH	溶解氧	高锰酸盐指数	化学需氧量	五日生化需氧量	氨氮	总磷	总氮	粪大肠菌群
小林子	汛期	7.78	7.85	3.12	10.2	2.31	0.817	0.086	4.20	3 309
	非汛期	7.73	10.76	4.17	12.17	3.59	2.804	0.164	7.39	1 030
唐马寨	汛期	7.91	7.90	3.53	11.33	3.04	1.098	0.096	3.88	7 414
	非汛期	7.85	11.24	4.83	14.21	4.45	3.154	0.186	7.53	7 605

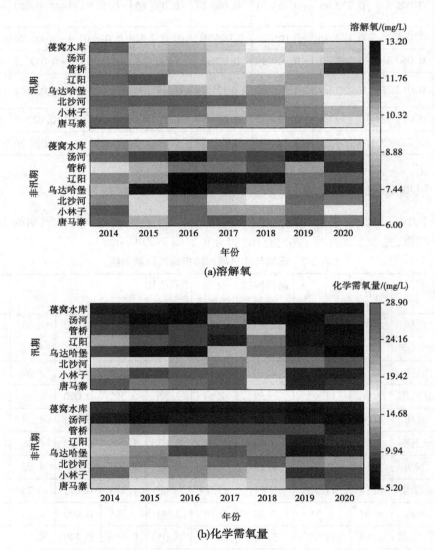

(a)溶解氧

(b)化学需氧量

图 2-29   主要污染指标的时间分布特征

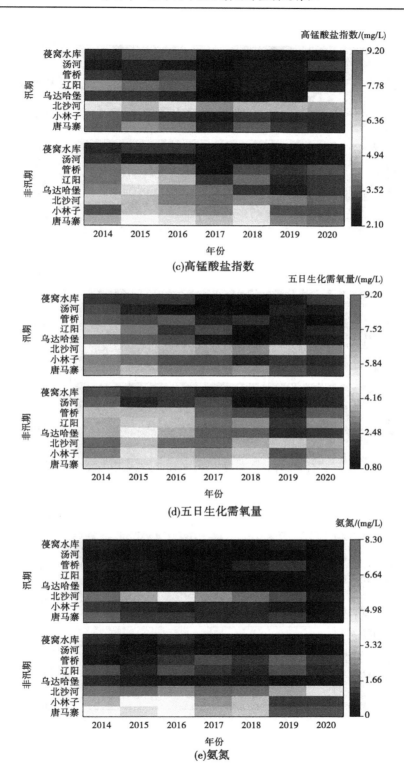

(c)高锰酸盐指数

(d)五日生化需氧量

(e)氨氮

续图 2-29

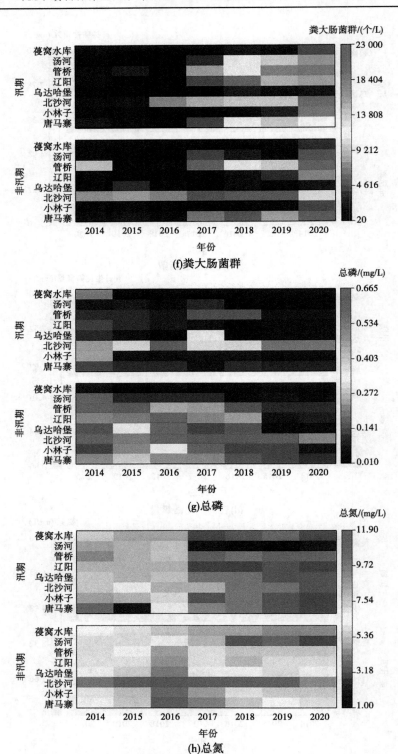

(f)粪大肠菌群

(g)总磷

(h)总氮

续图 2-29

我国大部分地区河流的径流量年内变化大，而北方地区气象要素季节性变化较明显，因此水质指标的年均值并不能完全反映水质的实际情况。所以，将太子河辽阳段按汛期与非汛期划分来进行本次研究。

pH 能直接反映水体的整体理化性质，河流的酸碱程度影响了水体中微生物酶的活性，进而影响微生物生长与水体的自净能力。pH 变化还可能发生底泥悬浮、营养盐难以沉降和吸附。研究范围内 pH 主要在 7.67~8.37 范围内变动，平均值为 7.96，汛期 pH 均值较高，为 8.02，太子河水体主要呈弱碱性。汛期 pH 较高的原因可能是：汛期阳光直射时间较长，更利于河流中藻类植物繁殖，光合作用使水体电离呈碱性，pH 升高。

溶解氧（DO）是水质评价中的重要指标，它对沉积物中的氮、磷等营养盐具有一定的调控作用，从而影响流域中总磷、总氮的浓度（Dhamodaran et al.，2021）。DO 数值越大表示水质状况越好，其他污染指标则是随着数值的增大，水质状况变差。研究范围内 DO 的浓度变化区间为 7.24~11.79 mg/L，基本可以达到 II 类水质标准。汛期的 DO 浓度值显著低于非汛期，可能是由于汛期温度较非汛期高，气压较低，且动植物消耗较大，水中营养盐增加，从而导致汛期 DO 浓度较低。

高锰酸盐指数（COD_{Mn}）是历年来水质监测的重要指标之一，可以较好地反映水体受工业、农业及生活中有机物和无机物的污染程度。高锰酸盐指数（COD_{Mn}）浓度范围为 2.59~7.72 mg/L，平均浓度为 3.69 mg/L，可以达到 II 类水质标准，汛期浓度较非汛期低。

化学需氧量（COD）可以利用有机物相对含量来衡量水体污染程度，COD 浓度越高表示水体中有机物含量越大，水质污染程度越高，水体中的还原性物质一般是有机物与硫化物，COD 还可以反映受还原性物质影响的程度。研究范围内的 COD 浓度变化区间为 7.56~23.99 mg/L，汛期平均浓度小于非汛期，总体平均浓度值为 11.36 mg/L，在 II 类水质标准范围内。

五日生化需氧量（BOD_5）属于综合水质指标，既能反映有机污染物含量，又能间接表示水体中可降解生物的有机物含量。BOD_5 浓度的变化范围为 1.56~7.38 mg/L，平均浓度为 2.98 mg/L，基本在 II 类水质范围内，汛期浓度较非汛期低。

氨氮（NH_3-N）主要是由水体中有机物分解产生的，一般受人类活动影响较大，也是水体内的毒性指标、耗氧指标。NH_3-N 会受到水体酸碱度和温度的影响，当二者降低时，氨盐浓度升高；反之，游离态氨的浓度会升高。水体中动植物对于 NH_3-N 浓度较为敏感，NH_3-N 浓度过高，会对动植物生存有抑制作用。NH_3-N 浓度变化区间为 0.226~6.685 mg/L，汛期浓度比非汛期要低一些，平均浓度值为 1.464 mg/L，平均浓度较高，处于 IV 类水质标准。

总磷（TP）主要来源于生活污水的排放，农田中化肥的残留，含磷化学制品的使用等。磷是水生植物生长必需的营养元素之一，也是影响水体富营养化的主要元素。研究范围内 TP 的浓度变化区间为 0.032~0.544 mg/L，平均浓度值为 0.167 mg/L，在 III 类水质标准范围内，汛期浓度相对较低。

总氮（TN）是影响水体富营养化的主要指标，氮元素也是水中藻类生长需要的元素之一。TN 浓度变化范围为 3.09~10.71 mg/L，平均浓度为 5.59 mg/L，严重超过地表水环境质量标准，非汛期污染较严重。

粪大肠菌群对于水体受到生活及工业污染程度有着重要意义，它主要来源于人类和其他动物的排泄物,不但可以表示水体中粪便污染程度,还对水质致病菌的污染起到指示作用。粪大肠菌群为 726~13 053 个/L,平均值为 4 621 个/L,符合Ⅲ类水质标准。有时汛期比非汛期浓度更高,原因可能是粪大肠菌群在水量大且温度较高时繁殖速度更快。

从汛期与非汛期来看(见图 2-29),非汛期主要污染指标浓度均大于汛期。DO 值越大表示水质越好,其他污染指标则是随着数值的增大,水质越差。这主要是非汛期降雨量较少,对沿岸工业点源、农田、畜禽养殖和城市生活污水中污染物的稀释作用降低所导致的。降雨作为污染物迁移的驱动力,对水体中的污染物浓度影响较大,使其具有明显的季节性差异,说明降雨形成的径流可以推动污染物的迁移并稀释污染物的浓度。汛期的 DO 浓度显著低于非汛期,可能是汛期气温较非汛期高,气压较低,且动植物消耗较大,水中营养盐增加导致的。非汛期 COD 浓度高于汛期,但是总体来看,COD 的浓度值基本上都处于Ⅰ类水质标准范围内。BOD$_5$ 在汛期含量相对较低,整体含量都在Ⅲ类水质标准范围内。氨氮的浓度较高,汛期浓度可达到Ⅲ类水质标准,但非汛期浓度已经超过了Ⅴ类水质标准。非汛期 TN、TP 浓度明显高于汛期,且 TN 浓度远远超过了Ⅴ类水质标准,其原因一方面可能是非汛期降雨较少,河流流速较低,河道内水生生物大量衰亡,且植物对氮、磷的利用率较低,在温度较低的情况下反硝化作用较差,大部分氮仍然留在水中,以及附近工农业污水的排放,给太子河带来丰富的营养盐;另一方面可能是在风浪作用下,底泥悬浮,底泥中的氮、磷以溶解态形式释放,使得 TN、TP 含量高。粪大肠菌群浓度在汛期要略高于非汛期,可能是由于汛期温度较高,水产动物代谢能力较强,排泄物较多。

从时间上来看,2014—2020 年 DO 含量逐年升高,表明水质越来越好;COD 含量 2014—2017 年逐年升高,2017—2020 年逐年降低;高锰酸盐指数、五日生化需氧量、氨氮和 TP 浓度值逐年降低;粪大肠菌群浓度值则逐年升高;TN 含量在 2014—2016 年逐渐升高,2016—2020 年逐渐降低。总体来看,2014—2020 年太子河辽阳段水质情况在逐渐变好,说明政府近些年很重视水体污染方面的问题,治理得也比较有成效。

如图 2-30 所示,为汛期(左)与非汛期(右)8 个监测断面的主要水质指标空间分布状况。溶解氧(DO)在研究断面中的浓度变化范围为 7.24~11.97 mg/L,其中汛期时,管桥断面 DO 浓度最高,水质状况最好;非汛期时,汤河断面 DO 浓度最高,水质状况最好。高锰酸盐指数(COD$_{Mn}$)在研究断面中的浓度变化范围为 2.59~7.72 mg/L,汛期时,乌达哈堡 COD$_{Mn}$ 浓度最低,水质状况最好;非汛期时,汤河断面 COD$_{Mn}$ 浓度最低,水质状况最好。化学需氧量(COD)在研究断面中的浓度变化范围为 7.56~23.99 mg/L,葠窝水库断面在汛期与非汛期时的 COD 浓度都为最低值,水质状况是最好的。五日生化需氧量(BOD$_5$)在研究断面中的浓度变化范围为 1.56~7.38 mg/L,汛期时,汤河断面 BOD$_5$ 浓度最低,水质状况最好;非汛期时,葠窝水库断面 BOD$_5$ 浓度最低,水质状况最好。氨氮(NH$_3$-N)在研究断面中的浓度变化范围为 0.226~6.685 mg/L,汤河断面在汛期与非汛期 NH$_3$-N 的浓度都为最低,水质状况最好。总磷(TP)在研究断面中的浓度变化范围为 0.048~0.544 mg/L,葠窝水库断面 TP 的浓度在汛期与非汛期都为最低值,水质状况最好。总氮(TN)在研究断面中的浓度变化范围为 3.09~10.71 mg/L,在汛期与非汛期中汤河断面都表现得最好。粪大肠菌群在研究断面中的浓度变化范围为 726~13 053 个/L,汛期与非汛期中葠窝水库断面水质都是最好的。北沙河断面在汛期与非汛期的所有水质指标中的数值都是最差的,而覆窝水库和汤河断面的水质状况都是很好的。

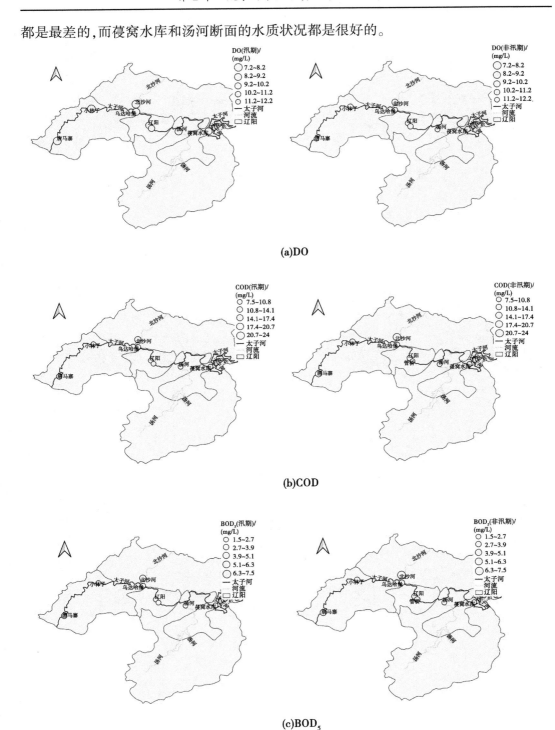

(a)DO

(b)COD

(c)BOD₅

图 2-30　主要污染指标的空间分布特征

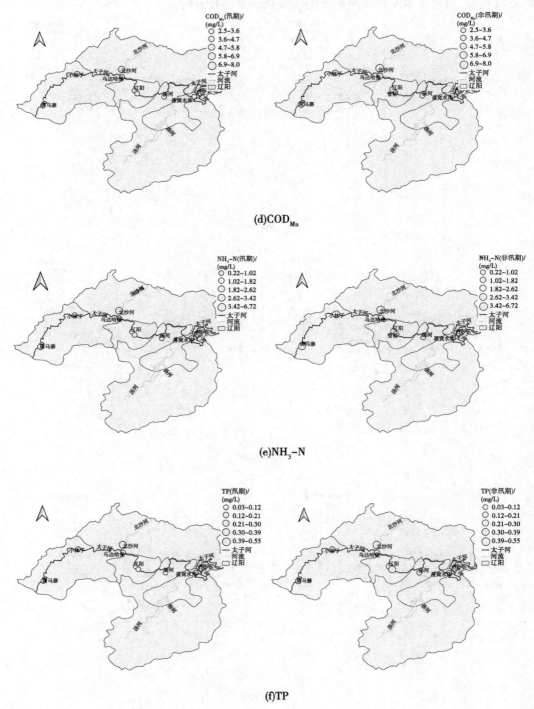

(d)COD$_{Mn}$

(e)NH$_3$-N

(f)TP

续图 2-30

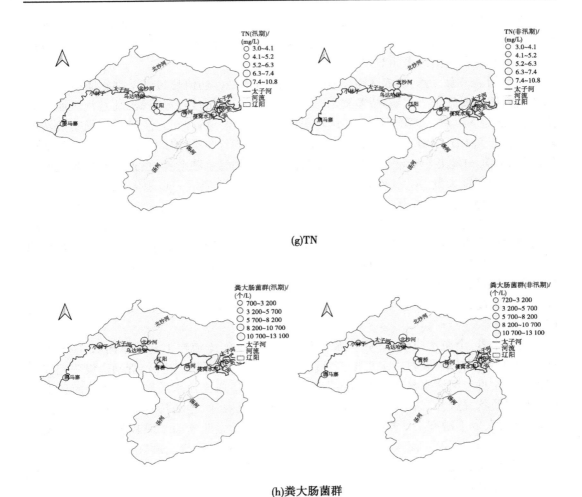

(g)TN

(h)粪大肠菌群

续图 2-30

在本次所研究的断面中,DO、COD_{Mn}、COD、BOD_5 以及粪大肠菌群的平均浓度值基本都在Ⅲ类水质以内,部分断面中的 BOD_5 浓度较高,可能是含有大量有机物的污水随意排放导致的,水体中有机物分解会消耗很多 DO,从而破坏水体中的氧平衡,使水质进一步恶化。NH_3-N、TP 与 TN 浓度均超过了Ⅲ类水质标准,基本上都是在葠窝水库断面到北沙河断面的浓度逐渐升高,北沙河断面下游的浓度逐渐降低。

从空间上来看,上游水质较好,中下游水质较差,太子河辽阳段主要支流将近 24 条,其中有 7 条支流较大,支流的水量一般较小,但河岸排放量较大,所以支流水质一般较差(杨明珍等,2022)。大多支流都流经乡镇村落,所以太子河流域存在着众多污染现象,如农村生活污水不经处理直接排放,土壤未吸收的农药化肥、污水处理不达标就排放,管网建设不完善(沈拥等,2009)。所以,造成太子河水质较差的主要原因也可能是汇入的支流水质状况对干流有所影响。在研究的 8 个监测断面中,北沙河入太子河口的水质状况最差,其次是唐马寨断面,水质状况较好的为葠窝水库断面和汤河断面,大概是由于北沙河断面与唐马寨断面上游有工厂排污口和污水处理厂,导致水质状况变差,而葠窝水库断面与汤河断面上游水量较丰富,对污染物可以进行一定程度的稀释,且上游的植被较茂盛,工业、农业及生活污水相对较少。

从空间上来看,污染物浓度超标最严重的指标是 TN(均值超过了 V 类水质标准),且高浓度断面主要分布于北沙河,葠窝水库到北沙河段 TN 浓度逐渐升高,北沙河下游逐渐降低;其次是 NH_3-N,葠窝水库至乌达哈堡段 NH_3-N 含量较低,北沙河至唐马寨段情况较差。各断面 DO、COD_{Mn}、COD 和 BOD_5 的浓度均能满足 III 类水质标准,部分监测断面中较高的 BOD_5 可能源于生活、工业等含有大量有机物的污水随意排放,这些有机物在水体中分解时要消耗大量 DO,从而破坏水体中氧的平衡,使水质进一步恶化。TP 浓度沿太子河先升高再降低,在管桥至北沙河入太子河河口段浓度较高。NH_3-N 与 TP 是影响河道水体藻类生长的重要因素,同时 NH_3-N 也是河道水体的毒性指标、耗氧指标,COD_{Mn} 表明了河道水体中有机物含量,反映了河道受工业、农业以及生活有机物污染程度。各断面的粪大肠菌群也能达到 III 类水质要求,粪大肠菌群不仅是水体粪便污染指示菌,其对水质致病菌污染也具有指示作用,对粪大肠菌群数进行控制,不仅可以减轻农村生活污水对水环境的污染程度,还可以防止受纳水体受致病菌污染而影响周边居民以及家庭散养家禽的健康。

总体来看,上游水质较好,中下游水质较差。太子河干流自上游至下游大小支流 10条,多流经乡镇村落,农村污水直排、乡镇污水处理厂尾水不稳定达标、管网建设不完善等现象较为常见。河流水量小且沿河污染物排入量大,造成支流水质较差。北沙河入太子河河口水质状况最差,是由于北沙河附近有大量工业、农业、生活污水流入河中。其次是唐马寨断面,其上游有工厂排污口,还有污水处理厂,导致此断面水质较差。汇入支流水质较差是影响太子河干流水质的主要原因。葠窝水库的水质状况最好,因为水库中的水相对于其他断面更丰富,对污染物也存在一定的稀释作用,且上游植被较多,工业、农业和生活污水相对较少。

2.5　本章小结

2.5.1　时段内主要污染物的年际变化趋势

综合 6 个控制断面随年际变化的情况,可见太子河干流主要污染物基本上随着时间推移在慢慢减少,pH 一直处于正常状态,随着时间变化呈现小幅度波动。COD 浓度在太子河干流段整体变化不大,基本上所有的断面都表现出总体下降的趋势。NH_3-N 浓度很大但呈现先增大后变小的趋势,TN 浓度超标,但呈现逐年递减的趋势。BOD_5 基本平稳,TP 呈递减趋势。上游水质相对较好,基本满足了水功能区对于用水的要求标准。下游水环境质量较差,特别是唐马寨断面,其 NH_3-N 浓度大于 2 mg/L 的时段占全时段的 60% 以上,水质达到劣 V 类,部分时段水质恶化,NH_3-N 浓度可以达到 6 mg/L。

除了个别主要污染物指标超标,总体来说太子河干流上游水质中等,属于 I ~ III 类水质,下游水质较差。

2.5.2　时段内主要污染物的季节(汛期与非汛期)变化趋势

太子河干流污染情况随季节更替变化不大,波动范围较小,大致来看,污染较严重的季节是冬季和春季,综合不同河段的水质情况可以得出,上游水质要比下游水质更好。太子河干流主要污染物中,TP、TN 和 NH_3-N 含量过高,可能是受到了附近工厂排放污水以及农业用水的影响。太子河干流自上游至下游大小支流 10 条,多流经乡镇村落,农村污水直排、乡镇污水处理厂尾水不稳定达标、管网建设不完善等现象较为常见。河流水量小且沿河污染物排入量大,造成支流河水质较差。北沙河入太子河河口水质状况最差,是由于北沙河附近有大量工业、农业、生活污水流入河中,北沙河水质最差。其次是唐马寨断面,其上游有工厂排污口,还有污水处理厂,导致此断面水质较差。汇入支流水质较差是影响太子河干流水质的主要原因。葠窝水库的水质状况最好,因为水库中的水相对于其他断面更丰富,对污染物也存在一定的稀释作用,且上游植被较多,工业、农业和生活污水相对较少。

2.5.3　时段内主要污染物的年内变化趋势

5—9 月是一年中太子河干流水质相对较好的时段。1—12 月,太子河干流 TN 含量基本处于超标状态,6—9 月 TN 含量相对较小,TP 含量每月变化不大,但在 12 月时某些河段含量略高,pH 随月份变换呈现先增后减的趋势,3—8 月,pH 较高,太子河干流 DO 在一年中的变化趋势是先减后增,变化较明显。上游 NH_5-N 含量基本平稳,全年变化波动不大,下游在 1—4 月、10—12 月 NH_3-N 含量相对较大,月变化趋势总体是先减后增;COD_{Mn} 在一年中变化不大,COD、BOD_5 的月变化趋势与 COD_{Mn} 的变化趋势大致相同,上游变化不大且指标较小,下游在 1—4 月、12 月时略有增高,呈现先减后增的趋势。

2.5.4　时段内主要污染物的空间变化趋势

从上游到下游,太子河干流的 pH 逐渐变小。DO 含量基本不变,NH_3-N 含量随水流流向逐渐增大。由空间分析可知,太子河干流附近支流较多,NH_3-N 含量随水流流向增大可能是附近支流污染较严重,汇入了干流,致使干流 NH_3-N 含量逐渐沉积,逐渐增大。COD_{Mn} 基本保持平稳,在下游偶尔会发生升高的现象,可能是附近工厂的污水排放到了太子河中。COD 和 BOD_5 在空间上的分布较均匀,上游从水库中流入太子河干流的水中污染物沉积,随着支流的水汇入干流,流量逐渐增大,对污染物进行了稀释,致使 COD 和 BOD_5 指标呈现缓慢的降低趋势,TN 和 TP 含量顺着水流方向逐渐增高,TN 含量几乎全程较高,说明太子河干流附近支流 TN、TP 含量较高,汇入了干流,导致这些污染物呈现增加的趋势。

总体来说,太子河干流上游水质要好于下游,可能是沿途工厂和农田用水通过排污口、太子河沿程支流和径流排入干流造成了水质的逐渐污染。

2.5.5　线性拟合分析

通过线性拟合可以看出,2006—2020 年太子河干流的污染程度在逐年减轻,可见当地水环境治理工作取得了较大的成效。pH 逐年升高,虽然仍在正常值范围内,但仍需治理,以保证河流 pH 一直处于 6~9 的范围内。NH_3-N、TP、TN 和 COD 对干流的水质产生了较大的影响,需要进一步针对这些污染物进行治理。

第 3 章　太子河干流水质指标的伴生性分析与评价

3.1　研究内容

3.1.1　伴生性与关联性分析

通过利用小波分析、主成分分析、相关性分析和通径分析对不同尺度下的主要污染物进行分析,保证各个指标之间的关联性与伴生性,并剖析主要污染物指标关联性的时间和空间尺度效应。

3.1.2　社会、自然和经济的因素对水质参数的影响

采用 RS 和 GIS 结合的方法,提取河流周边地物类型的变化,结合水文局提供的地区第一、二、三产业提供的发展数据以及人口等社会要素,分析以上要素与水质指标在年际尺度上的关联性,并剖析产生水质污染的背景原因。

3.1.3　水质评价

利用单因子水质标识指数法、综合水质标识指数法、模糊评价法等对太子河干流水质进行评价,为模型预测水质提供数据支撑。

3.2　研究方法

3.2.1　单因子水质标识指数法

单因子水质标识指数 P_i 由一位整数、小数点后两位或三位有效数字组成,表示为:

$$P_i = X_1 X_2 X_3 \qquad (3\text{-}1)$$

式中:X_1 代表第 i 项水质指标的水质类别,可通过《地表水环境质量标准》(GB 3838—2002)的比较来确定;X_2 代表监测数据在 X_1 类水质变化区间中所处的位置(根据公式按四舍五入的原则计算确定);X_3 代表水质类别与功能区划设定类别的比较结果,视评价指标的污染程度而定(X_3 为一位或两位有效数字)。

(1)水质优于 V 类水上限值时,X_2 的确定。

在《地表水环境质量标准》(GB 3838—2002)中,只有溶解氧(DO)质量浓度随水质类别数的增大而减少,因此水质标识指数按非溶解氧指标和溶解氧指标分别进行计算:

$$X_2 = \frac{\rho_i - \rho_{ik\text{下}}}{\rho_{ik\text{上}} - \rho_{ik\text{下}}} \times 10 \tag{3-2}$$

$$X_{2(\text{DO})} = \frac{\rho_{\text{DO},k\text{上}} - \rho_{\text{DO}}}{\rho_{\text{DO},k\text{上}} - \rho_{\text{DO},k\text{下}}} \times 10 \tag{3-3}$$

式中:ρ_i 为第 i 项指标的实测质量浓度,$\rho_{ik\text{下}} \leqslant \rho_i \leqslant \rho_{ik\text{上}}$;$\rho_{ik\text{下}}$ 为第 i 项水质指标第 k 类水区间质量浓度的下限值,$k = X_1$;$\rho_{ik\text{上}}$ 为第 i 项水质指标第 k 类水区间质量浓度的上限值,$k = X_1$。

(2)水质劣于或等于 V 类水以下时,X_2 的确定。

当水质劣于或等于 V 类水时,X_2 可用下式确定:

$$X_2 = \frac{\rho_i - \rho_{i5\text{上}}}{\rho_{i5\text{上}}} \times 10 \tag{3-4}$$

$$X_{2(\text{DO})} = \frac{\rho_{\text{DO},5\text{下}} - \rho_{\text{DO}}}{\rho_{\text{DO},5\text{下}}} \times 10 \tag{3-5}$$

式中:$\rho_{i5\text{上}}$ 为第 i 项指标 V 类水质量浓度上限值;ρ_{DO} 为溶解氧实测质量浓度;$\rho_{\text{DO},5\text{下}}$ 为溶解氧 V 类水质量浓度下限值。

3.2.2 单因子污染指数法

单因子污染指数法是指将各个水质参数的浓度逐一与评价指标对比,以单项评价最差项的分级类别作为水质评价的类别(佟霁坤等,2020)。单因子污染指数计算采用以下公式:

$$C_i = \frac{C_{pi}}{S_p}$$

式中:C_p 为 p 污染物的单项相对污染指数,$p = 1, 2, \cdots, k$,k 种污染参数;C_{pi} 为第 i 个水样的 p 污染物实际检测值,$i = 1, 2, \cdots, m$,m 个水样;S_p 为第 p 种污染物的标准值。

用单因子污染指数法可以判断水环境质量与水质评价标准之间的关系,见表 3-1,一般说来,若 $C_p > 1$,说明水环境质量已不能满足评价标准的要求;若 $C_p = 1$,说明水环境质量处于临界状态;若 $C_p < 1$,说明水环境质量达到评价标准的要求。

表 3-1　单因子污染指数评价等级划分标准

C_p	<1	1~2	2~3	3~5	>5
污染等级	清洁	轻度污染	中度污染	重度污染	严重污染

虽然单因子污染指数法因为其计算简单、操作简易而被广泛应用于地表水水质评价,但此种方法有很大的局限性(花瑞祥等,2016)。首先,单因子污染指数只能分析单个水质参数的污染程度,单个水质参数的单因子污染指数达到严重污染时,并不能评价该水体整体达到了严重污染(袁秀琴等,2022),因此无法针对总体水质综合判断其污染程度。其次,由于单因子污染指数法采用的是最差指标赋全权原则,往往会使评价结果太悲观,也被称为"一票否决法"。

3.2.3　综合水质标识指数法

综合水质标识指数由整数位和三位或四位小数位组成(徐祖信,2005),其结构为:

$$I_{WQ} = X_1X_2X_3X_4 \tag{3-6}$$

式中:X_1、X_2由计算获得;X_3、X_4根据比较结果得到。

其中,X_1为河流总体的综合水质类别;X_2为综合水质在X_1类水质变化区间内所处的位置,从而实现在同类水中进行水质优劣比较;X_3为参与综合水质评价的水质指标中,劣于水环境功能区目标的单项指标个数;X_4为综合水质类别与水体功能区类别的比较结果,视综合水质的污染程度,X_4为一位或两位有效数字。$X_1 \sim X_4$具体计算参见其他文献。综合水质类别评价标准见表 3-2。

表 3-2　综合水质类别评价标准

综合水质标识指数 I_{WQ}	综合水质类别
(1,2]	Ⅰ 类
(2,3]	Ⅱ 类
(3,4]	Ⅲ 类
(4,5]	Ⅳ 类
(5,6]	Ⅴ 类
(6,7]	劣 Ⅴ 类,但不黑臭
>7	劣 Ⅴ 类,且黑臭

3.2.4　模糊数学理论水质评价法

3.2.4.1　模糊集概念

所谓模糊集概念,是针对精确数学的经典集合理论的,根据经典集合理论,一个对象对应一个集合,要么属于,要么不属于,两者必居其一,即"非此即彼",绝不允许"默认两可",对于给定论域 U,用数学公式表达为:

$$C_s(x) = \begin{cases} 0 & x \notin S \\ 1 & x \in S \end{cases}$$

而在实际生活中存在和农模糊概念,如污染、老年人、高个、矮个等难以划定明确的界限,因此采用模糊集合的概念表达,对于论域 X 上的模糊集合 A 有:

$$A = \{x, \mu_A(x) \mid x \in X\}$$

其中:$\mu_A(x)$ 称为隶属函数,表示元素 x 对模糊集 A 的接近程度。当 $\mu_A(x)$ 只在 $\{0,1\}$ 中取值,则模糊集退化为经典集,可见经典集是模糊集的特例。模糊集的提出,把过去难以量化的概念数量化,使之能跨进数学的"殿堂",从而有力地增强人们对主客观世界奥秘的挖掘能力。

3.2.4.2　模糊关系和模糊矩阵

模糊集 A 和 B 的模糊关系是指 $A×B$ 为论域的一个模糊子集 R，由其隶属函数 $\mu_R(x)$ 刻划：$\mu_R:A×B→[0,1]$，也就是用隶属度表示 a 与 b 的关联程度，也可以用模糊矩阵表示：

$$R = (r_{ij})_{m×n} = \begin{bmatrix} r_{11} & r_{12} & \cdots & r_{1n} \\ r_{21} & r_{22} & \cdots & r_{2n} \\ \vdots & \vdots & & \vdots \\ r_{m1} & r_{m2} & \cdots & r_{mn} \end{bmatrix}$$

模糊综合评价法，可对有些不明确、不容易定量的对象进行定量化处理，直接表征评价指标相对应各级水质标准的隶属程度，并采用最大隶属度原则评价水体的综合水质类别，最终能准确、客观地对水环境质量情况与水质标准级别的关系进行反映。传统模糊综合评价法步骤如下：

（1）确定评价指标集合，$U = \{u_1, u_2, \cdots, u_i, \cdots, u_n\}$。

（2）确定评价等级集合，$V = \{v_1, v_2, \cdots, v_i, \cdots, v_n\}$。

（3）单因素进行判断，构建评价指标与评价标准集合的模糊矩阵 R。

隶属度，表示评价指标与各级水质标准相对应的隶属程度。常采用降半梯形分布函数，隶属函数值越大，表示该评价指标对于某水质等级隶属度越高。构建基于隶属度的模糊关系矩阵 $R_{n×m}$。

$$R = (r_{ij})_{m×n} = \begin{bmatrix} r_{11} & r_{12} & \cdots & r_{1n} \\ r_{21} & r_{22} & \cdots & r_{2n} \\ \vdots & \vdots & & \vdots \\ r_{m1} & r_{m2} & \cdots & r_{mn} \end{bmatrix}$$

式中：r_{ij} 表示某一组评价对象中某项评价指标 u_i 对第 v_j 级水质的隶属度。

（4）确定评价因子的权向量 $A_{1×n} = (a_1, a_2, \cdots, a_n)$。

通常采用超标赋权法，即评价因子的实测值相对于各级评价标准均值的超标，程度经过归一化处理，最终得出模糊权重矩阵 $A_{1×n}$。其公式如下：

$$w_i = x_i \Big/ \left(\frac{1}{m} \sum_{j=1}^{m} S_{ij} \right)$$

$$a_i = w_i \Big/ \sum_{i=1}^{n} w_i$$

（5）常采用取大取小模糊算子将权重矩阵 A 与隶属矩阵 R 进行合成计算，得到模糊综合评价结果向量 B，即

$$A \circ R = (a_1, a_2, \cdots, a_n) \begin{pmatrix} r_{11} & r_{12} & \cdots & r_{1m} \\ r_{21} & r_{22} & \cdots & r_{2m} \\ \vdots & \vdots & & \vdots \\ r_{m1} & r_{m2} & \cdots & r_{nm} \end{pmatrix} = (b_1, b_2, \cdots, b_m)$$

其中，b_j 表示某一组评价对象对第 v_j 级水质指标隶属程度。

（6）综合分析评价结果向量 B。

通常根据最大隶属度原则确定水质的等级,即某组评价对象中与评价因子相对应等级上的 b_j 数值最大,则确定水质综合评价等级为此类。

传统模糊综合评价法的优点是该类方法能通过相对隶属度描述水质分类的界限,很好地诠释了水质状况以及级别划分的模糊性,能较客观地反映综合水质的状况;缺点则是指标选取具有随意性,权重赋值考虑片面,综合评价处理容易丢失数据(张彪等,2022)。

3.2.4.3 主要影响因素分析

传统模糊综合评价法的评价步骤中,存在的主要影响因素具有不确定性,具体包括以下几个方面:

(1)评价指标的选取,是根据地表水水质等级标准以及影响特定评价对象的水质指标进行设定的。评价指标应根据不同的水质区域、评价目的等要求进行确定。

(2)隶属函数的确定,降半梯形分布为模糊综合评价法常用的函数形式,对于函数的适用是否存在更有效的分布形式。

(3)权重赋值是模糊综合评价法的一个关键性工作,不同的赋值方法将直接影响评价结果。传统方法采用的超标赋权法确定权重,仅是对指标与标准值之间的比值关系,无法描述指标之间的相互作用,致使评价结果的准确性有待验证。

(4)模糊算子及综合评价原则的选取,取大取小算子与最大隶属度原则容易导致数据丢失,使最终的评价结果不尽合理。

由上可知,针对模糊综合评价法中存在的影响因素进行分析探讨,研究出更为完善的评价方法,使评价结果更加科学、合理。

计算河段综合水质标识指数时,利用各断面综合水质指数与对应水功能区的贡献率对各断面综合指数进行赋权,由此可以充分体现不同断面对该研究河段的总体水质的影响(房本岩等,2022),最终得到的河段总体水质指数更接近实际情况,其计算公式为:

$$\omega_i = \frac{(X_1 X_2)_i}{\sum\limits_{i=1}^{n} \sum (X_1 X_2)_i} \tag{3-7}$$

式中:ω_i 为不同断面水质指数对研究河段整体的权重,分为汛期和非汛期确定;i 为断面数。

3.2.5 通径分析

通径模型是以多元线性回归方程为基础的模型,将自变量与因变量之间的相关关系分解为直接作用和间接作用两部分来反映自变量、中间变量和因变量之间的相互关系(张雪松等,2017;胡波等,2021),可以通过比较通径系数绝对值的大小,直接比较各个自变量对因变量的作用。具体原理参考谢舒笛等(2020)的研究成果。

为进行不同量级数据间的比较,利用 Z-score 标准化法对数据进行标准化:

$$x_{\mathrm{std}} = \frac{x_i - \bar{x}}{\sigma} \tag{3-8}$$

式中:x_{std} 为标准化值;$\bar{x}$ 为数据序列 x_i 的平均值;σ 为对应标准差。

　　简单相关分析往往反映的是变量间表面的非本质关系,高度相关性并不意味着有因果关系,并且相关系数容易受到其他因素的影响,不能反映变量间内在关系的大小;偏相关分析是在控制其他变量影响的前提下,分析多个变量之间的相关程度,即一般分析特定变量间的净相关关系。相较于前两者,通径分析可以分析单一因子对因变量的直接作用和间接作用,另外通径系数是没有单位的,可以直接比较独立变量对因变量影响作用的大小,且具有方向意义,通径系数表示了从原因到结果的直接作用或原因经由中间变量到结果的间接作用。

3.2.6　小波周期分析

　　傅里叶变换是时频分析领域一种重要的分析方法,应用十分广泛。在满足一定的条件下,它能将某个函数表示成正弦基函数的线性组合或者积分(邓宇等,2009)。

　　连续傅里叶变换函数,当 $f(t) \in L^1(R)$:

　　傅里叶变换为:

$$F(\omega) = \int_{-\infty}^{\infty} f(t) e^{-i\omega t} dt \tag{3-9}$$

　　傅里叶逆变换为:

$$f(t) = \frac{1}{2\pi} \int_{-\infty}^{\infty} F(\omega) e^{i\omega t} d\omega \tag{3-10}$$

　　虽然傅里叶变换能够将信号的时域、频域特征一一显现,但是无法将二者相结合。在纯频域中,它无法根据时间尺度进行分辨,难以对信号中的频率进行精确的定位。而在时频中,同样无法展现信号的频域信息。为解决上述矛盾,1946 年 Dennis Gabor 引入短时傅里叶变换的概念,其基本思想与微积分思想相类似,即将信号细分至很小的时间段,再借助傅里叶变换逐段进行分析,从而达到兼具时频分析的效果。

　　短时傅里叶变换公式:

$$S(\omega, t) = \int_R f(t) g^*(t - \tau) e^{-i\omega t} dt \tag{3-11}$$

其中:" $*$ "表示复共轭; $g(t)$ 为有紧支集的函数; $f(t)$ 为原始信号; $e^{-i\omega t}$ 在变换中起频限作用; $g(t)$ 在变换中起时限作用。

　　通过实际运用,短时傅里叶变换的局限性也逐渐显现,在对于非平稳信号的分析中,其分析容易失真。

　　小波函数的本质是在有限时间周期内反应生成和衰减的一个变化波段,在整个实域中满足以下两个基本性质。

　　性质 1: $\psi(\cdot)$ 的积分为 0

$$\int_{-\infty}^{\infty} \psi(u) du = 0 \tag{3-12}$$

　　性质 2: $\psi^2(\cdot)$ 的积分为 1

$$\int_{-\infty}^{\infty} \psi^2(u) du = 1 \tag{3-13}$$

下面是几个常见的小波分析公式和情景。

（1）Haar 小波。Haar 函数是具有时域内紧支性、正交性和对称性的小波函数，时域中性质良好，频域中局部性受限（卢志娟等，2008）。Haar 小波是在 $t \in [0,1]$ 中的单个矩形波，只有一阶消失矩，一阶导数不连续。函数形式分为时域形式和频域形式。

时域形式：

$$\psi(t) = \begin{cases} 1 & 0 \leqslant t < \dfrac{1}{2} \\ -1 & \dfrac{1}{2} \leqslant t < 1 \\ 0 & 其他 \end{cases} \tag{3-14}$$

频域形式：

$$\widehat{\psi}(\omega) = \frac{1}{2\omega}(2\mathrm{e}^{\frac{i\omega}{2}} - \mathrm{e}^{i\omega} - 1) \tag{3-15}$$

（2）Daubechies 小波。Daubechies 小波通常简写为 db$N$（N 表示其阶数），具有紧支性、规范正交性等特点。db$N$ 时频局部化能力最强，当其时域分辨率减小，增大频域分辨率，总分辨率得以提升，支撑宽度也同步变大。

令 $P(y) = \sum\limits_{k=0}^{N-1} C_k^{N-1+k} y^k$，则存在 $|m_0(\omega)|^2 = (\cos^2 \dfrac{\omega}{2})^N P(\sin^2 \dfrac{\omega}{2})$，其中 $m_0(\omega) = \dfrac{1}{\sqrt{2}} \sum\limits_{k=0}^{2N-1} h_k \mathrm{e}^{-jk\omega}$。

小波函数 ψ 和尺度函数 φ 的有效支撑长度 $2M-1$，消失矩的最高阶数为 M。小波函数 $\psi(t)$ 的 fourier 变换 $\widehat{\psi}(\omega)$ 在 $\omega = 0$ 处存在 M 阶零点。

小波函数 ψ 和尺度函数 φ 的正则性随着 M 的增长逐渐增强。

小波函数 ψ 与其整数位移标准正交。

（3）Mexican-hat 小波。Mexican-hat 小波任意阶连续，以至于对单独噪声点缺乏敏感性。

$\psi(t)$ 与其对应的 $\psi_{a,b}(t)$ 近似正交。Mexican-hat 小波在时域中令信息特征点明显，频域内可多通道联合分析。这种优良局部化能力在边缘检测和基因提取等方面得到广泛的运用。函数形式分为时域形式和频域形式。

时域形式：

$$\psi(t) = \frac{2}{\sqrt{3}}\pi^{-\frac{1}{4}}(1-t^2)\mathrm{e}^{-\frac{t^2}{2}}, t \in R \tag{3-16}$$

频域形式：

$$\widehat{\psi}(\omega) = \frac{2}{\sqrt{3}}\pi^{-\frac{1}{4}}\omega^2 \mathrm{e}^{\frac{-t^2}{2}}, \omega \in R \tag{3-17}$$

（4）Morlet 小波。Morlet 小波的表达式为 $\psi(t) = \mathrm{e}^{-\frac{t^2}{2}+j\omega_0 t}$。$\widehat{\psi}(\omega) = \sqrt{2\pi}\mathrm{e}^{-(\omega-\omega_0)^2/2}$ 是 $\psi(t)$ 对应的傅里叶变换函数。由于 $\widehat{\psi}(\omega = 0) \neq 0$，Morlet 小波不满足相容条件，但当 $\omega_0 \geqslant 5$，则近似满足波动性条件：$\int_{-\infty}^{\infty} \psi(t)\mathrm{d}t = 0$。Morlet 小波由 Gaussian 函数调整所得，因

此在时域具备良好衰减性。$\psi(t) = Ce^{-\frac{t^2}{2}+j\omega_0 t}$（$C$ 为任意常数）的时域窗口中心 $t^* = 0$，窗口半径 $2^{1/2}/2$，对应频域窗口中心 $\omega_* = \omega_0$，频域窗口半径为 $2^{1/2}/2$。

傅里叶变换是将信号分解为不同频率的正弦波，而小波变换是把一个信号分解成将原始小波经过平移和缩放之后的一系列小波。通过观察图3-1，可以发现相较于正弦波而言不规则的小波更为契合一般情况下的信号特征。

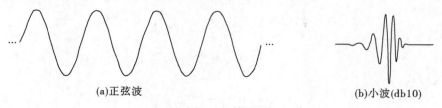

(a)正弦波   (b)小波(db10)

图3-1 基函数

设 $\psi(t) \in L^2(R)$，$\hat{\psi}(\omega)$ 是 $\psi(t)$ 的傅里叶变换，$L^2(R)$ 为平方可积的实数空间，当 $C_\Psi = \int_{R^+} \frac{|\hat{\psi}(\omega)|^2}{|\omega|} d\omega < \infty$ 成立时，称 $\psi(t)$ 为母小波。存在实数对 (a, b)，a 为非零实数，有 $\psi_{a,b}(t) = \frac{1}{\sqrt{|a|}} \psi(\frac{t-b}{a})$，$\psi_{a,b}(t)$ 则称为 $\psi(t)$ 依赖于实数对 (a, b) 的子小波。a 为尺度因子，b 为平移因子。

3.2.7 主成分分析

主成分分析(principal component analysis, PCA)作为一种多元统计分析方法，依据变量之间的相关性，把原本互有关联的一组变量变换成一系列线性无关的主成分。这些主成分是原始数据的高度综合与概括，可在影响降雨量因素的评估工作中起到简化作用，又能提供原有指标的绝大部分信息(孙燕等，2022)。目前，主成分分析方法已在农业干旱、电缆老化分析等领域得到了应用。其原理为：主成分分析是一种通过降维技术把多个变量化为少数几个主成分(综合变量)的统计方法。这些主成分能够反映原始变量的绝大部分信息，它们通常表示为原始变量的某种线性组合(张翔等，2022)。为了实现最有效率的降维，应使这些主成分所含的信息(在线性关系的意义上)互不重叠，也就是要求它们之间互不相关。

主成分分析的步骤如下。

(1)求出标准化数据指标矩阵。

设指标个数为 p，样本数为 n，$x_{ij}(i=1,2,\cdots,n;j=1,2,\cdots,p)$ 为第 i 个样本第 j 个指标的数值，则数据矩阵 X 如下：

$$X = (x_1, x_2, \cdots, x_p) = \begin{bmatrix} x_{11} & \cdots & x_{1p} \\ \vdots & & \vdots \\ x_{n1} & \cdots & x_{np} \end{bmatrix} \tag{3-18}$$

本书采用极差标准化方法对影响降雨量的因素进行标准化处理，其计算公式如下：

$$x'_{ij} = \frac{x_{ij} - m_j}{M_j - m_j} \tag{3-19}$$

$$X' = (x_1, x_2, \cdots, x_p) = \begin{bmatrix} x'_{11} & \cdots & x'_{1p} \\ \vdots & & \vdots \\ x'_{n1} & \cdots & x'_{np} \end{bmatrix} \tag{3-20}$$

式中：x'_{ij} 为标准化处理后的数据，$0 \leqslant x'_{ij} \leqslant 1$；$M_j$ 为第 j 个指标的最大值，$M_j = \max(x_{1j}, x_{2j}, \cdots, x_{nj})(j = 1, 2, \cdots, p)$；$m_j$ 为第 j 个指标的最小值，$m_j = \min(x_{1j}, x_{2j}, \cdots, x_{nj})(j = 1, 2, \cdots, p)$；$X'$ 为标准化处理后的指标矩阵。

（2）求相关系数矩阵 R。

相关系数矩阵，记为 R，$R = (r_{ij})_{p \times p}$，其中，$r_{ij}$ 的计算表达式如下：

$$r_{ij} = \frac{\sum\limits_{k=1}^{n} |x'_{ki} - \bar{x}'_i||x'_{kj} - \bar{x}'_j|}{\sqrt{\sum\limits_{k=1}^{n} (x'_{ki} - \bar{x}'_i)^2 \sum\limits_{k=1}^{n} (x'_{kj} - \bar{x}'_j)^2}} \quad (i, j = 1, 2, \cdots, p) \tag{3-21}$$

式中：r_{ij} 为标准化数据的第 i 个指标与第 j 个指标间的相关系数，$r_{ij} = r_{ji}$，$r_{ii} = 1$。

（3）求相关系数矩阵的特征值和特征向量。

计算矩阵 R 的特征值 $\lambda_1, \lambda_2, \cdots, \lambda_p$，并将其值按大小顺序进行排列，即 $\lambda_1 \geqslant \lambda_2 \geqslant \lambda_3 \geqslant \cdots \geqslant \lambda_p \geqslant 0$；然后，分别求出特征值 λ_j 对应的单位特征向量 $e_j(j = 1, 2, \cdots, p)$，其中 e_{ji} 表示向量 e_j 的第 i 个分量。

（4）计算主成分贡献率及累计贡献率。

计算特征值 λ_j 的贡献率和累计贡献率。总方差中属于第 i 主成分 y_i（或被 y_i 所解释）的比例为 $\dfrac{\lambda_j}{\sum\limits_{k=1}^{p} \lambda_k}$，称为主成分 y_i 的贡献率。第一主成分 y_1 的贡献率最大，表明它解释原始变量 $x_1, x_2, \cdots, x_p$ 的能力最强，而 $y_2, y_3, \cdots, y_p$ 的解释能力依次递减。主成分的目的是减少变量的个数，因而一般是不会使用所有 p 个主成分的，忽略一些带有较小方差的主成分将不会给总方差带来大的影响。前 m 个主成分的贡献率之和为 $\dfrac{\sum\limits_{k=1}^{p_m} \lambda_k}{\sum\limits_{k=1}^{p} \lambda_k}$，称为主成分 $y_1, y_2, \cdots, y_m$ 的累计贡献率，它表明 $y_1, y_2, \cdots, y_m$ 解释原始变量 $x_1, x_2, \cdots, x_p$ 的能力。

（5）主成分的选取。

一般取（相对于）p 较小的 m，使得累计贡献率达到一个较高的比例（如 $80\% \sim 90\%$），或者使得前 m 个特征值 $\lambda_1, \lambda_2, \cdots, \lambda_m$ 都大于 1。此时，$y_1, y_2, \cdots, y_m$ 个主成分可用来代替原始变量 $x_1, x_2, \cdots, x_p$ 达到降维的效果，而信息的损失却不多。但是，不能只看累计贡献率，还要结合问题的实际背景，来确定主成分的个数。

从太子河流域国家级、省级水质监测断面选取覆窝水库坝前、南沙坨子、管桥、辽阳、乌达哈堡、小林子、唐马寨、入太子河河口（汤河）、入太子河河口（北沙河）、入太子河河口（柳壕河）等 10 个断面，结合各水质监测断面 2006—2020 年连续水质采样监测数据，其中选取具有代表性的溶解氧、高锰酸盐指数、化学需氧量、五日生化需氧量、氨氮、总磷、总氮等7种水质监测指标用于太子河流域水质演变特征分析。本书将水质监测数据按年份分为2015年前和2015年后，按汛期分为汛期和非汛期，对这4种分类水质数据分别进行主成分分析。

3.2.8 地物分类方法

3.2.8.1 数据来源

土地利用的变化不仅影响到人类生存与发展的自然基础，更与全球气候变化、生物多样性减少、生态环境恶化等问题密切相关（黄宇等，2022）。分析土地利用变化采用目前国内外比较通行的方法，即在遥感影像上进行辐射定标、大气校正、裁剪和标准化的基础上，按照一定的分类标准得出遥感影像的土地利用分类图，进而分析土地利用与格局的变化。在流域水环境变化中，土地利用变化对流域水质起着重要的作用，知道流域内土地利用与水质之间的关系，就可以通过改变土地利用方式来改善水质状况，从而使水环境向着良好的方向发展（刘成建等，2021；朱金凤等，2022）。国内外学者开展了有关土地利用变化对流域水环境影响方面的研究，发现不同尺度的土地利用对水质产生不同影响。

本书采用条带号119、31的Landsat TM遥感影像图，结合辽阳市行政Shp得到研究区域遥感影像图，具体包含2006年的Landsat 4-5 TM卫星数据（时相6月13日，分辨率30 m）、2010年Landsat TM卫星数据（时相6月8日，分辨率30 m）、2014年Landsat 8 OLI-TRIS卫星数据（时相8月7日，分辨率30 m）、2019年Landsat 8 OLI-TRIS卫星数据（时相7月4日、分辨率30 m）共4期遥感影像作为基础数据，数据来源于中国科学院遥感所（http://ids.ceode.ac.cn/）与地理空间数据云（http://www.gscloud.cn/），水质监测点选取唐马寨、入太子河河口（柳壕河）、小林子、入太子河河口（北沙河）、乌达哈堡、辽阳、管桥、南沙坨子、入太子河河口（汤河）、葠窝水库坝前等10个监测断面，时间分别为2006年、2010年、2014年、2019年。数据来源于辽宁省辽阳水文局，选取高锰酸盐指数（COD_{Mn}）、化学需氧量（COD）、总磷（TP）、溶解氧（DO）、总氮（TN）、五日生化需氧量（BOD_5）、氨氮（NH_3-N）等7个指标进行分析。

自从1972年7月23日Landsat第一颗卫星升空，到目前为止共发射了9颗，其中Landsat 6因没有到达预定的高度位置，宣告失败。目前还在继续工作的卫星仅剩下Landsat 7、Landsat 8与Landsat 9。Landsat 7于1999年4月15日发射升空，卫星搭载增强型专题制图仪（Enhanced Thematic Mapper，ETM+）。2003年5月31日，其自身携带的扫描行校正器（SLC）发生了故障。Landsat 8于2013年2月11日升空，搭载陆地成像仪（Operational Land Imager，OLI）与热红外传感器（Thermal Infrared Sensor，TIRS）。Landsat 8共有11个波段（OLI共9个波段，TIRS有2个热红外波段），表3-3为Landsat 8各个波段参数。Landsat 9于2021年9月27日发射升空，Landsat 9与Landsat 8的工作内容非常相似，也同样搭载了OLI与TIRS传感器，但分辨率高于Landsat 8，可以检测到更细微的差异，相比起Landsat 7能区分更多的色调。

表 3-3 Landsat 8 波段参数

波段	波长/μm	空间分辨率/m
Band1 Coastal	0.43 ~ 0.45	30
Band2 Blue	0.45 ~ 0.51	30
Band3 Green	0.53 ~ 0.59	30
Band4 Rad	0.64 ~ 0.67	30
Band5 NIR	0.85 ~ 0.88	30
Band6 SWIR 1	1.57 ~ 1.65	30
Band7 SWIR 2	2.11 ~ 2.29	30
Band8 Pan	0.50 ~ 0.68	15
Band9 Cirrus	1.36 ~ 1.38	30
Band10 TIRS 1	10.6 ~ 11.19	100
Band11 TIRS 2	11.5 ~ 12.51	100

3.2.8.2 数据预处理

1. 辐射定标

因为卫星传感器记录的信息并不能直接展示出地物的辐射特点,所以要通过辐射定标将影像的灰度值(DN 值)转换为地物原本拥有的辐射亮度数值。辐射亮度的计算转换公式如下:

$$L_\lambda = A \times DN + C \tag{3-22}$$

其中:L_λ 为所求的辐射亮度数值;A 与 C 分别为增益值和偏移值,两者可以在元数据中得到;DN 为影像的灰度值。

进行辐射定标利用 ENVI 5.2 软件中的 Radiometric Calibration 功能。通过选择定标类型,修改储存顺序及缩放系数参数,即可对影像进行辐射定标操作。

2. 大气校正

由于地球存在较厚的大气层,地表反射回的信号在穿过其中时,会受到水蒸气、二氧化碳等大气层中存在的分子吸收、散射现象的干扰。受到影响的信号再由传感器接收会对地物的真实信息如反射率等造成一定影响,需要进行大气校正对这些误差进行修正。利用 ENVI 5.3 中的 FLAASH 功能进行大气校正,该功能模块支持多种传感器,提供多样的大气与气溶胶模型。FLAASH 所需的影像拍摄时间可以从影像的 MTL 文件中得到,平均高程可以参考 ENVI 中的地表 DEM 数据,根据纬度与月份选取合适的大气模型,调整气溶胶模型,最后对多光谱参数进行调整,即可完成大气校正。

在进行土地分类前,需要对所有年份的遥感影像进行预处理,数据的预处理是为了确保光谱指数,如光谱特征、纹理特征等的计算准确性以及后续的土地利用类型解译的准确度。遥感影像数据预处理均在 ENVI 软件中进行。然后对影像进行监督分类。通过对多光谱不同波段的对比研究后,最终对 2006 年和 2010 年的遥感影像采用 543 波段进行 RGB 合成,对 2014 年和 2019 年的遥感影像采用 654 波段进行 RGB 合成。在 ENVI 5.2 的支持下,采用支持向量机的监督分类方法,结合 Google Earth 和实地调查对分类结果进行人工修正,对结果进行分类处理后,利用 ArcGIS 10.2 生成满足高精度要求的土地利用类型图。通过 ENVI 5.2 中 Region of Interest Tool 计算样本的可分离系数(Separability),同时通过 Confusion Matrix 工具对 2001 年、2008 年和 2016 年的影像处理成果执行精度评估。可分离系数的标准是:大于 1.8 属于合格样本,超过 1.9 说明样本之间可分离性好;小于 1.8 则需要编辑样本或者重新选择样本;若小于 1,考虑将两类样本合成一类样本。总体分类精度(OA)达到 90%则为优。

3.2.8.3　提取结果精度验证方法

精度验证方法选取混淆矩阵中的总体精度(OA)和 Kappa 系数来评价提取结果的准确度。混淆矩阵表达式为:

$$X = \begin{bmatrix} x_{11} & \cdots & x_{1n} \\ \vdots & & \vdots \\ x_{n1} & \cdots & x_{nn} \end{bmatrix} \tag{3-23}$$

列的数值为影像中真实地物类型的像元总数,行的数值为被模型所分地物类型的像元总数。通过混淆矩阵能够得到总体精度(OA)和 Kappa 系数的公式:

$$A = \frac{\sum_{i=1}^{n} x_{ii}}{\sum_{i=1}^{n} \sum_{j=1}^{n} x_{ij}} \tag{3-24}$$

$$K = \frac{N \sum_{i=1}^{n} x_{ii} - \sum_{i=1}^{n} (x_{i+} \cdot x_{+i})}{N^2 - \sum_{i=1}^{n} (x_{i+} \cdot x_{+i})} \tag{3-25}$$

式(3-24)为总体精度,数值越高提取结果准确度越高。式(3-25)为 Kappa 系数,用来描述结果与样本的吻合度。N 为样本验证个数;x_{i+}、x_{+i} 分别表示第 i 行和第 i 列的样本总和。

地物验证点通过实地勘察、查询资料、目视解译、对比高分辨率卫星影像如谷歌地球及其他不同月份的研究区遥感影像几种方法,进行综合分析后选取,以保证准确性。

3.2.8.4　研究区内地物类型判别

以 2017 年国家质监局和标管委联合发布的《土地利用现状分类》为参考,结合遥感影像的空间分辨率,在分辨率 30 m 精度的图形中,二类地无法得到有效区分,为了控制样本的分类精度,结合分类方法和参考相关文献,最终确定将太子河流域土地利用分为 6 大类,分别为耕地、林地、草地、水体、建设用地与未利用地。耕地包括水田和旱地,多分布在山间盆地和冲积平原地带,呈网格状或梯形,田埂明显。林地主要包括自然林地和人工林地,自然林地一般成片分布在山地、丘陵,面积较大,颜色为深红色,易于识别;人工林地主要分布在城镇道路、河流两旁或是耕地附近,面积较小,且与周围土地区别显著。草地图斑较小、颜色较浅、内部均一,包括天然草地和人工草地,天然草地主要生长在河流两侧;人工草地多集中在城镇内,形状较规则。水体包括河流、湖泊、沟渠以及水库、坑塘,呈条带状或面状,颜色多为蓝黑色。建设用地最易于识别,多为青灰色图斑,包括城乡居民用地、交通用地、工矿用地,面积大且分布集中。未利用地主要包括因建设需要对耕地或山地进行平整、开采后暂时未建设利用的裸地,一般图斑较小、多棱角、分布零散,颜色呈灰白色,可以较好地反映出湿地内部环境状况的好坏。

土地利用方式的变化首先表现在不同土地利用类型面积比例的变化上。根据面积变化考察土地利用类型的变化程度,以此描述不同土地利用类型在不同时间内总量的差异。利用 ENVI 5.2 与 ArcGIS 生成 2006 年、2010 年、2014 年、2019 年土地利用类型分布图,利用 ArcGIS 的空间数据分析功能,对各个土地利用类型的面积进行量化分析,统计得出其面积和占比。

3.2.8.5　不同分类地物变化分析

土地利用动态度模型可定量地反映区域内土地利用数量的变化速度,对预测未来土地利用变化趋势有积极作用,是相关研究常用的分析方法之一(李玲等,2018)。土地利用动态度主要用于定量描述土地利用的变化速度。

单一土地利用动态度表达的是研究区的每种土地利用类型在某时间段前后的数量变化情况,量化该时间段内土地利用类型的变化,便于了解土地利用状态随着时间发生的变化,其计算公式如下:

$$L = \frac{U_b - U_a}{U_a} \times \frac{1}{T} \times 100\% \qquad (3\text{-}26)$$

式中:L 为研究时段内某种土地利用类型的动态度;U_a 为某种土地利用类型起始的面积总量;U_b 为某种土地利用类型末期的面积总量;T 为时间段。

该模型简单、高效、易于理解,被广泛应用于各专业领域,但忽略了土地利用的空间属性,无法测算和比较区域土地利用变化的综合活跃程度(吴宵等,2022),同一研究时间段内,两个区域土地空间、属性不同,但其土地利用转化的数量完全一样。此类情况下,单一动态度难以捕捉土地利用类型变化速度。例如,一方面低丘缓坡被开垦为梯田,耕地面积增加;而另一方面城市人口增长,中心城市向外扩张导致郊区城市化,郊区耕地面积减少,就耕地而言,增减量相等其单一土地利用类型无法表征其动态变化。

综合土地利用动态度分析是指研究区土地利用变化的综合程度。其计算公式如下:

$$L_C = \left[\frac{\sum\limits_{i=1}^{n} \Delta LU_{i\text{-}j}}{2 \sum\limits_{i=1}^{n} LU_i} \right] \times \frac{1}{T} \times 100\% \qquad (3\text{-}27)$$

式中:L_C 为研究区土地利用综合动态度;LU_i 为研究起始时间第 i 类土地利用类型的面积;$\Delta LU_{i\text{-}j}$ 为研究时段第 i 类土地转化为第 j 类土地利用面积的绝对值;T 为时间段。

3.3　数据处理与分析方法

选取位于太子河干流的 6 个测站:葠窝水库坝前、管桥、辽阳、乌达哈堡、小林子、唐马寨 2006—2020 年的实测资料,通过比较与筛选,在多个实测指标中选取数据较全面的 8 个指标作为处理与研究的对象。

根据水质实测数据,本书选取 6 个主要污染指数,采用 Matlab 对其进行模糊评价,小波周期分析利用 R 软件编程实现,其他如主成分分析、通径分析和相关分析等,均采用 Origin 中的分析过程,并使用 Origin 软件的绘图功能绘制图像。

3.4　结果与分析

3.4.1　土地利用类型变化对水质的影响分析

3.4.1.1　面积变化分析

由 2006 年、2010 年、2014 年和 2019 年辽阳太子河流域土地利用图(见图 3-2)统计得出各土地利用类型面积和占比,土地利用方式的变化首先表现在不同土地利用类型面积比例的变化上,2006—2019 年辽阳太子河流域土地利用结构见表 3-4。可以看出,耕地是研究区域的优势景观类型,其面积约占研究区域的 42%,其次是林地和建设用地,3 种土地利用类型面积之和约占研究区域总面积的 94.3%。由表 3-4 可知,2006—2019 年辽阳土地总面积为 4 712.58 hm²,各土地利用类型按面积大小排序为耕地、林地、建设用地、水体、草地与未利用地,其中耕地面积呈明显的减少趋势,而建设用地面积显著增大,草地、未利用地的面积变化幅度较缓和。

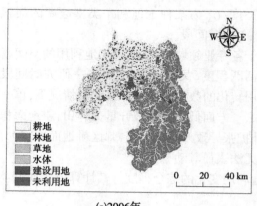

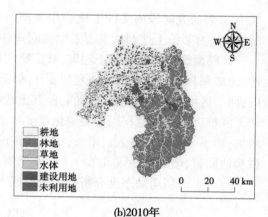

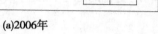

(a)2006年　　　　　　　　　　　　(b)2010年

图 3-2　2006 年、2010 年、2014 年和 2019 年辽阳土地利用图

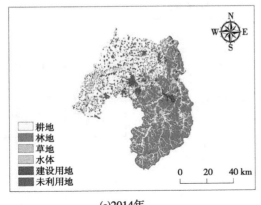

(c)2014年　　　　　　　　　　　　　　(d)2019年

续图 3-2

表 3-4　2006—2019 年间土地利用类型面积变化

土地利用类型	2006 年		2010 年		2014 年		2019 年	
	面积/hm²	比例/%	面积/hm²	比例/%	面积/hm²	比例/%	面积/hm²	比例/%
耕地	2 139.21	45.39	2 051.26	43.53	2 047.82	43.45	2 006.94	42.59
林地	1 902.57	40.37	1 878.77	39.87	1 878.82	39.87	1 861.61	39.50
草地	41.56	0.88	21.81	0.46	21.80	0.46	20.37	0.43
水体	203.21	4.31	233.63	4.96	233.70	4.96	238.54	5.06
建设用地	411.28	8.73	520.26	11.04	523.58	11.11	575.30	12.21
未利用地	14.69	0.32	6.85	0.14	6.85	0.15	9.88	0.21

2006—2019 年,受城市化过程的影响,流域土地结构发生变化,从变化的数量来看,耕地的面积减少,从 2006 年的 2 139.21 hm² 减少到 2019 年的 2 006.94 hm²,其所占比例也从 45.39% 下降到 42.59%。此外,林地、草地以及未利用地面积也有所降低,但不明显。城镇建设用地的面积变化最为剧烈,2006 年其总面积为 411.28 hm²,面积占比 8.73%,随后建设用地面积逐年增加,尤其在 2014 年后,区域内城市化进程加快,建设用地占比急剧增加,至 2019 年其总量为 575.30 hm²,占研究区域总面积的 12.21%。研究初期水体面积变化幅度较大,之后趋于稳定,水体的面积从 2006 年的 203.21 hm² 增加到 2019 年的 238.54 hm²,所占比例从 4.31% 增加到 5.06%。未利用地面积占比最小,不足 0.5%,2006 年面积最大,为 14.69 hm²;2019 年面积最小,为 9.88 hm²。

3.4.1.2　结构变化分析

将研究期分为 3 个阶段:前期(2006—2010 年)、中期(2010—2014 年)、后期(2014—2019 年),并利用 ArcGIS 软件中 Analysis Tools 模块中的 Intersect 功能,叠加分析两个年份的土地利用数据,计算得土地利用矩阵(见表 3-5~表 3-7)。土地利用转移矩阵能更准确地反映不同土地利用类型之间面积数量的转化特征以及土地利用结构的变化情况。

表 3-5　2006—2010 年土地利用转移矩阵

2006 年\2010 年		耕地	林地	草地	水体	建设用地	未利用地	总计/hm²
耕地	面积/hm²	1 827.79	109.84	5.80	41.90	149.99	2.85	2 138.17
	比重/%	85.48	5.13	0.27	1.96	7.01	0.15	
林地	面积/hm²	121.24	1 727.85	9.62	15.31	27.05	1.43	1 902.50
	比重/%	6.37	90.81	0.51	0.81	1.42	0.08	
草地	面积/hm²	7.73	23.91	4.03	3.12	1.79	1.01	41.59
	比重/%	18.58	57.48	9.69	7.50	4.30	2.45	
水体	面积/hm²	28.09	10.09	0.57	160.55	2.95	0.83	203.08
	比重/%	13.83	4.96	0.28	79.05	1.45	0.43	
建设用地	面积/hm²	61.64	6.21	1.83	3.59	338.50	0.42	412.19
	比重/%	14.95	1.51	0.44	0.87	82.12	0.11	
未利用地	面积/hm²	3.87	0.73	—	8.94	0.89	0.30	14.73
	比重/%	26.29	4.95	—	60.68	6.06	2.02	
总计/hm²		2 050.36	1 878.63	21.85	233.41	521.17	6.84	4 712.26

注:—表示未发生土地利用类型的转移。

表 3-6　2010—2014 年土地利用转移矩阵

2010 年\2014 年		耕地	林地	草地	水体	建设用地	未利用地	总计/hm²
耕地	面积/hm²	2 037.80	5.99	0.12	0.57	5.84	0.03	2 050.33
	比重/%	99.38	0.29	0.10	0.02	0.20	0.01	
林地	面积/hm²	4.58	1 871.70	—	0.23	1.93	—	1 878.58
	比重/%	0.24	99.63	—	0.01	0.12	—	
草地	面积/hm²	0.10	0.06	21.61	0.01	0.04	0.01	21.84
	比重/%	0.46	0.28	98.95	0.05	0.18	0.05	
水体	面积/hm²	0.60	0.21	0.02	232.55	0.13	—	233.51
	比重/%	0.25	0.08	0	99.58	0.05	—	
建设用地	面积/hm²	3.84	0.57	0.04	0.18	516.51	0.01	521.15
	比重/%	0.73	0.11	0.01	0.03	99.10	0.01	
未利用地	面积/hm²	0.04	0.03	0.02	—	0.01	6.77	6.85
	比重/%	0.49	0.47	0.02	—	0.01	98.17	
总计/hm²		2 046.96	1 878.55	21.83	233.54	524.45	6.91	4 712.26

注:—表示未发生土地利用类型的转移。

表 3-7　2014—2019 年土地利用转移矩阵

2014 年\2019 年		耕地	林地	草地	水体	建设用地	未利用地	总计/hm²
耕地	面积/hm²	1 956.07	22.55	0.48	6.82	61.62	0.35	2 047.9
	比重/%	95.58	1.10	0.02	0.33	2.94	0.01	
林地	面积/hm²	25.34	1 833.49	0.23	4.86	12.83	1.22	1 877.98
	比重/%	1.34	94.63	0.01	0.26	0.68	0.06	
草地	面积/hm²	0.50	0.30	19.35	0.11	1.56	0.02	21.83
	比重/%	2.28	1.36	88.64	0.48	7.12	0.09	
水体	面积/hm²	3.20	1.32	0.05	225.11	1.83	1.81	233.33
	比重/%	1.37	0.56	0.02	96.47	0.78	0.77	
建设用地	面积/hm²	20.37	2.95	0.23	1.26	499.53	0.03	524.37
	比重/%	3.88	0.56	0.04	0.23	95.26	0.03	
未利用地	面积/hm²	0.18	0.09	0.05	0.03	0.05	6.44	6.85
	比重/%	2.62	1.38	0.73	0.41	0.74	94.12	
总计/hm²		2 005.66	1 860.7	20.39	238.19	577.45	9.87	4 712.26

　　2006—2010 年,辽阳太子河研究区内土地利用类型发生转变的面积最广,共计 623.22 hm²,其中耕地转化为其他土地利用类型的面积最多,其中 7.01% 转为建设用地、5.13% 转为林地、1.96% 转为水体、0.27% 转为草地、0.15% 转为未利用地,转出面积分别为 149.99 hm²、109.84 hm²、41.90 hm²、5.80 hm²、2.85 hm²。其次为林地,其中 6.37% 转为耕地、1.42% 转为建设用地,转出面积分别为 121.24 hm²、27.05 hm²,而林地对水体、草地、未利用地转出面积较少,分别为 15.31 hm²、9.62 hm²、1.43 hm²,占比均不足 1%。之后为建设用地,其中 14.95% 转为耕地、1.51% 转为林地、0.87% 转为水体、0.44% 转为草地、0.11% 转为未利用地,转出面积分别为 61.64 hm²、6.21 hm²、3.59 hm²、1.83 hm²、0.42 hm²。水体、草地的转出面积较少,其中水体共转出 42.53 hm²,草地仅转出 37.56 hm²。水体转出面积中,28.09 hm² 的土地用作耕地,占比 13.83%;其次为林地,转出面积为 10.09 hm²,仅占水体总面积的 4.96%;而水体对建设用地和草地的转出面积较少,分别为 2.95 hm²、0.57 hm²。草地中 57.48% 转为林地、18.58% 转为耕地、7.50% 转为水体、4.30% 转为建设用地、2.45% 转为未利用地,转出面积分别为 23.91 hm²、7.73 hm²、3.12 hm²、1.79 hm²、1.01 hm²。未利用地虽然转出面积少,仅为 14.43 hm²,但对其利用程度较高,未发生转移的未利用地为 0.89 hm²,仅占 6.06%;而其中 60.68% 用于水体,26.29% 的未利用地被开拓成耕地,6.06% 用于建设用地,极少部分被用作林地。

　　在此阶段的发展过程中,建设用地面积急剧增加,水体的面积也有所增加;而耕地、林地、草地的面积大幅减少,同时未利用地的面积也有所缩减。研究前期,辽阳市城市化发展迅速,人口规模的不断增长导致对城镇建设用地的需求日益增加,对林地、耕地的侵占不可避免。虽然在城镇园林绿化建设过程中,能实现部分建设用地对林地的补偿,但仍难挡林地面积缩减的趋势。

2010—2014 年,辽阳太子河流域内土地利用类型转移活动减弱,总转移量下降至 25. 26 hm²,尤其是耕地、林地的转出面积显著减少,耕地转出面积最大,为 12. 55 hm²,其中 0.29%转为林地、0.10%转为草地、0.02%转为水体、0.20%转为建设用地、0.01%转为未利用地,转出面积分别为 5. 99 hm²、0. 12 hm²、0. 57 hm²、5. 84 hm²、0. 03 hm²。其次为林地,转出面积为 6. 74 hm²,转出对象仍旧以耕地为主,其中 0.24%转为耕地、0.01%转为草地、0.12%转为建设用地,转出面积分别为 4. 58 hm、0. 23 hm²、1. 93 hm²。草地以向耕地、林地的转移为主,转出面积分别为 0. 10 hm²、0. 06 hm²,分别占总面积的 0.46%和 0.28%。草地向水体和未利用地的转移面积较小,转出面积均为 0. 01 hm²。建设用地的转出面积有所减少,其中 0.73%共计 3. 84 hm² 的土地转为耕地,而转为林地与草地的面积为 0. 61 hm²,仅占比 0.12%;建设用地向水体的转移面积急剧减少为 0. 18 hm²,向未利用地的转移面积减少至 0. 01 hm²。水体转出面积持续减少,面积为 0. 96 hm²,未利用地转出面积最少,面积为 0. 09 hm²,其中 0.49%共计 0. 04 hm² 转为耕地,0.47%共计 0. 03 hm² 转为林地。转为草地和建设用地的面积较少,分别为 0. 02 hm²、0. 01 hm²。

研究中期,城市发展态势不减,建设用地面积持续增加,耕地成为其主要面积来源。同时对荒地、裸地的开垦利用强度加大,林地与草地成为新增耕地的主要来源,但是耕地仍然保持显著减少的趋势。此外,林地与草地因耕地开垦面积减少,而水体面积在此阶段呈增加趋势。

2014—2019 年(见表 3-7),辽阳太子河流域内土地利用类型发生转变的面积转而增加至 173. 83 hm²。耕地的转出面积仍旧保持最大值,为 90. 43 hm²,其次为林地,共转出 44. 49 hm²;而建设用地的转出面积持续增加,为 24. 84 hm²。水体、未利用地的转出面积增加,分别为 8. 22 hm²、0. 41 hm²。1.34%的林地转为耕地,其面积为 25. 34 hm²,而转入草地、水体、建设用地、未利用地的面积较少,分别为 0. 23 hm²、4. 86 hm²、12. 83 hm²、1. 22 hm²,共计不足林地总面积的 1%。耕地主要转出为建设用地,其面积 61. 62 hm²,占比 2.94%;其次为林地,转出面积为 22. 25 hm²,占比 1.10%;转为草地、水体、未利用地的面积较少,分别为 0. 48 hm²、6. 82 hm²、0. 35 hm²。草地主要转出为建设用地,转出面积 1. 56 hm²,占比 7.12%,其次为耕地和林地,转出面积分别为 0. 50 hm²、0. 30 hm²,占比 2.28%、1.36%;转为水体与未利用地面积较少,分别为 0. 11 hm²、0. 02 hm²。建设用地向耕地的转移趋势愈加明显,转移面积最大为 20. 37 hm²,占比达 3.88%;同时向林地与草地的转移面积也较多,为 3. 18 hm²,共占比 0.6%;向水体转移面积 1. 26 hm²,占比 0.23%;向未利用地的转移数量最少,为 0. 03 hm²,占比仅为 0.03%。水体转出面积较少,共计 8. 21 hm²,其中 1.37%转为耕地、0.56%转为林地、0.02%转为草地、0.78%转为建设用地、0.77%转为未利用地,转出面积分别为 3. 20 hm²、1. 32 hm²、0. 05 hm²、1. 83 hm²、1. 81 hm²。未利用地转出面积最少,仅 0. 40 hm²,其中 2.62%的面积共 0. 18 hm² 用于耕地种植,2.11%的面积共 0. 14 hm² 转为林地与草地,0.41%的面积共 0. 03 hm² 转为水体,仅 0.74%用于城镇建设。

研究后期,城市发展态势不减,建设用地面积持续增加,城市向外缘扩张,农村聚居小区开始大量出现,对耕地、林地、草地、水体的侵占现象显著。耕地成为其主要面积来源。

同时对荒地、裸地的开垦利用强度加大,林地与草地成为新增耕地的主要来源,但是耕地仍然保持显著的减少趋势,而未利用地面积又显著增加。此外,林地与草地因耕地开垦面积持续减少,而水体面积在此阶段又呈增加趋势。但同时地方环保意识增强,退耕还林、封山育林等措施功效显著,劣质荒地、荒地、裸地被治理整顿用以作为林地,所以林地未发生转移的面积达 3 个研究时段最小值,其空间位置变化最为明显。

综上所述,2006—2019 年间,辽阳市太子河流域土地利用类型转移总面积呈增加—减少的变化趋势,其中建设用地的面积变化最为剧烈。不同土地利用类型均为双向流转。研究过程始终为林地与耕地之间的土地转移面积最大,但在研究后期,转移面积急剧减小,表明此类土地利用类型发展逐渐趋于稳定。

3.4.1.3　变化速度分析

从表 3-8 来看,2006—2010 年单一土地利用动态度最大的是未利用地,平均每年减少13.34%;其次为草地和建设用地,分别为-11.88% 和 6.62%,变化速度最慢的是林地,平均每年减少 0.31%;2010—2014 年单一土地利用动态度变化速度最快的是建设用地,平均每年增长 0.16%,林地和未利用地未发生变化;2014—2019 年期间单一土地利用动态度变化速度最快的是未利用地,平均每年增长 8.85%,变化速度最慢的是耕地,平均每年减少 0.40%。2006—2019 年单一土地利用动态度最大的是草地,为-3.92%,其次为建设用地和未利用地,分别为 3.07% 和-2.52%。总体来看,2006—2010 年综合土地利用动态度远大于 2010—2014 年和 2014—2019 年两个时间段。

表 3-8　辽阳太子河流域土地利用动态度　　　　　　　　　　　%

土地利用类型		2006—2010 年	2010—2014 年	2014—2019 年	2006—2019 年
单一土地利用动态度	耕地	-1.03	-0.04	-0.40	-0.48
	林地	-0.31	0	-0.18	-0.17
	草地	-11.88	-0.02	-1.31	-3.92
	水体	3.74	0.01	0.41	1.34
	建设用地	6.62	0.16	1.98	3.07
	未利用地	-13.34	0	8.85	-2.52
综合土地利用动态度		0.74	0.02	0.32	0.33

3.4.1.4　土地利用变化与水质的相关分析

由图 3-3 耕地面积变化与水质污染指数线性拟合看出,耕地面积与高锰酸盐指数、化学需氧量指数、五日生化需氧量指数、氨氮指数呈正相关,与总磷指数、溶解氧指数、总氮指数呈负相关。其中,随着耕地面积增大,化学需氧量指数、五日生化需氧量指数和氨氮指数升高,溶解氧指数和总氮指数降低。耕地面积的变化对化学需氧量、溶解氧、总氮、五日生化需氧量、氨氮产生了较大的影响,具有一定的相关性。

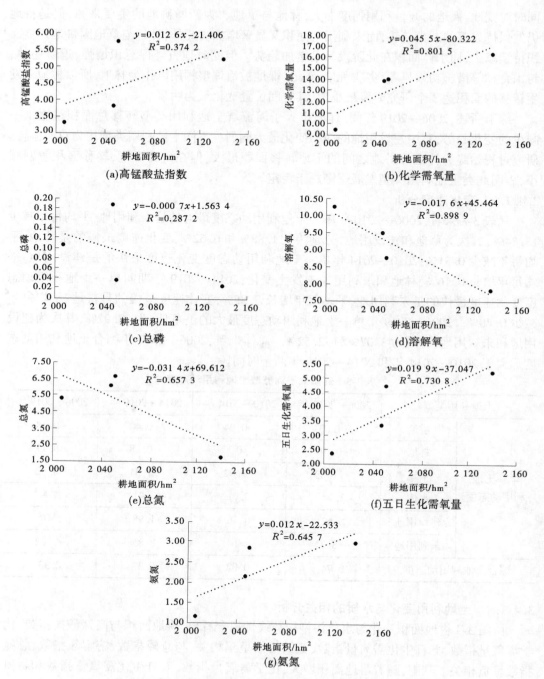

图 3-3　耕地面积变化与水质污染指数线性拟合

　　由图 3-4 林地面积变化与水质污染指数线性拟合看出,林地面积与高锰酸盐指数、化学需氧量指数、五日生化需氧量指数、氨氮指数呈正相关,与总磷指数、溶解氧指数、总氮指数呈负相关。其中,随着林地面积增大,化学需氧量指数、五日生化需氧量指数和氨氮指数升高,溶解氧指数和总氮指数降低。林地面积的变化对化学需氧量、溶解氧、总氮、五日生化需氧量、氨氮产生了较大的影响,具有一定的相关性。

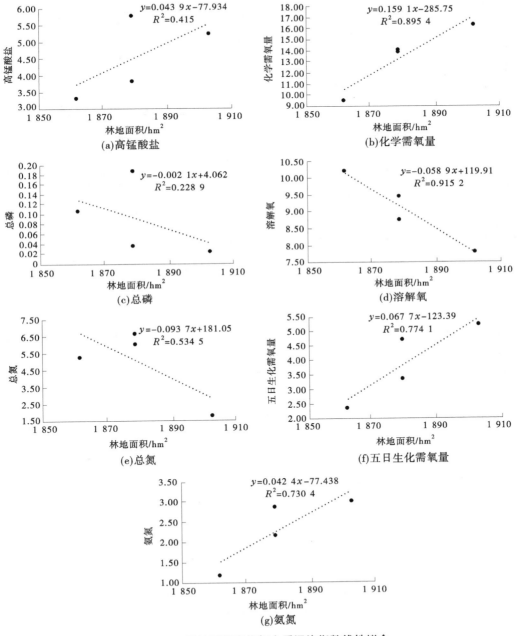

图 3-4　林地面积变化与水质污染指数线性拟合

　　由图 3-5 草地面积变化与水质污染指数线性拟合看出,草地面积与高锰酸盐指数、化学需氧量指数、五日生化需氧量指数、氨氮指数呈正相关,与总磷指数、溶解氧指数、总氮指数呈负相关。其中,随着草地面积增大,化学需氧量指数、五日生化需氧量指数升高,溶解氧指数和总氮指数降低。草地面积的变化对化学需氧量、溶解氧、总氮、五日生化需氧量产生了较大的影响,具有一定的相关性。

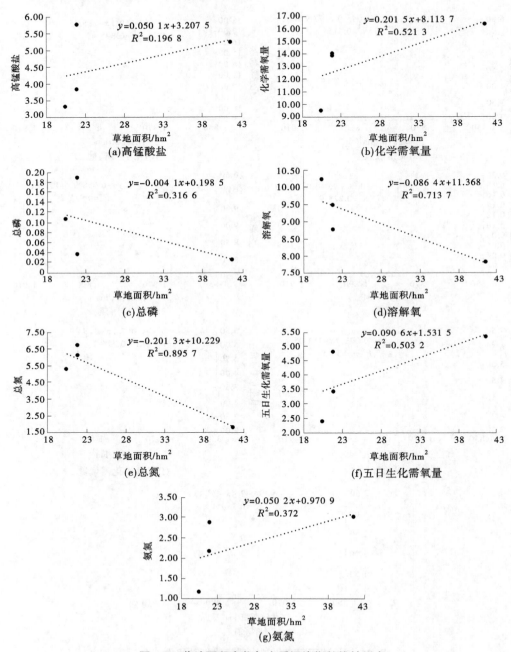

图 3-5　草地面积变化与水质污染指数线性拟合

由图 3-6 水体面积变化与水质污染指数线性拟合看出,水体面积与总磷指数、溶解氧指数、总氮指数呈正相关,与高锰酸盐指数、化学需氧量指数、五日生化需氧量、氨氮指数呈负相关。其中,随着水体面积增大,溶解氧指数、总氮指数升高,化学需氧量指数和五日生化需氧量指数降低。水体面积的变化对化学需氧量、溶解氧、总氮、五日生化需氧量产生了较大的影响,具有一定的相关性。

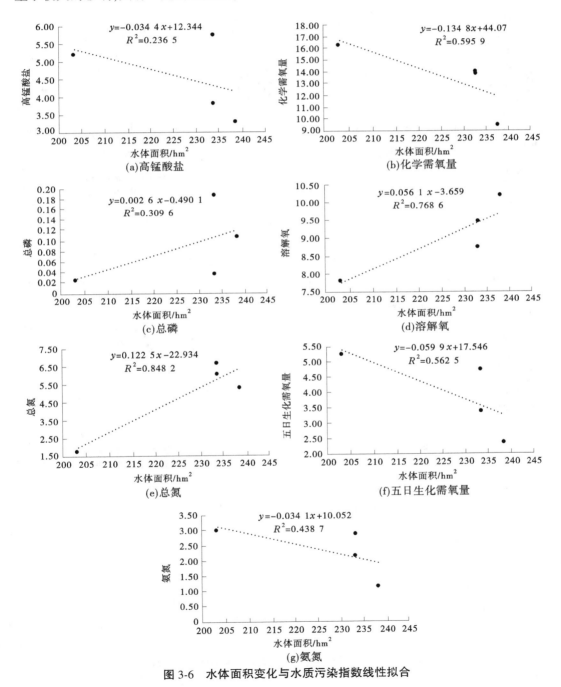

图 3-6 水体面积变化与水质污染指数线性拟合

由图 3-7 建设用地面积变化与水质污染指数线性拟合看出,建设用地面积与总磷指数、溶解氧指数、总氮指数呈正相关,与高锰酸盐指数、化学需氧量指数、五日生化需氧量、氨氮指数呈负相关。其中,随着建设用地面积增大,溶解氧指数、总氮指数升高,化学需氧量指数、五日生化需氧量指数和氨氮指数降低。建设用地面积的变化对化学需氧量、溶解氧、总氮、五日生化需氧量、氨氮产生了较大的影响,具有一定的相关性。

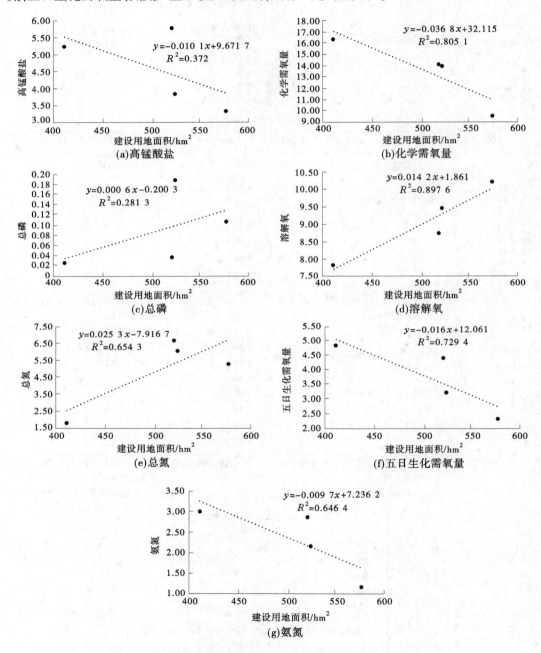

图 3-7　建设用地面积变化与水质污染指数线性拟合

　　由图 3-8 未利用地面积变化与水质污染指数线性拟合看出,未利用地面积与高锰酸盐指数、化学需氧量指数、五日生化需氧量指数、氨氮指数呈正相关,与总磷指数、溶解氧指数、总氮指数呈负相关。其中,随着未利用地面积的增大,总氮指数降低。未利用地面积的变化对总氮产生了较大的影响,具有一定的相关性。

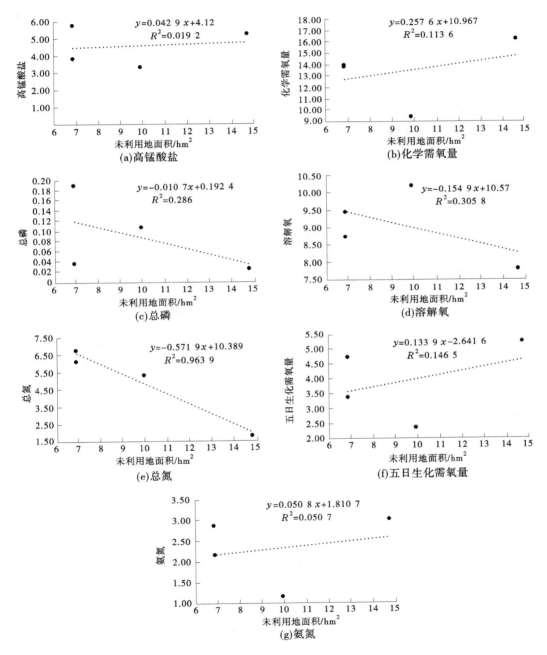

图 3-8　未利用地面积变化与水质污染指数线性拟合

综上,耕地面积的变化对化学需氧量、溶解氧、总氮、五日生化需氧量、氨氮产生了较大的影响;林地面积的变化对化学需氧量、溶解氧、总氮、五日生化需氧量、氨氮产生了较大的影响,具有一定的相关性;草地面积的变化对化学需氧量、溶解氧、总氮、五日生化需氧量产生了较大的影响;水体面积的变化对化学需氧量、溶解氧、总氮、五日生化需氧量产生了较大的影响;建设用地面积的变化对化学需氧量、溶解氧、总氮、五日生化需氧量、氨氮产生了较大的影响,具有一定的相关性;未利用地面积的变化对水质总氮产生了较大的影响。

3.4.2 主要污染指标的伴生性与关联性分析

3.4.2.1 通径分析

为进一步明确污染指标与水质之间的响应关系,分别对各污染指标与水质进行了通径分析。太子河辽阳段水质指标相关系数见表3-9,影响水质主要因子的通径分析见表3-10。利用SPSS进行通径分析时,排除了变量COD。由表3-9可知,DO与水质呈负相关,其他因子与水质呈正相关。由于各个因子直接作用与间接作用的共同贡献,对水质的影响按相关系数依次为$NH_3-N>COD_{Mn}>TP>BOD_5>DO>$粪大肠菌群$>TN$。按直接通径系数与决策系数排序依次为$NH_3-N>COD_{Mn}>TP>BOD_5>TN>$粪大肠菌群$>DO$,说明$NH_3-N$对水质的相关性最大,直接作用最强,也是主要决策变量,它主要通过COD_{Mn}(间接通径系数0.25)与TP(间接通径系数0.23)间接影响,是影响水质的主要路径。

表3-9 太子河辽阳段水质指标的相关系数

	水质	DO	COD_{Mn}	COD	BOD_5	NH_3-N	TP	TN	粪大肠菌群
水质	1								
DO	−0.76	1							
COD_{Mn}	0.98	−0.76	1						
COD	0.98	−0.80	0.98	1					
BOD_5	0.94	−0.80	0.96	0.96	1				
NH_3-N	0.99	−0.78	0.97	0.98	0.93	1			
TP	0.96	−0.69	0.93	0.97	0.87	0.96	1		
TN	0.68	−0.48	0.65	0.73	0.68	0.74	0.79	1	
粪大肠菌群	0.73	−0.36	0.71	0.68	0.70	0.65	0.60	0.21	1

表 3-10 主要污染指标对水质的通径分析

因子	相关系数	直接通径系数	间接通径系数								决策系数
			X_1	X_2	X_3	X_4	X_5	X_6	X_7	Σ	
X_1	-0.76	0.03	—	0.20	-0.18	-0.69	-0.16	0.07	-0.03	-0.80	-0.05
X_2	0.98	-0.26	-0.02	—	0.21	0.86	0.22	-0.10	0.06	1.23	-0.57
X_3	0.94	0.22	-0.03	-0.25	—	0.83	0.20	-0.10	0.06	0.72	0.37
X_4	0.99	0.89	-0.03	-0.25	0.21	—	0.23	-0.11	0.06	0.10	0.97
X_5	0.96	0.23	-0.03	-0.24	0.19	0.86	—	-0.12	0.05	0.72	0.39
X_6	0.68	-0.15	-0.02	-0.17	0.15	0.66	0.18		0.02	0.83	-0.23
X_7	0.73	0.09	-0.01	-0.18	0.16	0.58	0.14	-0.03	—	0.65	0.12

注:X_1 表示 DO,X_2 表示 COD_{Mn},X_3 表示 BOD_5,X_4 表示 NH_3-N,X_5 表示 TP,X_6 表示 TN,X_7 表示粪大肠菌群。

由于水中含氮有机物生物分解的主要产物是 NH_3-N,还原性物质亚硝酸盐也会生物分解成 NH_3-N。因此,NH_3-N 与 BOD_5、COD 以及 COD_{Mn} 之间都存在一定的关系。研究表明,NH_3-N 与 BOD_5、COD、COD_{Mn} 之间的相关系数均大于临界值,它们之间的线性相关关系较为显著,其中 NH_3-N 与 COD 的相关性,比与 COD_{Mn} 的相关性显著。NH_3-N 与 BOD_5、COD 和 COD_{Mn} 浓度之间存在回归关系。但是,从系数来看,NH_3-N 与 COD_{Mn} 和其与 COD、BOD_5 相差不多。利用 NH_3-N 与 BOD_5、COD、COD_{Mn} 之间存在的回归关系,可以通过回归方程互相估测它们的浓度,NH_3-N 与 COD_{Mn} 之间互相预测浓度结果也较高。虽然各个地区均存在空间变异性,但是对于太子河辽阳段,利用 NH_3-N 的含量来预测 COD_{Mn}、COD,甚至 TP 具有非常高的可能性,这说明这 4 个指标具有非常强的伴生性,尤其在太子河干流区域。

3.4.2.2 主成分分析

对 2015 年之前的水质监测数据进行主成分分析,采用 KMO 和 Bartlett 球形检验对变量间的相关程度进行检验,结果见表 3-11。其中,KMO 取样适切性量数均大于 0.6,适合做主成分分析;Bartlett 球形度检验的显著性满足 $P<0.05$ 的置信区间,表明这 7 个变量之间有较强的相关关系,数据符合正态分布,该主成分分析有效。通过 SPSS25.0 进行主成分分析,得到太子河流各水质指标的特征值。

表 3-11 2015 年前太子河流域各水质指标主成分分析结果

水质指标	成分		
	1	2	3
DO	0.225	0.286	0.863
COD_{Mn}	0.741	0.347	0.071
COD	0.583	0.510	-0.349

续表 3-11

水质指标	成分		
	1	2	3
BOD_5	0.759	0.241	0.218
NH_3-N	0.730	0.189	-0.396
TP	0.689	-0.690	0.057
TN	0.763	-0.609	0.054
特征值	3.10	1.40	1.09
贡献率/%	44.36	20.04	15.46
累计贡献率/%	44.36	64.41	79.87

从太子河流域各水质指标主成分结果可以看出,遵循特征值大于 1 的原则,提取 3 个主成分因子,由水质数据提取到的第 1 主成分特征值为 3.10,3 个主成分的累计贡献率为 79.87%,在主成分 1 中具有较强正荷载的为 COD_{Mn}、COD、BOD_5、NH_3-N,这在通径分析中也得到了验证(该 4 个水质指标具有明显的伴生性,可以相互预测,确定浓度值),主成分 1 方差贡献率为 44.36%,太子河流域流经辽阳市区、河流周边城镇村庄,城镇居民生活污水的排放使得河流水体中不断累积有机物,水体富营养化程度有所增加,水体中有机物和营养盐的含量不断增加。在主成分 2 中具有较强正荷载的为全氮和全磷,方差贡献率为 20.04%,这可能主要来源于农业的贡献,因此可被归类为农业因子。气象因子为第 3 主成分因子,气候条件影响程度较高的为 DO,而 DO 的方差贡献率达到 15.46%。

对 2015 年后水质监测数据进行主成分分析可以看出,遵循特征值大于 1 的原则,主要可以提取 2 个主成分因子,由水质数据提取到的第 1 主成分特征值为 4.14,2 个主成分的累计贡献率为 74.15%,在主成分 1 中具有较强正荷载的为高锰酸盐指数、五日生化需氧量、氨氮,主成分 1 方差贡献率为 59.20%,因此同上所述,城镇污水、农业废水排放是其第 1 个主成分因子。气象因子为第 2 主成分因子,气候条件影响程度较高的为溶解氧,而溶解氧的方差贡献率达到 14.95%,结果见表 3-12。因此认定第 2 个主成分因子为气象因子。以上说明,农业农村污染对水质的污染贡献可能在增加。

表 3-12　2015 年后太子河流域各水质指标主成分分析结果

水质指标	成分	
	1	2
溶解氧	0.103	0.976
高锰酸盐指数	0.891	-0.062

续表 3-12

水质指标	成分	
	1	2
化学需氧量	0.845	−0.214
五日生化需氧量	0.871	0.009
氨氮	0.873	−0.009
总磷	0.685	−0.043
总氮	0.797	0.207
特征值	4.14	1.05
贡献率/%	59.20	14.95
累计贡献率/%	59.20	74.15

对汛期水质监测数据进行主成分分析可以看出,遵循特征值大于 1 的原则,提取 3 个主成分因子,3 个主成分的累计贡献率为 71.88%,由水质数据提取到的第 1 主成分特征值为 2.91,在主成分 1 中具有较强正荷载的为高锰酸盐指数、氨氮,主成分 1 方差贡献率为 41.56%,主成分 1 为城镇污水排放因子。气象因子为第 2 主成分因子,气候条件影响程度较高的为溶解氧,而溶解氧的方差贡献率达到 15.52%。因此,认定第 2 个主成分因子为气象因子。在主成分 3 中具有较强正荷载的为总氮,方差贡献率为 14.70%。以上说明,汛期较多的生态水量,影响了主要污染因子的分类(见表 3-13)。

表 3-13　汛期太子河流域各水质指标主成分分析结果

水质指标	成分		
	1	2	3
溶解氧	−0.374	0.605	0.504
高锰酸盐指数	0.801	0.389	0.022
化学需氧量	0.663	−0.047	0.529
五日生化需氧量	0.719	0.456	−0.016
氨氮	0.721	−0.255	−0.081
总磷	0.598	−0.512	0.359
总氮	0.541	0.198	−0.599
特征值	2.91	1.09	1.03
贡献率/%	41.56	15.52	14.70
累计贡献率/%	41.56	57.18	71.88

对非汛期水质监测数据进行主成分分析可以看出,遵循特征值大于1的原则,提取3个主成分因子,3个主成分的累计贡献率为87.54%,由水质数据提取到的第1主成分特征值为3.39,在主成分1中具有较强正荷载的为高锰酸盐指数、五日生化需氧量,主成分1方差贡献率为48.37%,因此城镇污水排放是其第1个主成分因子。在主成分2中具有较强正荷载的为总磷和总氮,方差贡献率达24.71%,总磷和总氮反映了水体富营养化,氮、磷一般来自城镇生活和农业面源,因此可以认定第2主成分为城镇-农业面源。在主成分3中具有较强正荷载的为溶解氧,气象因子为第3主成分因子,气候条件影响程度较高的为溶解氧,而溶解氧的方差贡献率达到14.46%。因此,认定第3个主成分因子为气象因子。说明,非汛期使得全氮、全磷的伴生污染作用更为明显(见表3-14)。

表 3-14　非汛期太子河流域各水质指标主成分分析结果

水质指标	成分		
	1	2	3
溶解氧	-0.038	-0.035	0.996
高锰酸盐指数	0.906	-0.214	0.061
化学需氧量	0.879	-0.230	-0.068
五日生化需氧量	0.885	-0.195	0.080
氨氮	0.833	-0.099	-0.060
总磷	0.243	0.943	0.012
总氮	0.506	0.832	0.036
特征值	3.39	1.73	1.01
贡献率/%	48.37	24.71	14.46
累计贡献率/%	48.37	73.08	87.54

3.4.3　主要污染指标的成因分析

辽阳市辖境的总面积为 4 743 km²,东西最远距离 92.3 km,南北最远距离 100.3 km。2020 年末总人口 172.5 万人,其中城镇人口 76.6 万人。2020 年全年地区生产总值 837.7 亿元,较上年增长 0.81%,其中第一产业增加值 88.9 亿元,增长 10.16%;第二产业增加值 376.1 亿元,下降 3.74%;第三产业增加值 372.8 亿元,增长 3.67%。

2015—2020 年辽阳市地区生产总值逐年递增,从 2015 年的 698.8 亿元增长到 2020 年的 837.7 亿元,全年人均地区生产总值从 2015 年的 3.9 万元到 2020 年的 4.86 万元(见图 3-9),这 6 年时间增长了将近 25%。2015—2020 年,辽阳市人口数量逐渐降低,从 179 万人减少到 172.5 万人,虽然人口在慢慢流失,但并不影响辽阳市的经济发展。

由图 3-10 可见,辽阳市第一产业总产值在 2016 年下降到 68.9 亿元,2016—2020 年逐年升高至 88.9 亿元。作为国家以及辽宁省的商品粮基地和瘦肉型猪、淡水鱼养殖重点地区,辽阳市以高产优质粮田、蔬菜温室大棚、畜牧业、林果业、淡水养殖业,"五项开发"为重点的"高产、优质、高效"农业正向纵深发展。第二产业总产值由 2015 年的 351.2 亿元下降至 2016 年的 321.1 亿元,再逐年上升,直到 2019 年的 390.7 亿元,最后下降到 376.1 亿元。辽阳市将构建产业特色突出、优势互补的工业发展新格局,重点把握芳烃及精细化工、工业铝合金及深加工、装备制造产业(郭宏等,2019)。第三产业总产值在逐年上升,从 274.6 亿元增长到 372.8 亿元。由此可以看出,辽阳市在调整产业变化,将构建以战略性新兴产业和先进制造业为主导、现代服务业为支撑的现代产业体系,推动产业层次大升级(杨帅等,2018)。

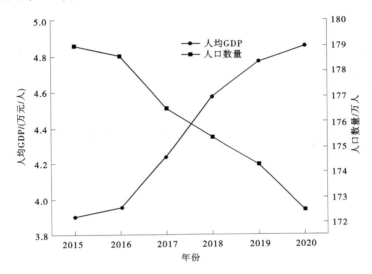

图 3-9　2015—2020 年辽阳市人均 GDP 和人口数量变化趋势

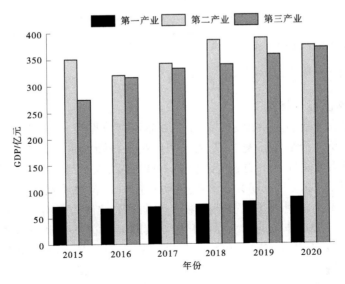

图 3-10　2015—2020 年辽阳市第一、二、三产业总产值变化

　　经济社会的快速发展需要消耗大量自然资源,导致城市生态环境遭到破坏,政府也就需要投入许多人力、财力、物力去解决生态环境出现的问题,这在一定程度上又会减慢经济发展。辽阳市在经济发展过程中也存在着污染问题,水环境污染也成为政府重点关注的问题之一。本次研究通过对辽阳市太子河流域综合水质标识指数、人口、地区生产总值与产业结构之间的相关性分析,进而揭示辽阳市社会经济对太子河水质的影响。

　　利用 SPSS,采用皮尔逊相关系数分析法进行分析,由表 3-15 可见,在 2015—2020年,地区生产总值与第一、二、三产业的相关系数依次为 0.849、0.863、0.912,第三产业与地区生产总值相关性更强。综合水质标识指数与人口呈正相关关系,相关系数为0.980,与其他几项参数呈负相关关系,并在 $\alpha = 0.01$ 水平上,与人口和地区生产总值相关性显著;在 $\alpha = 0.05$ 水平上,与第一产业和第三产业相关性显著。由此可以分析出,综合水质标识指数和人口都与地区生产总值以及三产之间呈负相关的原因可能是,政府已经掌握如何平衡好社会经济与生态环境之间的关系,治理措施的应用效果也较为明显。

表 3-15　辽阳市太子河水质与社会经济的相关性分析

	综合水质标识指数	人口	GDP	第一产业	第二产业	第三产业
综合水质指数	1					
人口	0.980**	1				
GDP	−0.943**	−0.971**	1			
第一产业	−0.890*	−0.902*	0.849*	1		
第二产业	−0.745	−0.757	0.863*	0.719	1	
第三产业	−0.897*	−0.933**	0.912*	0.727	0.588	1

　　注:" * * "在 0.01 级别(双尾)相关性显著;" * "在 0.05 级别(双尾)相关性显著。

3.4.4　水质评价

3.4.4.1　综合水质标识指数

　　太子河辽阳段各断面主要指标的综合水质标识指数见表 3-16,太子河辽阳段各断面的水质综合指数及评价结果见表 3-17,太子河辽阳段各断面水质指数权重见表 3-18。根据综合水质标识指数法计算出的数值结合图 3-11 来看,太子河辽阳段综合水质标识指数在 4 以内,汛期为 3.330,非汛期为 3.861,说明辽阳段综合水质状况较好,基本可以满足水环境功能区标准,汛期水质要好于非汛期。汛期只有北沙河断面达不到Ⅲ类水质要求,水质综合指数为 4.571,非汛期时北沙河和唐马寨断面都达不到水环境功能区标准,水质综合指数分别为 5.482 与 4.381。葠窝水库断面在汛期与非汛期期间水质状况都很好,综合水质标识指数分别为 2.920 与 2.940,都在Ⅱ类水质标准内。

表 3-16　太子河辽阳段各断面综合水质标识指数

断面		DO	高锰酸盐指数	COD	BOD$_5$	氨氮	TP	TN	粪大肠菌群
葠窝水库	汛期	1.420	2.500	2.500	2.610	2.410	3.330	7.193	1.710
	非汛期	1.100	2.300	2.500	2.600	2.780	2.990	7.793	1.530
汤河	汛期	1.300	2.400	2.600	2.500	2.200	4.090	5.891	2.870
	非汛期	1.000	2.300	2.500	2.600	2.550	4.290	7.193	2.220
管桥	汛期	1.300	2.400	2.700	2.800	3.140	3.120	7.293	3.260
	非汛期	1.110	2.700	2.700	3.390	4.290	4.290	8.394	3.390
辽阳	汛期	1.300	2.610	2.700	2.830	2.410	2.620	6.692	2.980
	非汛期	1.000	3.050	3.050	3.690	4.190	4.190	8.394	2.150
乌达哈堡	汛期	1.300	2.300	2.710	2.700	2.300	2.620	7.193	2.200
	非汛期	1.000	2.930	2.700	3.390	3.190	3.490	8.594	2.020
北沙河	汛期	2.120	3.530	3.680	3.990	6.292	5.291	7.693	3.590
	非汛期	1.100	4.490	4.490	5.191	8.294	5.991	10.596	3.790
小林子	汛期	1.600	2.600	2.700	2.800	3.690	2.710	6.992	2.530
	非汛期	1.100	3.140	2.900	3.690	5.991	3.690	8.794	1.910
唐马寨	汛期	1.600	2.800	2.810	3.250	4.190	2.900	7.092	3.390
	非汛期	1.000	3.490	3.170	4.190	6.292	3.990	9.094	3.390

表 3-17　太子河辽阳段各断面水质综合指数及评价结果

断面	葠窝水库	汤河	管桥	辽阳	乌达哈堡	北沙河	小林子	唐马寨	综合水质
汛期水质类别	2.920	3.030	3.230	3.030	2.920	4.571	3.230	3.540	3.330
	Ⅱ	Ⅲ	Ⅲ	Ⅲ	Ⅱ	Ⅳ	Ⅲ	Ⅲ	Ⅲ
非汛期水质类别	2.940	3.130	3.761	3.761	3.451	5.482	3.951	4.381	3.861
	Ⅱ	Ⅲ	Ⅲ	Ⅲ	Ⅲ	Ⅴ	Ⅲ	Ⅳ	Ⅲ

表 3-18　太子河辽阳段各断面水质指数权重

断面	葠窝水库	汤河	管桥	辽阳	乌达哈堡	北沙河	小林子	唐马寨
ω_i(汛期)	0.11	0.11	0.12	0.11	0.11	0.17	0.12	0.13
ω_i(非汛期)	0.10	0.10	0.12	0.12	0.11	0.18	0.13	0.14

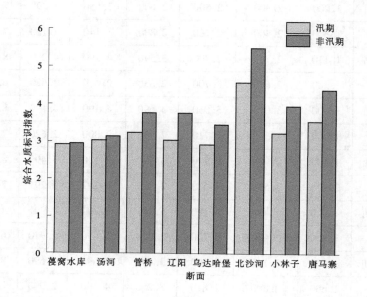

图 3-11　太子河辽阳段综合水质标识指数时空变化特征

在所有参评的水质指标中,NH_3-N 综合水质标识指数均值为 4.013,劣于功能区标准一个水质等级,TN 甚至达到了 7.806,为劣 V 类水。造成氮元素过量最直接的原因是太子河受到了外源性污染:当上游来水中的氮元素含量高于研究区域水环境要求时,水体中的氮元素含量就会超标;农业方面主要是氮肥流失和家禽养殖,氮元素随着地表径流汇入研究区域中;居民生活所排放的污水以及生活固体废物中的氮元素含量过高;自然环境方面主要是河流底泥中可能存在大量氮元素。相关研究表明:非汛期河流水质状况主要反映的是点源污染情况,而汛期水质状况主要受面源污染影响,河流整体水质状况是点源污染和面源污染的综合影响结果。政府应该针对这一现象提出相应的举措,为辽阳市进一步提高水环境质量。

根据计算得到的各断面水质综合标识指数,研究河段综合水质标识指数在汛期与非汛期大多数都可以达到Ⅲ类水质标准。参与评价的指标中,劣于区域水环境功能目标的指标有 NH_3-N、TN,显示出评价河段综合水质较好,但北沙河断面综合水质较差。劣于 V 类水的指标为 TN,综合水质标识指数平均能达到 7.8,远超 V 类水标准,明显反映出太子河 TN 含量严重超标,针对这一现象政府应该提出有效的治理方案。

在时间分布上,汛期的综合水质标识指数要略小于非汛期,所以非汛期水质整体较汛期稍差。相关研究表明:非汛期河水水质主要反映点源的污染情况,而汛期水质主要受面源污染的影响,是点源污染和面源污染的综合作用。在空间分布上,北沙河断面综合水质标识指数值最高,可以明显看出该断面水质最差,而葠窝水库断面综合水质标识指数最低,说明该断面综合水质最好,从图 3-11 可以清晰地看出各断面的水质情况。

3.4.4.2　单因子评价

运用单因子污染指数评价法评价 2009—2019 年葠窝水库、辽阳、唐马寨断面的水质指标(每 2 年评价一次),并根据流域水质的时间变化分为枯水期、平水期和丰水期讨论,其中辽阳和唐马寨缺少 2009—2013 年 TP 的数据。

1. 枯水期

枯水期各监测断面的水质单因子评价结果如图 3-12 所示。从时空尺度分析,2009—2019 年 3 个监测断面 DO 的水质指数较为稳定,一直维持在 0.2～0.4,说明 DO 对水质污染影响较少。2009—2011 年葠窝水库断面 COD_{Mn} 的水质指数有所上升,2011—2019 年逐渐下降,且都保持在较低的范围;2009—2015 年辽阳断面 COD_{Mn} 的水质指数有上升趋势,2015 年以后逐渐下降;2009 年唐马寨断面 COD_{Mn} 的水质指数为1.0,达到功能区 COD_{Mn} 的标准限值,2011 年下降到 0.48,但在 2017 年以前 COD_{Mn} 仍处于上升趋势,说明个别年份 COD_{Mn} 对下游水质有一定程度的影响。葠窝水库和辽阳断面 COD 的水质指数常年在 0.6 以下,唐马寨 2009 年、2015 年 COD 的水质指数为0.96、0.64,接近 COD 标准限值,说明上游水质受 COD 影响较轻,下游水质个别年份会受到 COD 影响。BOD_5 与 COD 时空变化规律一致,葠窝水库断面 BOD_5 的水质指数常年保持在 0.5 以下,且呈现下降趋势;辽阳断面 2015 年 BOD_5 的水质指数为 0.91,接近BOD_5 标准限制;唐马寨断面 2009 年 BOD_5 的水质指数超标,单因子指数达到 2.25,2011 年以后保持在 1.00 以下,但仍常年超过 0.7,说明上游水质受 BOD_5 影响较轻,下游水质受 BOD_5 影响较重。葠窝水库断面 2009 年 NH_3-N 的水质指数超标,单因子指数为 1.11,2011—2019 年 NH_3-N 的水质指数均在 1.00 以下,且逐年下降,从 0.77 下降至 0.12,辽阳断面 NH_3-N 的水质指标最高,单因子指数为 1.83,2017 年、2019 年水质指标均在 1.00 以上;唐马寨断面 NH_3-N 的水质指标常年在 1.00 以上,2009 年水质超标指数达到 7.88,2015 年达到第二个峰值之后逐步下降,2019 年下降至 1.47,说明流域上游水质受 NH_3-N 影响较轻,中下游区域受 NH_3-N 影响严重。葠窝水库 TP 的水质指数常年保持在 0.2 以下,2015—2019 年辽阳断面 TP 的水质指数从 2.17 下降至0.21,唐马寨 TP 的水质指数从 1.20 下降至 0.47,说明上游水质不受 TP 影响,中下游水质在 2015 年受 TP 影响严重,而到 2019 年 TP 浓度均达标。

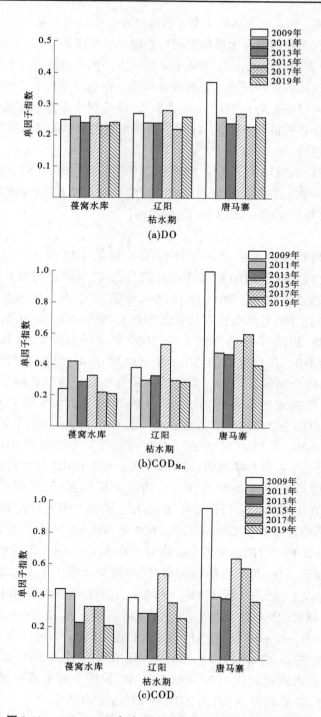

图 3-12   2009—2019 年太子河流域枯水期单因子评价结果

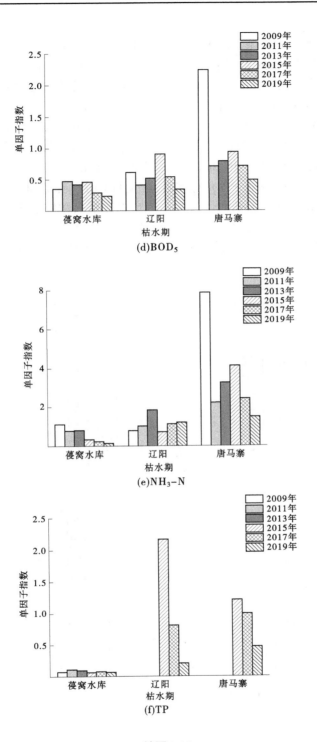

(d)BOD$_5$

(e)NH$_3$-N

(f)TP

续图 3-12

2. 平水期

平水期各监测断面的水质单因子评价结果如图 3-13 所示。从时空尺度分析,2009—2019 年 3 个监测断面 DO 的水质指数稳定在 0.2~0.4,对水质污染影响较少。10 年间 COD_{Mn} 的水质指数保持在 1.00 以下,COD_{Mn} 污染有从唐马寨到葠窝水库逐渐降低的趋势。COD 的水质指数在 2009 年较高,其余年份均保持在 0.6 以下。BOD_5 与 COD 时空变化规律一致,葠窝水库断面 BOD_5 的水质指数常年保持在 0.5 以下,且呈现下降趋势;辽阳断面 2015 年 BOD_5 的水质指数为 1.06,超过功能区 BOD_5 标准限制,其余年份均保持在 0.6 以下;唐马寨断面 2009 年 BOD_5 的水质指数超标,单因子指数为 1.15,2015 年 BOD_5 的水质指数为 0.94,接近 BOD_5 标准限值,说明上游水质受 BOD_5 影响较轻,下游水质受 BOD_5 影响较重。NH_3-N 的水质指数在葠窝水库断面常年低于 1.00,并且 2015 年之后 NH_3-N 的水质指数维持在 0.3 以下;辽阳断面 NH_3-N 的水质指数在 2013 年超标,单因子指数为 1.05;唐马寨断面 NH_3-N 的水质指数常年超标,2009 年单因子指数达到

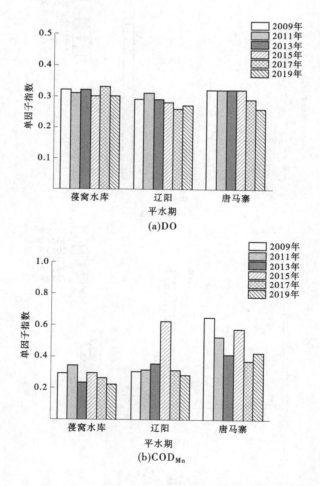

图 3-13　2009—2019 年太子河流域平水期单因子评价结果

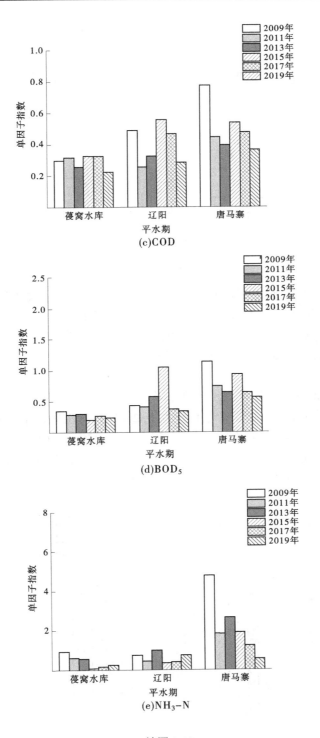

续图 3-13

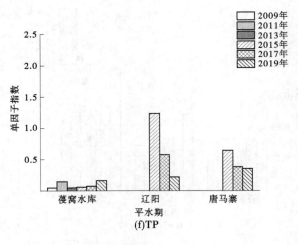

(f)TP

续图 3-13

4.82,之后呈现下降趋势,说明下游水质受 NH_3-N 影响严重。葆窝水库 TP 的水质指数常年保持在 0.2 以下,2015—2019 年辽阳断面 TP 的水质指数从 1.23 下降至 0.22,唐马寨断面 TP 的水质指数从 0.4 下降至 0.35,说明上游水质不受 TP 影响,中游水质在 2015年受 TP 影响严重,而到 2019 年 TP 浓度均达标。

3. 丰水期

丰水期各监测断面的水质单因子评价结果如图 3-14 所示。从时空尺度分析,2009—2019 年 3 个监测断面 DO 的水质指数稳定在 0.2~0.5,对水质污染影响较少。10 年间 COD_{Mn} 的水质指数保持在 0.6 以下,水质受 COD_{Mn} 影响较轻。COD 的水质指数在 2009年较高,但是均保持在 0.6 以下。BOD_5 的水质指数从葆窝水库至唐马寨水质指数逐渐升高,但是常年保持在 0.70 以下。葆窝水库断面 NH_3-N 的水质指数达标,只有 2013 年为

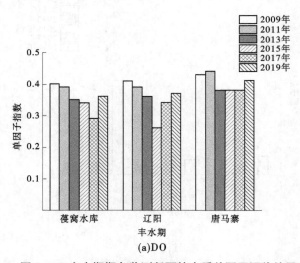

(a)DO

图 3-14　丰水期期各监测断面的水质单因子评价结果

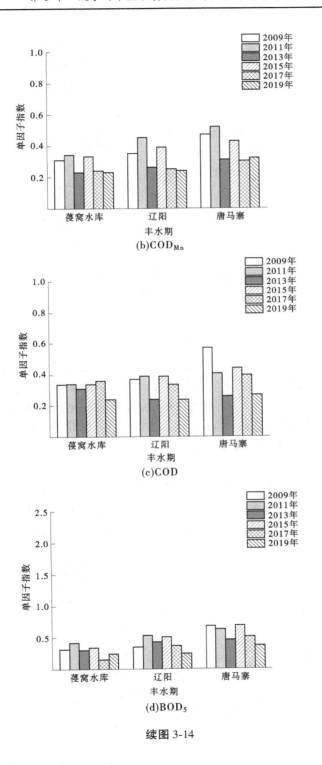

(b)COD$_{Mn}$

(c)COD

(d)BOD$_5$

续图 3-14

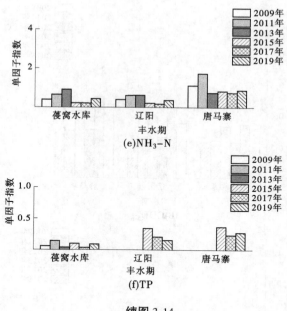

续图 3-14

0.89,接近 NH$_3$-N 标准限制;辽阳断面 NH$_3$-N 的水质指数保持在 0.6 以下,略低于葠窝水库断面;唐马寨断面 NH$_3$-N 的水质指数在 2009 年和 2011 年超标,单因子指数分别为 1.09 和 1.69,之后稳定在 0.8 左右,接近 NH$_3$-N 标准限制,说明下游水质受 NH$_3$-N 影响严重。3 个断面 TP 的水质指标一直保持在 0.4 以下,水体 TP 污染较轻。

3.4.4.3 基于内梅罗指数的水质综合评价

1. 枯水期

太子河流域枯水期内梅罗污染指数如图 3-15 所示。从图 3-15 中可以看出太子河流域枯水期葠窝水库断面污染状况一直处于清洁状态,辽阳断面在 2013 年和 2015 年水质污染状况为轻度污染,其余年份为清洁状态,唐马寨断面 2009 年内梅罗污染指数达到 5.84,

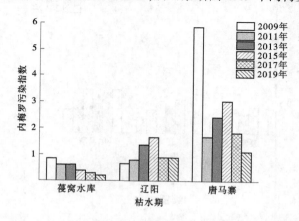

图 3-15 2009—2019 年太子河流域枯水期内梅罗污染指数综合评价指数

水质污染状况为严重污染,2015 年水质污染状况为重度污染,2013 年水质污染状况为中度污染,2011 年、2017 年、2019 年水质污染状况为轻污染。整体分析,太子河流域枯水期水质污染严重,主要体现在下游区域,上游区域水质污染较轻。

2. 平水期

从图 3-16 中可以看出太子河流域平水期葠窝水库和辽阳断面污染状况一直处于清洁状态,唐马寨断面 2009 年内梅尔污染指数达到 3.58,水质污染状况为重度污染,2013 年水质污染状况为中度污染,2011 年、2015 年水质污染状况为轻度污染,2017 年、2019 年水质污染状况处于清洁状态。整体来看,平水期太子河流域下游区域水质污染较为严重,2017 年之后恢复清洁状态。

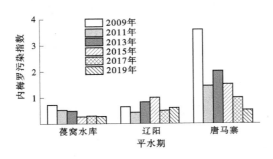

图 3-16 2009—2019 年太子河流域平水期内梅罗污染综合评价指数

3. 丰水期

从图 3-17 中可以看出,太子河流域丰水期葠窝水库和辽阳断面污染状况一直处于清洁状态,唐马寨断面 2009 年内梅罗污染指数达到 1.31,水质污染状况为轻度污染,其他年份水质污染状况均处于清洁状态。整体来看,丰水期太子河流域水质整体状况较好,整条河流处于清洁状态。

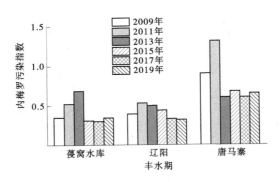

图 3-17 2009—2019 年太子河流域丰水期内梅罗污染综合评价指数

根据水质变化特征分为枯水期、平水期、丰水期进行评价,参与评价的水质参数为 6 个,根据内梅罗综合污染指数判断,太子河流域枯水期污染较严重,丰水期污染较轻,下游水体污染严重,上游水体污染较轻。

3.4.4.4 模糊评价

1. 评价指标

根据水质评价的原则,应选取在水环境污染中起主要的作用,并对环境生态、人体健康以及经济社会威胁较大的因子作为评价指标(杨静等,2014)。通过查询国内外文献资料,结合太子河流域的水质特点,对太子河流域实测水质数据进行分析。在实测数据中,硒、砷、汞等非金属离子,铜、锌等重金属离子,硫化物等化合物,以及石油类和挥发酚的浓度均达到一级标准;且研究时段水质的水温和 pH 值均在标准范围内,对于整体水库水质好坏及变化的影响程度较小(见表 3-19)。

表 3-19　2009—2019 年太子河流域水质监测数据　　　单位:mg/L

监测时期	监测断面	年份	DO	COD_{Mn}	COD	BOD_5	NH_3-N	TP
枯水期	葠窝水库	2009	12.03	2.38	13.15	2.15	1.66	0.03
		2011	11.73	4.23	12.40	2.90	1.15	0.03
		2013	12.75	2.88	7.00	2.60	1.19	0.03
		2015	11.66	3.34	10.00	2.82	0.46	0.02
		2017	13.03	2.23	10.00	1.83	0.32	0.02
		2019	12.38	2.11	6.15	1.43	0.18	0.02
	辽阳	2009	11.30	3.78	11.58	3.73	1.16	
		2011	12.50	3.00	8.70	2.53	1.52	
		2013	12.70	3.30	8.55	3.15	2.74	
		2015	10.54	5.30	16.30	5.48	1.10	0.65
		2017	13.50	3.00	10.90	3.33	1.69	0.24
		2019	11.62	2.86	7.84	2.08	1.76	0.06
	唐马寨	2009	8.20	10.00	28.88	13.50	11.81	
		2011	11.58	4.75	11.90	4.33	3.32	
		2013	12.55	4.73	11.70	4.78	4.87	
		2015	11.01	5.56	19.25	5.68	6.13	0.36
		2017	13.08	5.95	17.40	4.30	3.62	0.30
		2019	11.46	3.96	11.04	2.98	2.20	0.14

续表 3-19

监测时期	监测断面	年份	DO	COD$_{Mn}$	COD	BOD$_5$	NH$_3$-N	TP
平水期	葠窝水库	2009	9.45	2.95	9.00	2.10	1.42	0.02
		2011	9.80	3.50	9.60	1.80	1.00	0.05
		2013	9.40	2.35	7.85	1.88	0.95	0.02
		2015	10.07	2.99	10.00	1.29	0.18	0.02
		2017	9.18	2.70	10.00	1.68	0.30	0.03
		2019	9.85	2.28	6.91	1.51	0.45	0.05
	辽阳	2009	10.28	3.08	14.80	2.63	1.16	
		2011	9.80	3.23	7.80	2.50	0.75	
		2013	10.35	3.60	9.80	3.48	1.58	
		2015	10.63	6.33	16.78	6.33	0.60	0.37
		2017	11.53	3.23	13.98	2.30	0.68	0.17
		2019	10.95	2.93	8.75	2.08	1.17	0.07
	唐马寨	2009	9.25	6.48	23.50	6.93	7.23	
		2011	9.33	5.33	13.40	4.48	2.83	
		2013	9.30	4.15	12.00	3.88	4.05	
		2015	9.47	5.82	16.18	5.67	2.95	0.19
		2017	10.23	3.83	14.48	3.93	1.92	0.12
		2019	11.68	4.33	11.08	3.42	0.89	0.11
丰水期	葠窝水库	2009	7.53	3.05	10.20	1.85	0.55	0.02
		2011	7.65	3.43	10.23	2.50	0.94	0.04
		2013	8.60	2.27	9.33	1.80	1.33	0.01
		2015	8.74	3.31	10.24	2.03	0.28	0.03
		2017	10.30	2.40	10.93	0.88	0.28	0.01
		2019	8.45	2.30	7.18	1.45	0.60	0.03
	辽阳	2009	7.38	3.53	11.10	2.13	0.55	
		2011	7.73	4.53	11.70	3.15	0.88	
		2013	8.40	2.63	7.33	2.57	0.89	
		2015	11.58	3.92	11.66	3.08	0.28	0.10
		2017	8.90	2.48	10.05	2.23	0.22	0.06
		2019	8.07	2.41	7.14	1.41	0.47	0.04
	唐马寨	2009	7.00	4.73	17.10	4.05	1.64	
		2011	6.83	5.15	12.43	3.80	2.54	
		2013	7.83	3.07	7.73	2.73	1.10	
		2015	7.88	4.26	13.18	4.13	1.20	0.11
		2017	7.90	2.98	11.93	3.08	1.10	0.07
		2019	7.34	3.16	8.01	2.24	1.24	0.08

综上所述,本书选择了6种评价指标,分别为溶解氧(DO)、高锰酸盐指数(COD_{Mn})、化学需氧量(COD)、五日生化需氧量(BOD_5)、氨氮(NH_3-N)、总磷(TP)。

2. 评价等级

水环境质量评价,从广义上来说,一般包含水体底泥、水生生物、水体质量和富营养化等多级多因素评价。但目前,我国只对水环境质量评价工作系统中的等级地表水环境质量做出明确的等级和浓度限值规定(周开锡等,2017),因此对单因素污染指标的水质评价研究较为普遍,应用也较广泛。根据《地表水环境质量标准》(GB 3838—2002),总共分5种水质评价等级层次,即评价等级的集合:$V=\{Ⅰ,Ⅱ,Ⅲ,Ⅳ,Ⅴ\}$。评价因子对应的各级质量标准见表3-20。

表3-20 地表水环境质量标准

分类标准值		Ⅰ类	Ⅱ类	Ⅲ类	Ⅳ类	Ⅴ类
溶解氧	≥	7.5	6	5	3	2
高锰酸盐指数	≤	2	4	6	10	15
化学需氧量	≤	15	15	20	30	40
五日生化需氧量	≤	3	3	4	6	10
氨氮	≤	0.15	0.5	1	1.5	2
总磷	≤	0.02	0.1	0.2	0.3	0.4

3. 隶属矩阵

首先根据各评价指标对应的5类水质等级标准值,确定隶属函数。

溶解氧(DO)属于浓度越大污染越轻型,其隶属函数如下:

$$u_1(x) = \begin{cases} 1 & x \geq 7.5 \\ (x-6)/1.5 & 6 < x < 7.5 \\ 0 & x \leq 6 \end{cases}$$

$$u_2(x) = \begin{cases} 0 & x \geq 7.5, x \leq 5 \\ (7.5-x)/1.5 & 6 < x < 7.5 \\ x-5 & 5 < x \leq 6 \end{cases}$$

$$u_3(x) = \begin{cases} 0 & x \geq 6, x \leq 3 \\ 6-x & 5 < x < 6 \\ (x-3)/2 & 3 < x \leq 5 \end{cases}$$

$$u_4(x) = \begin{cases} 0 & x \geq 5, x \leq 2 \\ (5-x)/2 & 3 < x < 5 \\ x-2 & 2 < x \leq 3 \end{cases}$$

$$u_5(x) = \begin{cases} 0 & x \geqslant 3 \\ 3-x & 2 < x < 3 \\ 1 & x \leqslant 2 \end{cases}$$

高锰酸盐指数（COD_{Mn}）属于浓度越小污染越轻型,其隶属函数如下:

$$u_1(x) = \begin{cases} 0 & x > 4 \\ (4-x)/2 & 2 < x \leqslant 4 \\ 1 & x \leqslant 2 \end{cases}$$

$$u_2(x) = \begin{cases} 0 & x > 6, x \leqslant 2 \\ (x-2)/2 & 2 < x \leqslant 4 \\ (6-x)/2 & 4 < x \leqslant 6 \end{cases}$$

$$u_3(x) = \begin{cases} 0 & x > 10, x \leqslant 4 \\ (x-4)/2 & 4 < x \leqslant 6 \\ (10-x)/4 & 6 < x \leqslant 10 \end{cases}$$

$$u_4(x) = \begin{cases} 0 & x > 15, x \leqslant 6 \\ (x-6)/4 & 6 < x \leqslant 10 \\ (15-x)/5 & 10 < x \leqslant 15 \end{cases}$$

$$u_5(x) = \begin{cases} 0 & x < 10 \\ (x-10)/5 & 10 < x \leqslant 15 \\ 1 & x > 15 \end{cases}$$

化学需氧量（COD）属于越小越优型,其隶属函数为:

$$u_{1,2}(x) = \begin{cases} 0 & x \leqslant 15 \\ (20-x)/5 & 15 < x \leqslant 20 \\ 1 & x > 20 \end{cases}$$

$$u_3(x) = \begin{cases} 0 & x > 30, x \leqslant 20 \\ (x-15)/5 & 15 < x \leqslant 20 \\ (30-x)/10 & 20 < x \leqslant 30 \end{cases}$$

$$u_4(x) = \begin{cases} 0 & x > 40, x \leqslant 20 \\ (x-20)/10 & 20 < x \leqslant 30 \\ (40-x)/10 & 30 < x \leqslant 40 \end{cases}$$

$$u_5(x) = \begin{cases} 0 & x \leqslant 30 \\ (x-30)/10 & 30 < x \leqslant 40 \\ 1 & x > 40 \end{cases}$$

五日生化需氧量（BOD_5）属于越小越优型,其隶属函数为:

$$u_{1,2}(x) = \begin{cases} 0 & x > 4 \\ (4-x)/1 & 3 < x \leqslant 4 \\ 1 & x \leqslant 3 \end{cases}$$

$$u_3(x) = \begin{cases} 0 & x > 6, x \leqslant 3 \\ (x-3)/1 & 3 < x \leqslant 4 \\ (6-x)/2 & 4 < x \leqslant 6 \end{cases}$$

$$u_4(x) = \begin{cases} 0 & x > 15, x \leqslant 4 \\ (x-4)/2 & 4 < x \leqslant 6 \\ (10-x)/4 & 6 < x \leqslant 10 \end{cases}$$

$$u_5(x) = \begin{cases} 0 & x \leqslant 6 \\ (x-6)/4 & 6 < x \leqslant 10 \\ 1 & x > 10 \end{cases}$$

氨氮(NH_3-N)属于越小越优型,其隶属函数为:

$$u_1(x) = \begin{cases} 0 & x > 0.5 \\ (0.5-x)/0.35 & 0.15 < x \leqslant 0.5 \\ 1 & x \leqslant 0.15 \end{cases}$$

$$u_2(x) = \begin{cases} 0 & x > 1, x \leqslant 0.15 \\ (x-0.15)/0.35 & 0.15 < x \leqslant 0.5 \\ (1-x)/0.5 & 0.5 < x \leqslant 1 \end{cases}$$

$$u_3(x) = \begin{cases} 0 & x > 1.5, x \leqslant 0.5 \\ (x-0.5)/0.5 & 0.5 < x \leqslant 1 \\ (1.5-x)/0.5 & 1 < x \leqslant 1.5 \end{cases}$$

$$u_4(x) = \begin{cases} 0 & x > 2, x \leqslant 1 \\ (x-1)/0.5 & 1 < x \leqslant 1.5 \\ (2-x)/0.5 & 1.5 < x \leqslant 2 \end{cases}$$

$$u_5(x) = \begin{cases} 0 & x \leqslant 1.5 \\ (x-1.5)/0.5 & 1.5 < x \leqslant 2 \\ 1 & x > 2 \end{cases}$$

总磷(TP)属于越小越优型,其隶属函数为:

$$u_1(x) = \begin{cases} 0 & x > 0.025 \\ (0.025-x)/0.015 & 0.01 < x \leqslant 0.025 \\ 1 & x \leqslant 0.01 \end{cases}$$

$$u_2(x) = \begin{cases} 0 & x > 0.05, x \leqslant 0.01 \\ (x-0.01)/0.015 & 0.01 < x \leqslant 0.025 \\ (0.05-x)/0.025 & 0.025 < x \leqslant 0.05 \end{cases}$$

$$u_3(x) = \begin{cases} 0 & x > 0.1, x \leq 0.05 \\ (x - 0.025)/0.025 & 0.025 < x \leq 0.05 \\ (0.1 - x)/0.05 & 0.05 < x \leq 0.1 \end{cases}$$

$$u_4(x) = \begin{cases} 0 & x < 0.05, x \geq 0.2 \\ (x - 0.05)/0.05 & 0.05 < x \leq 0.1 \\ (0.2 - x)/0.1 & 0.1 < x \leq 0.2 \end{cases}$$

$$u_5(x) = \begin{cases} 0 & x \leq 0.1 \\ (x - 0.1)/0.1 & 0.1 < x \leq 0.2 \\ 1 & x > 0.2 \end{cases}$$

最终选用熵权系数为:

$$\omega = (0.210\ 8, 0.232\ 7, 0.131\ 3, 0.136\ 9, 0.225\ 1, 0.063\ 2)^\mathrm{T}$$

熵权法考虑多个污染指标之间的相互联系,可有效地削弱异常值的作用;而熵权的均值性忽略了较重污染因子对水质的影响,得出的权重值差别不大,使评价结果较为乐观。

由相乘相加算子和加权平均原则对权重矩阵和隶属矩阵进行模糊评价,得出评价结果(见表 3-21)。

表 3-21　太子河流域水质模糊综合评价结果

监测时期	监测断面	年份	I	II	III	IV	V	模糊综合评价	水质等级
枯水期	葠窝水库	2009	0.720	0.065	0	0.147	0.069	1.783	I
		2011	0.544	0.216	0.176	0.065	0	1.764	I
		2013	0.666	0.119	0.134	0.082	0	1.634	I
		2015	0.664	0.337	0	0	0	1.338	I
		2017	0.871	0.130	0	0	0	1.131	I
		2019	0.970	0.031	0	0	0	1.032	I
	辽阳	2009	0.438	0.223	0.273	0.077	0	2.008	II
		2011	0.645	0.125	0	0.230	0.010	1.865	I
		2013	0.585	0.163	0.023	0	0.240	2.178	II
		2015	0.230	0.076	0.376	0.133	0.185	2.971	II
		2017	0.451	0.109	0.151	0.208	0.082	2.365	II
		2019	0.599	0.186	0	0.104	0.112	1.948	I
	唐马寨	2009	0.585	0.163	0.023	0	0.240	2.178	II
		2011	0.370	0.156	0.219	0.025	0.240	2.639	II
		2013	0.370	0.159	0.183	0.059	0.240	2.670	II
		2015	0.161	0.048	0.288	0.176	0.327	3.463	III
		2017	0.204	0.005	0.372	0.203	0.216	3.224	III
		2019	0.386	0.325	0.074	0	0.216	2.338	II

续表 3-21

监测时期	监测断面	年份	I	II	III	IV	V	模糊综合评价	水质等级
平水期	葠窝水库	2009	0.681	0.104	0.035	0.181	0	1.718	I
		2011	0.552	0.233	0.216	0	0	1.666	I
		2013	0.747	0.060	0.194	0	0	1.450	I
		2015	0.875	0.126	0	0	0	1.127	I
		2017	0.809	0.192	0	0	0	1.193	I
		2019	0.716	0.285	0	0	0	1.286	I
	辽阳	2009	0.635	0.135	0.163	0.077	0	1.702	I
		2011	0.616	0.274	0.120	0	0	1.524	I
		2013	0.498	0.200	0.072	0.202	0.038	2.112	II
		2015	0.219	0.173	0.285	0.185	0.140	2.857	II
		2017	0.466	0.328	0.207	0	0	1.743	I
		2019	0.568	0.217	0.143	0.073	0	1.723	I
	唐马寨	2009	0.230	0	0.311	0.194	0.275	3.314	III
		2011	0.370	0.084	0.280	0.036	0.240	2.722	II
		2013	0.388	0.231	0.151	0	0.240	2.503	II
		2015	0.233	0.038	0.412	0.102	0.216	3.034	III
		2017	0.287	0.347	0.150	0.035	0.181	2.479	II
		2019	0.331	0.396	0.274	0	0	1.945	I
丰水期	葠窝水库	2009	0.671	0.309	0.022	0	0	1.353	I
		2011	0.583	0.228	0.190	0	0	1.609	I
		2013	0.756	0.029	0.073	0.143	0	1.605	I
		2015	0.755	0.246	0	0	0	1.247	I
		2017	0.877	0.124	0	0	0	1.125	I
		2019	0.729	0.229	0.043	0	0	1.316	I
	辽阳	2009	0.560	0.426	0.024	0	0	1.484	I
		2011	0.498	0.241	0.271	0	0	1.794	I
		2013	0.691	0.132	0.187	0	0	1.516	I
		2015	0.517	0.475	0.010	0	0	1.495	I
		2017	0.813	0.188	0	0	0	1.189	I
		2019	0.713	0.288	0	0	0	1.289	I
	唐马寨	2009	0.235	0.235	0.296	0.177	0.067	2.636	II
		2011	0.297	0.209	0.264	0	0.240	2.706	II
		2013	0.636	0.134	0.192	0.048	0	1.672	I
		2015	0.260	0.356	0.291	0.094	0	2.221	II
		2017	0.553	0.222	0.183	0.043	0	1.718	I
		2019	0.504	0.281	0.112	0.104	0	1.817	I

3.4.4.5　T-S 模糊神经网络模型

1. 模型概述

基于 T-S 模型的模糊神经网络是 Takagi 和 Sugeno 于 1985 年提出的一种新的模糊神经网络,是模糊逻辑与神经网络的有机结合。由前件网络和后件网络两部分组成。前件网络用来匹配模糊规则的前件,它相当于每条规则的适用度。后件网络用来实现模糊规则的后件,总的输出为各模糊规则后件的加权和,加权系数为各条规则的适用度。该模糊神经网络具有模糊逻辑和神经网络两者的优点。它既可以容易地表示模糊和定性的知识,又具有较好的学习能力。

T-S 模糊神经网络是一种高阶前馈网络,不仅实现了模糊模型的自动更新,而且能够及时修正各个模糊子集的隶属函数,使模糊建模更加合理。与 BP 神经网络不同的是,它使用的是输出层的乘法神经元。它的特点是隐含层与输出层的连接权值取 1,在学习和训练过程中不需要改变它,使得模糊神经网络的训练参数更少,收敛速度更快。

T-S 模糊系统是一种自适应能力很强的模糊系统,该模型不仅能自动更新,而且能不断修正模糊子集的隶属函数,模糊推理如下:

$$R^i: \text{if } x_i \text{ is } A_1^i, x_2 \text{ is } A_2^i, \cdots, x_k \text{ is } A_k^i \quad \text{then} \quad y_i = p_0^i + p_1^i x_1 + \cdots + p_k^i x_k$$

式中:$A_j^i(j=1,2,\cdots,k)$ 为模糊系统的模糊集;$p_j^i(j=1,2,\cdots,k)$ 为模糊系统参数;y_i 为根据模糊规则得到的输出,输入部分(if)是模糊的,输出部分(then)是确定的,该模糊推论表示输出为输入的线性组合。

下面对 T-S 模糊神经网络的具体实施进行介绍,假设输入量 $x=[x_1,x_2,\cdots,x_k]$,实施步骤如下。

第一步:根据模糊规则计算各输入变量 x_j 的隶属度,采用高斯函数作为隶属度函数,则输入变量 x_j 的隶属度为:

$$\mu_{A_j^i} = \exp[-(x_j-c_j^i)^2/b_j^i] \quad j=1,2,\cdots,k; i=1,2,\cdots,n$$

式中:c_j^i、b_j^i 为隶属度函数的中心和宽度;k 为输入参数个数;n 为模糊子集个数。

因此,通过调整 c_j^i 和 b_j^i,可以改变隶属度函数的位置和形状。这两者的值一般根据输入样本而设定,能够随着网络的训练过程向着最适应的趋势调整。

第二步:将各隶属度进行模糊计算,采用模糊算子为连乘算子:

$$\omega^i = u_{A_j^1}(x_1)u_{A_j^2}(x_2)\cdots u_{A_j^k}(x_k) \quad i=1,2,\cdots,n$$

第三步:根据模糊计算结果计算模糊模型的输出值 y_i:

$$y_i = \sum_{i=1}^n \omega^i(p_0^i + p_1^i x_1 + \cdots + p_k^i x_k) / \sum_{i=1}^n \omega^i$$

第四步:误差计算:

$$e = \frac{1}{2}(y_d - y_c)^2$$

式中:y_d 为网络期望输出;y_c 为网络实际输出;e 为期望输出和实际输出的误差。

利用设置误差精度或者训练次数的上限,判断误差 e 是否符合要求,如果符合要求即可停止计算;否则,则继续执行以下 3 步的计算。

第五步：修正神经网络系数

$$p_j^i(k) = p_j^i(k-1) - \alpha \frac{\partial e}{\partial p_j^i}$$

$$\frac{\partial e}{\partial p_j^i} = (y_d - y_c) \omega^i / \sum_{i=1}^{m} \omega^i \cdot x_j$$

第六步：修正隶属度函数的中心 c_j^i 和宽度 b_j^i

$$c_j^i(k) = c_j^i(k-1) - \beta \frac{\partial e}{\partial c_j^i}$$

$$b_j^i(k) = b_j^i(k-1) - \beta \frac{\partial e}{\partial b_j^i}$$

第七步：回到第一步重新计算。

2. 模型建立

根据训练样本的输入、输出维数确定网络的输入和输出节点数，由于输入数据维数为6，输出数据维数为1，所以确定网络的输入节点个数为5，输出节点个数为1，根据网络输入、输出节点个数，人为确定隶属度函数个数为10，因此构建的网络结构5-10-1，随机初始化模糊隶属度函数中心 c、宽度 b 和系数 $p_0 \sim p_5$。

在进行水质评价前，需要有合理的样本（兼顾样本的共性和个性）用于训练和测试神经网络模型的认知能力（学习能力）和泛化能力（指神经网络对未在训练过程中遇到的数据可以得到合理的输出）。然而，搜集大量且合理的水质样本是很困难的。因此，为了保证 T-S 模糊神经网络在水质评价中仍具有预测速度快且精度高的优点，需要寻找一种简单合理的训练样本构成方法。本书模糊神经网络训练用的训练样本构成方法是在《地表水环境质量标准》（GB 3838—2002）中相邻两类水质标准指标值之间，采用等隔均匀分布的方式内插水质指标标准数据生成样本的方式来生成训练样本，网络反复训练100次。模糊神经网络预测用训练好的模糊神经网络评价太子河流域监测数据水质等级。具体结果如下：

本书共生成400组已知数据，随机抽取350组作为训练样本，其余50组作为模型的检验样本。模型内部各项参数（隶属函数的中心和宽度 c_j、b_j 及后件参数等）先随机生成，经过网络训练后达到最佳值，设置最大训练次数为100次。训练误差如图3-18所示，该模糊神经网络模型在训练过程中不断进化，实际值和预测值十分接近，可见该神经网络模型已经具有良好的泛化能力。

利用先前随机抽取的50组已知数据对训练好的神经网络模型性能进行检验，通过实际值与预测值的绝对误差来检验该网络模型的性能优劣程度，其结果见图3-19，通过真实值与预测值曲线可以看出，该神经网络模型的预测值非常接近实际值；绝对误差曲线在0附近上下小范围浮动，足以满足在水质综合评价中的误差要求，因此本书所建立的 T-S 模糊神经网络模型在水质评价方面有着优异的性能，适用于太子河流域的水质评价。

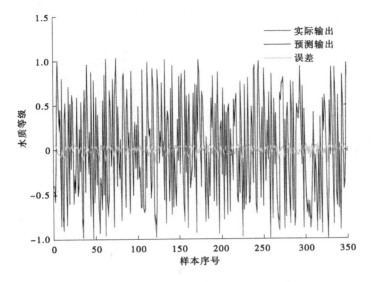

图 3-18 模糊神经网络模型水质等级预测

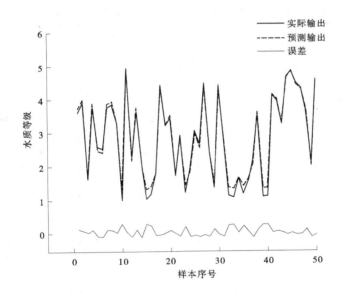

图 3-19 网络模型的性能优劣程度

将水质监测数据输入到已训练好的 T–S 模糊神经网络模型中,所得到的太子河流域水质评价结果见图 3-20 和表 3-22。

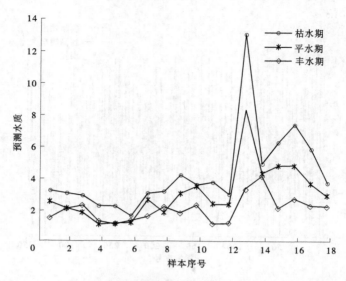

图 3-20 太子河流域水质预测结果

表 3-22 T-S 模糊神经网络对太子河流域综合水质评价结果

监测断面	年份	序号	枯水期		平水期		丰水期	
			预测等级	评价等级	预测等级	评价等级	预测等级	评价等级
葠窝水库	2009	1	2.81	Ⅲ类	1.84	Ⅱ类	0.91	Ⅰ类
	2011	2	2.64	Ⅲ类	1.59	Ⅱ类	1.42	Ⅰ类
	2013	3	2.51	Ⅲ类	1.26	Ⅰ类	1.52	Ⅱ类
	2015	4	1.74	Ⅱ类	0.83	Ⅰ类	0.92	Ⅰ类
	2017	5	1.96	Ⅱ类	0.82	Ⅰ类	0.83	Ⅰ类
	2019	6	1.03	Ⅰ类	0.78	Ⅰ类	0.70	Ⅰ类
	平均		2.12	Ⅱ类	1.19	Ⅰ类	1.05	Ⅰ类
辽阳	2009	7	2.60	Ⅲ类	2.25	Ⅱ类	1.09	Ⅰ类
	2011	8	2.79	Ⅲ类	1.39	Ⅰ类	1.77	Ⅱ类
	2013	9	4.13	Ⅳ类	2.55	Ⅲ类	1.21	Ⅰ类
	2015	10	3.32	Ⅲ类	3.37	Ⅲ类	1.88	Ⅱ类
	2017	11	4.36	Ⅳ类	1.97	Ⅱ类	0.82	Ⅰ类
	2019	12	2.42	Ⅱ类	1.86	Ⅱ类	0.54	Ⅰ类
	平均		3.27	Ⅲ类	2.23	Ⅱ类	1.22	Ⅰ类

续表 3-22

监测断面	年份	序号	枯水期		平水期		丰水期	
			预测等级	评价等级	预测等级	评价等级	预测等级	评价等级
唐马寨	2009	13	12.61	劣Ⅴ类	8.42	劣Ⅴ类	3.20	Ⅲ类
	2011	14	5.01	Ⅴ类	4.08	Ⅳ类	3.44	Ⅲ类
	2013	15	6.66	劣Ⅴ类	5.04	Ⅴ类	1.42	Ⅰ类
	2015	16	7.66	劣Ⅴ类	4.77	Ⅴ类	2.35	Ⅱ类
	2017	17	6.23	劣Ⅴ类	3.24	Ⅲ类	1.76	Ⅱ类
	2019	18	3.29	Ⅲ类	2.45	Ⅱ类	1.41	Ⅰ类
	平均		6.91	劣Ⅴ类	4.67	Ⅴ类	2.26	Ⅱ类

由图 3-20 和表 3-22 可知,从时间尺度上,葠窝水库断面枯水期水质状况逐年变好,并且保持在Ⅲ类水范围之内,由 2009 年的Ⅲ类水质提升到 2019 年的Ⅰ类水质,其中 2009—2013 年水质评价等级为Ⅲ类,2015—2017 年水质评价等级为Ⅱ类,2019 年水质评价等级为Ⅰ类,符合水功能区标准。葠窝水库断面平水期水质状况逐年变好,并且保持在Ⅱ类水范围之内,模糊神经网络模型预测等级由 2009 年的 1.84 提升到 2019 年的 0.78,评价等级由Ⅱ类水质提升到Ⅰ类水质,其中 2009—2011 年为Ⅱ类水质,2013—2019 年为Ⅰ类水质,水质评价等级符合水功能区标准。葠窝水库断面丰水期水质在 2013 年为Ⅱ类水质,其余年份均符合Ⅰ类水质标准,水质状况稳定,水体环境良好。

辽阳断面枯水期水质为Ⅱ~Ⅳ类,总体变化规律为上下浮动,其中 2009 年、2011 年、2015 年为Ⅲ类水质标准,2013 年、2017 年为Ⅳ类水质标准,2019 年水质最好,为Ⅱ类水质标准,有些年份水质评价等级超出水功能区标准。辽阳断面平水期水质等级在Ⅲ类水范围之内,其中 2013 年、2015 年水质评价等级为Ⅲ类,2009 年、2017 年、2019 年水质评价等级为Ⅱ类,2011 年水质评价等级为Ⅰ类,符合水功能区标准。辽阳断面丰水期水质状况良好,全年水质保持在Ⅱ类范围之内,其中 2011 年、2015 年为Ⅱ类水,2009 年、2013 年、2017 年和 2019 年为Ⅰ类水,水质评价等级符合水功能区标准。

唐马寨断面枯水期水质状况差,大多为劣Ⅴ类水,2009 年模糊神经网络预测水质等级为 12.61,主要原因是 NH_3-N 含量严重超标,其中 2009 年、2013 年、2015 年和 2017 年水质评价等级均为劣Ⅴ类,2019 年水质评价等级为Ⅲ类,说明唐马寨区域水体污染严重,主要污染指标为 NH_3-N,2019 年唐马寨区域水体有所好转。唐马寨断面平水期水质状况逐年变好,模糊神经网络模型预测水质等级由 2009 年的 8.42 下降到 2019 年的 2.45,水质评价等级由劣Ⅴ类水转变为Ⅱ类,其中 2009 年为水质评价等级为劣Ⅴ类,2013 年、2015 年水质评价等级为Ⅴ类,2011 年和 2017 年水质评价等级分别为Ⅳ类和Ⅲ类,2019 年水质评价等级为Ⅱ类。唐马寨断面丰水期水质较枯水期和平水期有极大的改善,2009—2019 年水体水质评价等级保持在Ⅲ类水范围之内,且逐年好转,其中 2009 年、

2011 年水质评价等级为Ⅲ类,2015 年、2017 年水体水质评价等级为Ⅱ类,2013 年、2019 年水体水质评价等级为Ⅰ类。

从空间尺度分析,水质从上游至下游逐渐变差,其中葠窝水库断面水体最为清洁,枯水期水质评价等级保持在Ⅲ类范围内,平水期和丰水期水质评价等级保持在Ⅱ类范围内。辽阳断面相对葠窝水库断面水质有所下降,枯水期水质评价等级在有些年份达到Ⅳ类标准,水体受到较重的污染,在葠窝水库断面枯水期没有Ⅳ类的出现,平水期水质在Ⅲ类范围内,相比葠窝水库断面水质变差,且出现Ⅲ类水质,而丰水期辽阳断面和葠窝水库断面差别不大,均保持在Ⅱ类范围内,说明枯水期和平水期上游到中游区域之间有污染源出现,由单因子评价可知,枯水期和平水期辽阳断面相比葠窝水库断面,水体 NH_3-N、BOD_5、COD_{Mn} 含量均有所提升,尤其是枯水期 NH_3-N 含量升高较快,说明上游至中游之间有一定数量的污染源。由于太子河流域枯水期处于冬季,气温特别低,且昼夜温差大,从而影响生化池硝化和反硝化的适宜温度。硝化作用温度范围为 10~35 ℃,反硝化的合适温度为 10~40 ℃,户外没有相应的保暖措施,会影响污水生化处理降解效率,从而导致污水站的 NH_3-N 产生一定浓度的上升,进而排放到河流当中导致河流 NH_3-N 浓度上升,水质变差。中游至下游水质状况大幅度下降,枯水期唐马寨断面水质评价等级多为劣Ⅴ类,水质污染严重,其中 2009 年、2013—2017 年均为劣Ⅴ类,2011 年为Ⅴ类,2019 年为Ⅲ类,与辽阳断面相比,水质状况下降明显,平均水质等级从Ⅲ类下降到劣Ⅴ类。平水期唐马寨断面水质评价等级多为Ⅴ类标准,相比辽阳断面水环境状况有较大程度的下降,2019年水质从辽阳断面的Ⅱ类水下降到劣Ⅴ类,平均水质等级从Ⅱ类下降到Ⅴ类。丰水期中游到下游水质状况有略微下降,平均水质等级从Ⅰ类下降到Ⅱ类,整体比较清洁,中游至下游区域在 2009—2011 年水质下降幅度较大。说明中游至下游区域有污染源出现,其中入太子河河口(柳壕河)和入太子河河口(北沙河)有污水汇入,对下游水质产生较大影响,尤其是枯水期下游污染严重,水体 COD_{Mn}、COD、BOD_5、NH_3-N 含量均有较大幅度上升,其中主要污染因子为 NH_3-N,这是由于冬季气温低影响污水生化处理降解 NH_3-N,平水期下游相对于中游 NH_3-N 含量上升严重,除了温度带来的影响,农业耕地氮肥的施入关联也比较大。

3.4.5　主要污染指标的小波周期分析

本节主要选择年际尺度和月尺度数据相对完整的部分水质指标进行周期分析,主要目的是了解某些污染指标是不是存在潜在的周期性污染风险。

3.4.5.1　汛期部分污染指数周期分析

图 3-21 为太子河柳壕河口农业用水区唐马寨断面 COD 的小波分析图,实线表示小波系数实数部分为正,COD 含量越多,水体受有机物的污染程度越高,水质较差;虚线表示小波系数实数部分为负,COD 含量越少,水体受有机物的污染程度越低,水质较好。小波方差图中检测出 4 个振荡周期,表明在 2006—2020 年这 15 年内坝前 COD 演变序列存在着 10 年左右的周期振荡,即该图预示着每 10 年左右为一个周期。从图中可以看出正负相位交替出现,在 2020 年末小波的虚线部分还没有完全闭合,说明未来本区 COD 还处在虚线上,预示着未来该地区 COD 含量会持续降低。

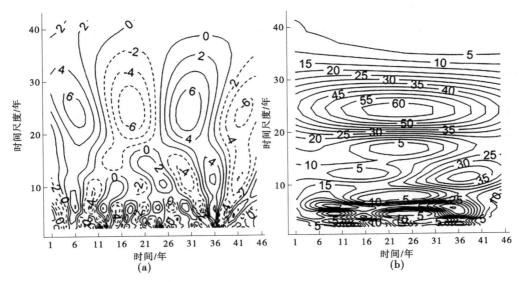

图 3-21　唐马寨断面 COD 的小波分析

图 3-22 为太子河柳壕河口农业用水区唐马寨断面的 BOD_5 的小波分析图,实线表示小波系数实数部分为正,坝前 BOD_5 含量越高,水质越差。虚线表示小波系数实数部分为负,坝前 BOD_5 含量越低,水质越好。从图中可以直观地看出正负相位交替出现,在 2020 年末小波的虚线部分还没有完全闭合,说明未来该地区 BOD_5 还处在虚线上,预示着未来该地区 BOD_5 含量可能会持续降低。小波方差图中检测出 3 个振荡周期,表明在 2006— 2020 年这 15 年内坝前 BOD_5 演变序列存在着 10 年左右的周期振荡,即该图预示着每 10 年为一个周期。汛期内,多个指数没有明显的周期性,但是 BOD_5 具有明显的周期性,且未来一段时间内该指数将会降低,但是它们均处于虚线周期的末期,转化为高浓度的风险逐渐增大。

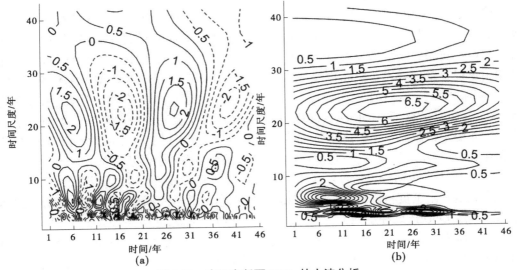

图 3-22　唐马寨断面 BOD_5 的小波分析

3.4.5.2　非汛期部分污染指数周期分析

图 3-23 为柳壕河柳壕大闸农业用水区柳壕河断面 COD 的小波分析图,实线表示小波系数实数部分为正,COD 含量多,水体受有机物的污染程度高,水质较差;虚线表示小波系数实数部分为负,COD 含量少,水体受有机物的污染程度低,水质较好。从图中可以直观地看出正负相位交替出现,在 2020 年末小波的实线部分还没有完全闭合,说明未来该地区 COD 还处在实线上,预示着未来柳壕河 COD 会持续升高。小波方差图中检测出 2 个振荡周期,表明在 2006—2020 年这 15 年内坝前 COD 演变序列存在着 10 年左右的周期振荡,即预示着每 10 年为一个演变周期。

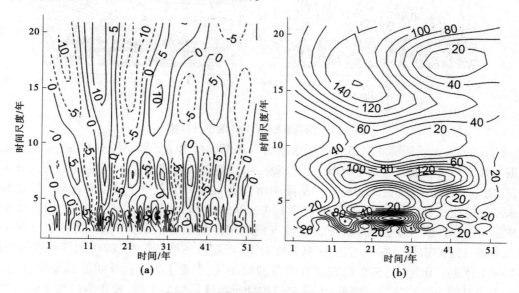

图 3-23　柳壕河断面 COD 的小波分析

3.4.5.3　生长季部分污染指数周期分析

图 3-24 为北沙河浪子农业用水区入太子河河口(北沙河)断面 COD 的小波分析图,实线表示小波系数实数部分为正,COD 含量多,水体受有机物的污染程度高,水质较差;虚线表示小波系数实数部分为负,COD 含量少,水体受有机物的污染程度低,水质较好。从图中可以直观地看出正负相位交替出现,在 2020 年末小波的实线部分还没有完全闭合,说明未来本区 COD 还处在虚线上,预示着未来该地区 COD 会持续降低,水质变差。入太子河河口(北沙河)COD 演变规律,在此时间尺度上呈现比较明显的正负闭合中心,小波方差图中检测出 4 个振荡周期,表明在 2006—2020 年这 15 年内北沙河 COD 演变序列存在着 10 年左右的周期振荡,即该图预示着每 10 年为一个周期。

图 3-25 为太子河柳壕河口农业用水区唐马寨断面 COD 的小波分析图,从图 3-25 中可以直观地看出正负相位交替出现,在 2020 年末小波的虚线部分还没有完全闭合,说明未来该地区 COD 还处在虚线上,预示着未来坝前 COD 短时间内会持续升高,但马上进入下一个衰减周期,从时间上可能会引起浓度降低。太子河柳壕河口农业用水区唐马寨断面 COD 演变规律,在此时间尺度上呈现比较明显的正负闭合中心,小波方差图中检测出一个振荡周期,表明在 2006—2020 年这 15 年内坝前 COD 演变序列存在着 9 年左右的周

期振荡。

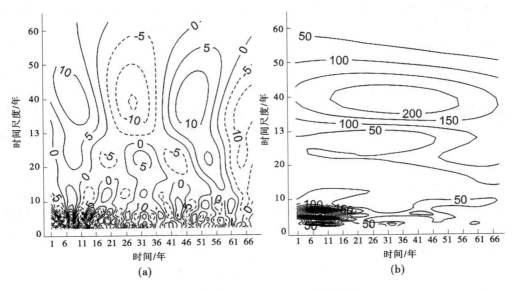

图 3-24　北沙河断面 COD 的小波分析

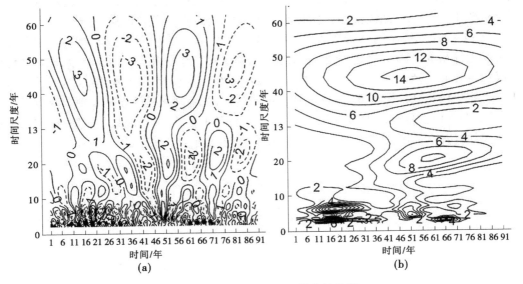

图 3-25　唐马寨断面 COD 的小波分析

3.5　本章小结

通过采用综合水质标识指数法、通径分析与相关性分析,对水质进行评价与分析,并探究社会发展对辽阳市太子河水环境状况的影响。主要结论如下:

(1)通过对综合水质标识指数的计算得出,太子河辽阳段 2015—2020 年水质状况较好,基本可以保持在Ⅲ类水质标准以内,但 NH_3-N 与 TN 超过了地区水质环境功能区标准。从监测断面上来看,北沙河断面与唐马寨断面水质状况都达不到Ⅲ类水质要求,葠窝水库断面则可达到Ⅱ类水质标准。造成氮元素超标最直接的原因就是辽阳市太子河受到了点源污染与面源污染的综合影响。

(2)通径分析发现:各水质指标对水质的影响按相关系数从大到小的排列顺序依次为 $NH_3-N>COD_{Mn}>TP>BOD_5>DO>$ 粪大肠菌群>TN。说明 NH_3-N 对水质的影响最大,直接作用最强,也是主要决策变量,主要是通过 COD_{Mn} 与 TP 的间接影响,间接通径系数分别为 0.25、0.23,是影响水质变化的主要指标。主成分分析同样显示,COD_{Mn}、COD、BOD_5、NH_3-N 伴生性较强,该4个水质指标可以相互预测,确定浓度值。

(3)将辽阳市太子河流域综合水质标识指数、人口、地区生产总值与产业结构的数据整理出来,并进行相关性分析,结果发现:综合水质标识指数与人口呈正相关,与其他几项参数呈负相关,说明政府已经掌握如何平衡好社会经济与生态环境之间的关系,且治理措施的应用效果也较为明显。同时,耕地面积、林地面积、草地面积、建筑面积等地物类型的变化对水质 COD、DO、TN、BOD_5、NH_3-N 产生了较大的影响。

(4)从单因子指数评价法评价结果可以判断出:太子河流域的污染因子主要为 BOD_5、NH_3-N、TP,从平均单因子评价指数可以看出,研究区主要污染物浓度依次为 $NH_3-N>BOD_5>TP>COD>COD_{Mn}>DO$;根据内梅罗综合污染指数判断,太子河流域枯水期污染较严重,丰水期污染较轻,下游水体污染严重,上游水体污染较轻。

(5)T-S 模糊神经网络模型结果显示,水质等级从上游至下游逐渐变差,其中葠窝水库断面水体最为清洁,枯水期水质评价等级保持在Ⅲ类范围内,平水期和丰水期水质评价等级保持在Ⅱ类范围内。辽阳断面相对葠窝水库断面水质有所下降,枯水期水质评价等级在有些年份达到Ⅳ类标准,水体受到较重的污染,在葠窝水库断面枯水期没有Ⅳ类的出现,平水期水质在Ⅲ类范围内,相比葠窝水库断面水质变差,且出现Ⅲ类水质,而丰水期辽阳断面和葠窝水库断面差别不大,均保持在Ⅱ类范围内。

第 4 章　基于 MIKE21 的太子河水质预测模型构建与应用

　　MIKE21 是由丹麦研究所(DHI)开发出来的,是一个专业的工程软件包。它使用了最先进的计算机软件和硬件,适用于 Windows 系统,为用户提供了友好的界面、强大的 GIS 数据接口和 GIS 数据处理工具、开放灵活的环境评价平台、结果分析和图形演示的支持工具。MIKE21 模型的子模块主要应用于水动力学、泥沙输移、水质、富营养化和重金属等。MIKE21 有无障性、高效性、便捷性、广泛性、兼容性、灵活性等特点,MIKE 模型体系综合考虑了河流地形、土壤、水文、气象、植被、水生生物和不同排放类型污染源等因素对水质的影响,计算精度高(周哲睿等,2021)。随着水环境研究的推进,许多学者发现缺少对水动力与水质之间的数值模拟和耦合相关关系的深入研究,也没有针对特定区域的水资源问题建立综合的评价体系,所以通过构建合适的水动力-水质耦合模型,可以揭示水体流动与水质状态的时空分布规律,为探索水力与水质耦合过程提供理论依据(魏建锋等,2022)。因此,国内外 MIKE21 主要集中用于构建区域性水质模型,而太子河流域并未构建出来。

4.1　研究内容

4.1.1　地形网格化

　　选择使用三角形的无结构网格。按顺序依次进行边界导入、进出口边界设置、网格生成、对网格进行调整、网格地形插值等操作,完成以上内容后,若网格大小比较均匀且不存在钝角三角形,那就认为所绘制的网格质量较好,可用于下一步水动力模型的建立。

4.1.2　初始条件和边界条件的选择

　　模型所涉及的初始条件,分别是研究区域的水位、流量和各水质指标的浓度值,将数据值制作成 dfs0 文件,并导入模型。

4.1.3　影响参数的率定

　　影响因素有干湿水深、密度、涡黏系数、河床糙率、科氏力、风场、冰盖、波浪辐射、源汇项、水工建筑物等。研究区域属于城市浅水河道,在模型建立过程中,比较各影响因素对河流实际水动力和对流扩散的影响程度,这里不考虑科氏力、风场、冰盖、波浪辐射、水工建筑物等因素对模拟过程的影响。

4.1.4　模型构建与应用

在水动力模型的构建和模型的参数均已经通过率定与模型验证的前提下,水质模型才能被引入。在水动力模型建立完成的基础上,才能实现水动力-水质模型的耦合运算。将实测数据作为确定模型参数的基础,通过模拟各河段得到的数据,绘制模拟结果与实际值的关系图,并进行比较。

4.2　研究方法

水动力模块(Hydrodynamic Module)主要用来模拟由于各种作用力而产生的水位及水流变化,它包括了广泛的水力现象,可用于任何忽略分层的二维自由表面流的模拟。水动力模块是 MIKE21 软件中核心的板块之一,主要用于模拟流场在多种因素影响下的变化过程,也是水质、泥沙、洪水等进阶模板的模拟基础(但孝香等,2022)。其中 MIKE21 的水动力模块基础是将地形进行网格化处理,输入试验对象的糙率、边界、降雨、蒸发、风速、科氏力等影响参数,将实测水位、流量、流向等流场所需数据代入模型。当输入地形、底部糙率、风场和水动力学边界条件等数据后,模型会计算出每个网格的水位和水流变化。HD 模块是 MIKE21 软件包中的基本模块,它为泥沙传输和环境水文学提供了水动力学的计算基础。现已被广泛应用于模拟二维浅水流域。

4.2.1　水动力模块控制方程

MIKE21 水动力模块是基于三向不可压缩和 Reynolds 值均布的 Navier-Stokes 方程(李天理与董柏青,2020),并服从于 Boussinesq 假定和静水压力的假定(施勇等,2006)。即流体低速运动中,密度的变化仅考虑温度变化产生的影响,不考虑压强变化产生的影响。

二维非恒定浅水方程组为:

连续方程

$$\frac{\partial h}{\partial t} + \frac{\partial h\bar{u}}{\partial x} + \frac{\partial h\bar{v}}{\partial y} = hS \tag{4-1}$$

动量方程

x 轴方向

$$\frac{\partial h\bar{u}}{\partial t} + \frac{\partial h\bar{u}^2}{\partial x} + \frac{\partial h\overline{uv}}{\partial y} = \bar{f}vh - gh\frac{\partial \eta}{\partial x} - \frac{h}{\rho_0}\frac{\partial P_a}{\partial x} - \frac{gh^2}{2\rho_0}\frac{\partial \rho}{\partial x} + \frac{\tau_{sx}}{\rho_0} - \frac{\tau_{bx}}{\rho_0} -$$
$$\frac{1}{\rho_0}\left(\frac{\partial s_{xx}}{\partial x} + \frac{\partial s_{xy}}{\partial y}\right) + \frac{\partial (hT_{xx})}{\partial x} + \frac{\partial (hT_{xy})}{\partial y} + hu_sS \tag{4-2}$$

y 轴方向

$$\frac{\partial h\bar{v}}{\partial t} + \frac{\partial h\overline{uv}}{\partial x} + \frac{\partial h\bar{v}^2}{\partial y} = -\bar{f}uh - gh\frac{\partial \eta}{\partial y} - \frac{h}{\rho_0}\frac{\partial P_a}{\partial y} - \frac{gh^2}{2\rho_0}\frac{\partial \rho}{\partial y} + \frac{\tau_{sy}}{\rho_0} - \frac{\tau_{by}}{\rho_0} -$$

$$\frac{1}{\rho_0}\left(\frac{\partial s_{yx}}{\partial x} + \frac{\partial s_{yy}}{\partial y}\right) + \frac{\partial(hT_{xy})}{\partial x} + \frac{\partial(hT_{yy})}{\partial y} + hv_s S \tag{4-3}$$

式中:t 为研究时间;x、y 为笛卡儿坐标系坐标;η 为水位高程;h 为总水头高度,即 $\eta+d$;u、v 为速度在 x、y 上的分量;f 为科氏力系数,计算公式为 $f = 2\omega\sin\varphi$,ω 为地球自转角速度,φ 为地域纬度;g 是重力加速度;ρ_0 为水的密度;s_{xx}、s_{yx}、s_{yy} 为辐射应力分量;S 为点源项;u_s、v_s 为源项水流流速;τ_{bx}、τ_{by}、τ_{sx}、τ_{sy} 为多种方向的剪应力;T_{ij} 为水平黏应力项,要由涡流黏性方程根据沿水深平均的速度梯度计算得到:

$$T_{xx} = 2A\frac{\partial u}{\partial x} \tag{4-4}$$

$$T_{xy} = A\left(\frac{\partial u}{\partial y} + \frac{\partial v}{\partial x}\right) \tag{4-5}$$

$$T_{yy} = 2A\frac{\partial v}{\partial y} \tag{4-6}$$

4.2.2　水动力模块数值解法

4.2.2.1　空间离散

水动力模型的离散方法为有限体积法,利用一阶解法进行数值模拟。将模拟区域划分为单个不重复的控制单元,控制单元可以是任意形状的多边形,本次选用的是三角形网格进行地形网格化处理。

浅水方程的一般形式为:

$$\frac{\partial U}{\partial t} + \nabla F(U) = S(U) \tag{4-7}$$

式中:U 为守恒性物理向量;F 为通量向量;S 为源项。

在笛卡儿坐标系中,二维浅水方程可写为:

$$\frac{\partial U}{\partial t} + \frac{\partial(F_x^I - F_x^V)}{\partial t} + \frac{\partial(F_y^I - F_y^V)}{\partial t} = S \tag{4-8}$$

式中:I 为无黏性通量;V 为黏性通量。

$$U = \begin{bmatrix} h \\ h\bar{u} \\ h\bar{v} \end{bmatrix} \tag{4-9}$$

$$F_x^I = \begin{bmatrix} h\bar{u} \\ h\bar{u}^2 + \dfrac{1}{2}g(h^2 + d^2) \\ h\bar{v}^2 \end{bmatrix} \tag{4-10}$$

$$F_x^V = \begin{bmatrix} 0 \\ hA\left(2\dfrac{\partial \bar{u}}{\partial x}\right) \\ hA\left(\dfrac{\partial \bar{u}}{\partial y} + \dfrac{\partial \bar{v}}{\partial x}\right) \end{bmatrix} \tag{4-11}$$

$$F_y^I = \begin{bmatrix} h\bar{v}^2 \\ h\overline{uv} \\ h\bar{v}^2 + \dfrac{1}{2}g(h^2 - d^2) \end{bmatrix} \tag{4-12}$$

$$F_y^V = \begin{bmatrix} 0 \\ hA\left(\dfrac{\partial \bar{u}}{\partial y} + \dfrac{\partial \bar{v}}{\partial x}\right) \\ hA\left(2\dfrac{\partial \bar{u}}{\partial x}\right) \end{bmatrix} \tag{4-13}$$

$$S = \begin{bmatrix} g\eta\dfrac{\partial d}{\partial x} + f\bar{v}h - \dfrac{h}{\rho_0}\dfrac{\partial P_a}{\partial x} - \dfrac{gh^2}{2\rho_0}\dfrac{\partial p}{\partial y} - \dfrac{1}{\rho_0}\left(\dfrac{\partial s_{xx}}{\partial x} + \dfrac{\partial s_{xy}}{\partial y}\right) + \dfrac{\tau_{sx}}{\rho_0} - \dfrac{\tau_{bx}}{\rho_0} + hu_s \\ g\eta\dfrac{\partial d}{\partial y} + f\bar{u}h - \dfrac{h}{\rho_0}\dfrac{\partial P_a}{\partial y} - \dfrac{gh^2}{2\rho_0}\dfrac{\partial p}{\partial y} - \dfrac{1}{\rho_0}\left(\dfrac{\partial s_{yx}}{\partial x} + \dfrac{\partial s_{yy}}{\partial y}\right) + \dfrac{\tau_{sy}}{\rho_0} - \dfrac{\tau_{by}}{\rho_0} + hv_s \end{bmatrix} \tag{4-14}$$

对式中的第 i 个单元进行积分后,引入 Gauss 理论计算得出:

$$\int_{A_i}\dfrac{\partial u}{\partial t}\mathrm{d}\Omega + \int_{\Gamma_i}(F \cdot n)\mathrm{d}S = \int_{A_i}S(U)\mathrm{d}\Omega \tag{4-15}$$

式中: A_i 为 Ω_i 的计算面积; Γ_i 为单元边界;$\mathrm{d}S$ 为边界方向上的积分变量。

常采用的方法是选取单一点位计算面积,并且所选取的点位是位于单元上的质点,同时采用中点求积的方法对边界上的积分进行运算求解,公式为:

$$\dfrac{\partial U_i}{\partial t} + \dfrac{1}{A_i}\sum_J^{\mathrm{NS}}F \cdot n\Delta\Gamma_j = S_i \tag{4-16}$$

式中: U_i 为单元中心处第 i 个单元 U 的平均值; S_i 为单元中心处第 i 个单元 S 的平均值; NS 为单元的边界总数;$\Delta\Gamma_j$ 为第 j 个单元的长度。

4.2.2.2 时间积分

方程一般形式为:

$$\dfrac{\partial U}{\partial t} = G(U) \tag{4-17}$$

对于二维模型模拟研究,其方程共有两种解值方法:高阶法和低阶法,其中低阶法也称为 Euler 法。

$$U_{n+1} = U_n + \Delta t G(U_n) \tag{4-18}$$

$$U_{n+\frac{1}{2}} = U_n + \dfrac{1}{2}\Delta t G(U_n) \tag{4-19}$$

$$U_{n+1} = U_n + \Delta t G\left(U_{n+\frac{1}{2}}\right) \tag{4-20}$$

式中：Δt 为时间步长。

4.2.3　水质模块控制方程

　　浓度对流扩散方程反映了水中模拟对象两方面的输移机制，即以平均水流速度的对流输移和由浓度梯度引起的扩散（弥散）输移。污染物在自由表面的二维水体中的对流扩散输移过程见以下公式：

$$\frac{\partial(hC)}{\partial t} + \frac{\partial(uhC)}{\partial x} + \frac{\partial(vhC)}{\partial y} = \frac{\partial}{\partial x}\left(hD_x\frac{\partial C}{\partial x}\right) + \frac{\partial}{\partial y}\left(hD_y\frac{\partial C}{\partial y}\right) - FhC + S \tag{4-21}$$

式中：C 为水体物质浓度，mg/L；u、v 分别为 x、y 方向的速度，m/s；h 为水深，m；D_x、D_y 分别为 x、y 方向的扩散系数，m^2/s；F 为线性衰减系数，s^{-1}；x、y 为空间坐标，m；t 为时间，s；S 为源和汇。

4.2.4　对流扩散方程的求解

　　对流扩散模型采用与水动力模型一致的剖分网格形式，描述污染物的对流扩散方程为：

$$c_{j,k}^{n+1} = c_{j,k}^n + \{T_x^n(j-1,k) - T_x^n(j,k)\} + \{T_y^n(j,k-1) - T_y^n(j,k)\} \tag{4-22}$$

$$T_x^n(j,k) = \alpha_1 c_{j+1,k}^n + \alpha_2 c_{j,k}^n + \alpha_3 c_{j-1,k}^n + \alpha_4 c_{j,k+1}^n + \alpha_5 c_{j,k-1}^n - \Gamma_x c_{j+1,k}^n + \Gamma_x c_{j,k}^n \tag{4-23}$$

$$T_y^n(j,k) = \beta_1 c_{j,k+1}^n + \beta_2 c_{j,k}^n + \beta_3 c_{j,k-1}^n + \beta_4 c_{j+1,k}^n + \beta_5 c_{j-1,k}^n - \Gamma_y c_{j,k+1}^n + \Gamma_y c_{j,k}^n \tag{4-24}$$

式中：$C_x = u\dfrac{\Delta t}{\Delta x}$，$C_y = v\dfrac{\Delta t}{\Delta y}$，$\Gamma_x = K_x\dfrac{\Delta t}{\Delta x^2}$，$\Gamma_y = K_y\dfrac{\Delta t}{\Delta y^2}$

$$\alpha_1 = \left(\frac{1}{6}C_x^2 - \frac{1}{2}C_x + \frac{1}{3} + \Gamma_x\right)C_x \tag{4-25}$$

$$\alpha_2 = \left(-\frac{1}{3}C_x^2 + \frac{1}{2}C_x + \frac{5}{6} - \frac{1}{2}C_xC_y - \frac{1}{2}C_y^2 + \frac{1}{2}C_y - 2\Gamma_x - 2\Gamma_y\right)C_x \tag{4-26}$$

$$\alpha_3 = \left(-\frac{1}{6} + \frac{1}{6}C_x^2 + \Gamma_x\right)C_x \tag{4-27}$$

$$\alpha_4 = \left(-\frac{1}{2}C_y + \frac{1}{2}C_y^2 + \Gamma_x\right)C_x \tag{4-28}$$

$$\alpha_5 = \left(\frac{1}{2}C_xC_y + \Gamma_y\right)C_x \tag{4-29}$$

系数 β_1、β_2、β_3、β_4、β_5 根据以上交换下标 x 和 y 可以分别求得。

4.3　数据处理与分析方法

　　太子河辽阳段主要污染来源有工农业废水、生活污水、畜禽养殖废水，本书选取太子河辽阳段的葠窝水库、汤河、管桥、辽阳、乌达哈堡、北沙河、小林子、唐马寨 8 个断面。按照《地表水环境质量标准》(GB 3838—2002)中的 24 项基本指标进行筛选,发现各断面主要污染物为 8 项:DO、COD_{Mn}、COD、BOD_5、NH_3-N、TP、TN、粪大肠菌群。其他指标经比较均低于检出限,且远低于 I 类水质标准限值。根据综合水质标识指数法原理,如果将未检出的指标纳入指数计算中,一是降低各断面综合指数之间的差异,不利于后续的对比分析;二是总体降低各断面综合指标值,使评价结果偏离实际情况(陶伟等,2021)。因此,本次评价剔除其他 16 项未检出指标,选择 8 项指标进行水质评价。2015—2020 年水质逐月监测数据由辽宁省辽阳市水文局提供,人口和地区生产总值等社会经济数据来源于辽阳市统计年鉴和辽阳市国民经济和社会发展统计公报等。

　　在实际水质监测数据中,个别指标存在测定值低于检出限的情况,实际监测中报告为"未检出"或"<DL",这种在报告中不是具体数值的结果称为缺失值。为便于统计分析,结合实际情况,对于低于检出限的情况,按照该项目检出限的一半进行统计处理。

4.4　结果与分析

　　由于辽河流域是我国七大流域之一,而太子河为辽河的支流,所以太子河跨度较长,面积较大,当建立模型时,跨度和面积较大的河流所需要运行的时间较长,且模拟效果不直观,本次研究将太子河辽阳段分成 4 部分来进行水动力-水质的模拟。MIKE21 FM 是模拟二维自由表面水流的模型系统,本书主要应用 MIKE21 中的水动力模块(HD)以及对流扩散模块(AD)进行水动力-水质模型的建立。其中,水动力模块是其他功能模块的基础,也是核心,能够通过地形网格化、输入边界条件及相关水动力参数模拟水动力变化过程。对流扩散模块则在水动力模块计算的基础上,通过设置边界条件、模型参数等,建立水质模型,考虑污染物的对流扩散和衰减过程,对太子河辽阳段进行水质模拟。

4.4.1　地形网格化

　　水动力模型的建立首先就要构建非结构性网格,需要用到 MIKE 软件中的处理工具(Generator Mesh)进行网格的绘制。mesh 文件的制作需要提前准备 2 个 xyz 格式的文件,分别是边界文件和地形文件。边界文件主要描述流域范围与边界的连接性,对岸边界与开边界进行定义;地形边界主要有研究区域的高程数据。边界文件与地形文件的数据资料均来源于地理空间数据云,通过下载数据并利用 ArcGIS 提取研究区域范围内的边界与高程数据,来进行 xyz 文件的制作。绘制网格选用合理的投影坐标系很重要,本次模拟采用的坐标系为:WGS 1984 UTM Zone 48N。针对太子河辽阳段复杂曲折的特点,为了使其能更好地拟合河岸边界,更加稳定细致地划分网格,本次选择使用三角形的无结构网格。按顺序依次进行边界导入、进出口边界设置、网格生成、对网格进行调整、网格地形插值等操作,完成以上内容后,若网格大小比较均匀且不存在钝角三角形,那就认为所绘制的网格质量较好,可用于下一步水动力模型的建立。经过对研究区域分段处理后得到的节点数与网格数见表 4-1。

表 4-1　地形网格化与初始条件数据

断面	节点数	网格数	进水口流量/(m³/s)	出水口水位/m
葠窝水库—辽阳	7 227	11 551	28	22
辽阳—乌达哈堡	3 324	5 759	29	21
乌达哈堡—小林子	4 974	8 354	29	6
小林子—唐马寨	4 375	6 758	61	3

4.4.2　初始条件与边界条件

　　模型所涉及的初始条件,分别是研究区域的水位、流量和各水质指标的浓度值,将数据值制作成 dfs0 文件,并导入模型中,各河段初始条件的基本数据如图 4-1 所示。本书以卫星图和实际水位、流量等数据相结合,进行处理后构建水动力-水质模型。将每段研究区域定义为一个进水口、一个出水口,所有进、出水口边界都定义为开边界,其形态定义为水位边界,其中 2 为进水口,3 为出水口,1 为陆地边界。进水口设置上游流量参数,出水口设置下游水位参数。各段进水口流量与出水口水位分别设置的数值见表 4-1。各河段进出口标识图如图 4-2 所示。

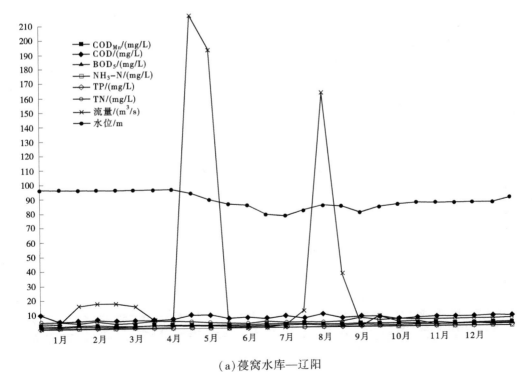

(a) 葠窝水库—辽阳

图 4-1　2019 年各河段初始条件基本数据

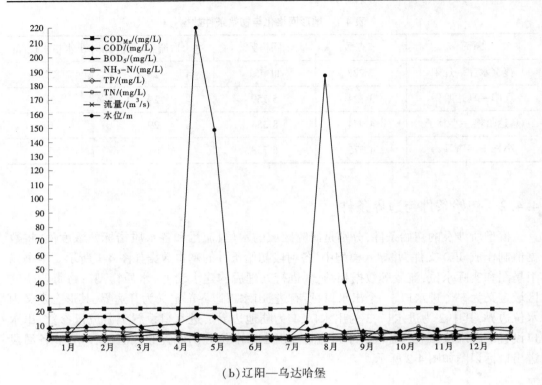

（b）辽阳—乌达哈堡

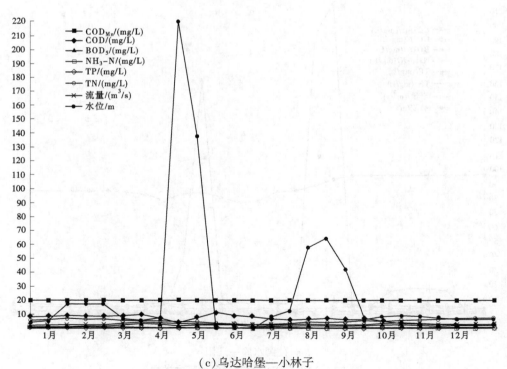

（c）乌达哈堡—小林子

续图 4-1

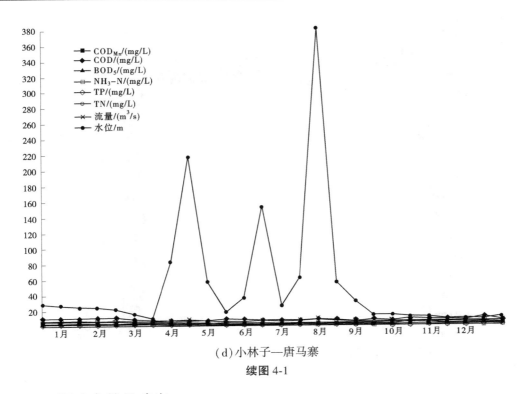

（d）小林子—唐马寨

续图 4-1

4.4.3　影响参数的确定

在 MIKE21 HD 模块中，主要的影响因素有干湿水深、密度、涡黏系数、河床糙率、科氏力、风场、冰盖、波浪辐射、源汇项、水工建筑物等。研究区域属于城市浅水河道，在模型建立过程中，比较各影响因素对河流实际水动力和对流扩散的影响程度，这里不考虑科氏力、风场、冰盖、波浪辐射、水工建筑物等因素对模拟过程的影响。AD 模块需要在 HD 模块的基础上，设置水质指标边界条件以及扩散系数、衰减系数等。主要确定以下几个影响参数。

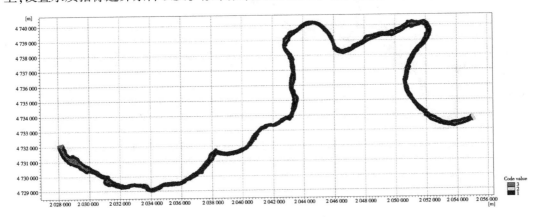

（a）葠窝水库—辽阳

图 4-2　各河段进出口标识图

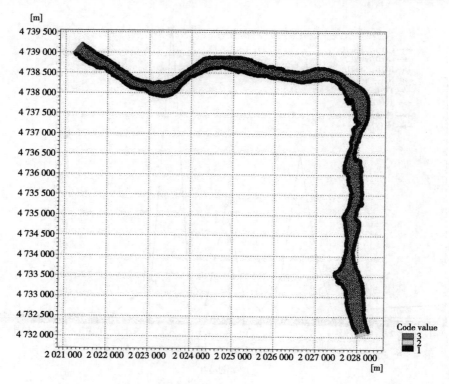

(b)辽阳—乌达哈堡

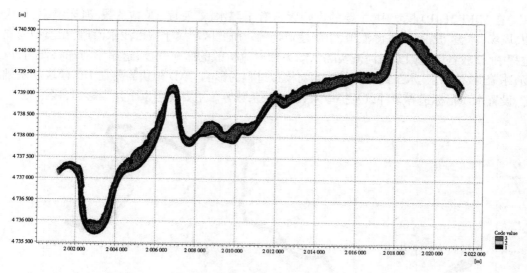

(c)乌达哈堡—小林子

续图 4-2

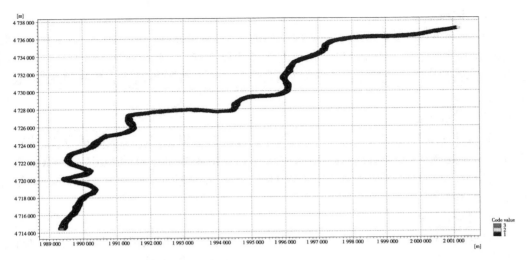

(d)小林子—唐马寨

续图 4-2

4.4.3.1　时间步长

模型模拟时间设置为 2019 年 1 月 1 日至 2020 年 1 月 1 日,总时间天数为 365 d,每个模拟步长为 1 h,也就是 3 600 s,步长个数为 8 760。

4.4.3.2　CFL 值

由于模型运行过程中会出现各种问题,所以考虑到效率、质量与稳定性,本书选用低阶的空间离散格式算法进行计算,CFL 值取 0.8。CFL 值的大小与网格数量的多少与时间步长的设置有关,设置的网格数量越少,CFL 值越小;时间步长越小,CFL 值就越小,但时间步长过小就会延长模型运行时间。当 CFL 值设置过大时,模拟结果可能会发散,导致运行失败,这也是 MIKE21 模型建立时最常出现的问题,需要不断地调整直到模型模拟成功。

4.4.3.3　干湿水深

根据对辽阳市太子河的区域概况和前人研究成果的分析,定义干水深 $h_{\mathrm{dry}} = 0.005$ m,淹没水深 $h_{\mathrm{flood}} = 0.05$ m,湿水深 $h_{\mathrm{wet}} = 0.1$ m。

4.4.3.4　密度

研究区域内水深较浅属于浅水河流,所以垂直方向上的密度并没有较大差异,密度梯度也可以忽略不计。在本次模拟中水体密度以正压模式计算,即温度和盐度为定值,此过程中密度保持不变。

4.4.3.5　涡黏系数

涡黏系数最初在 19 世纪末被布辛尼克斯提出,主要是将雷诺应力和平均流场二者相结合,通过涡黏度来模拟水流运动。本次模拟系数采用马格林斯基计算公式:

$$A = c_s^2 l^2 \sqrt{2S_{ij}S_{ij}} \tag{4-30}$$

式中:A 为目标系数;c_s 为马格林斯基系数常量;l 为特征常量;S_{ij} 为变形率。

经分析,本书设定 c_s 为 0.28 $\mathrm{m^{1/3}/s}$。

4.4.3.6 河床糙率

河床糙率可以反映河流底部对水流阻力的大小,是水力学中用于河流、渠道等计算时重要的水力参数之一。研究区域河道底面地形情况复杂,因此需要对不同地形设置不同的糙率数值,但由于操作难度过大,最终选取修建完成后的河道糙率进行模拟试验,取值为 0.32。

4.4.3.7 扩散系数

AD 模块主要考虑水质指标的对流扩散与衰减过程,根据二维对流扩散方程,假定垂直方向完全混合,不考虑垂直方向上的影响,所以扩散系数是重要的率定参数,根据之前学者的研究,小型河流的扩散系数通常取 $1 \sim 5 \ \mathrm{m^2/s}$,大中型河流通常取 $5 \sim 20 \ \mathrm{m^2/s}$,结合相关文献,确定扩散系数为 $5 \ \mathrm{m^2/s}$。

4.4.3.8 衰减系数

污染物衰减系数是水质指标在水体中变化的综合概化,反映了污染物在输移过程中受水力、水文、物理、化学、生物化学、地理、地质及气象、气候等因素综合作用的结果,是研究河流水质污染变化、计算水环境容量、确定河流纳污能力、制定区域排污总量控制及水资源配置规划的重要参数。

研究者们根据试验和实际观测数据证明,污染物在水体中的降解过程近似符合一级反应动力学规律。其表达式如下:

$$\frac{\mathrm{d}C}{\mathrm{d}t} = -kC \tag{4-31}$$

$$C = C_0 \mathrm{e}^{-kt} \tag{4-32}$$

式中:C 为 t 时刻的污染物浓度,mg/L;C_0 为 $t=0$ 时的污染物浓度,mg/L;t 为两点之间水流的传输时间,s;k 为污染物衰减系数,$\mathrm{s^{-1}}$。

根据以上公式求得各河段水质指标的衰减系数(见表 4-2)。

表 4-2 太子河辽阳段各河段水质指标衰减系数   单位:$\mathrm{s^{-1}}$

水质指标	蔓窝水库—辽阳	辽阳—乌达哈堡	乌达哈堡—小林子	小林子—唐马寨
COD_{Mn}	3.661×10^{-6}	1.15×10^{-6}	2.69×10^{-6}	6.84×10^{-6}
COD	4.350×10^{-7}	8.23×10^{-7}	2.94×10^{-7}	1.31×10^{-7}
BOD_5	3.131×10^{-6}	4.12×10^{-6}	8.24×10^{-6}	3.71×10^{-6}
NH_3-N	1.371×10^{-5}	1.04×10^{-5}	8.31×10^{-5}	1.45×10^{-5}
TP	3.358×10^{-6}	1.65×10^{-6}	7.00×10^{-6}	7.54×10^{-6}
TN	6.310×10^{-6}	1.44×10^{-6}	7.81×10^{-6}	1.16×10^{-6}

4.4.4 模型建立与验证

水质模型建立的基础是水动力模型的建立,为了保证模型的精度符合要求,要求对水动力参数进行率定后再对水质模型所需参数进行率定, 方可反映研究区域内较为真实的水质变化。只有在水动力模型的构建和模型的参数均已经通过率定和模型验证的前提下,水质模型才能被引入。只有在水动力模型建立完成的基础上,才能实现水动力-水质模型的耦合运算。将实测数据作为确定模型参数的基础,通过模拟各河段得到的数据,绘制模拟结果与实际值的关系图,并进行比较。各河段水动力模拟情况见图 4-3 ~ 图 4-6。模拟结果需要通过验证来确定模型的准确性和精度,所以选用 Origin 软件进行画图并分析,通过图 4-7 比较并分别计算出 R^2 值,葠窝水库—辽阳段 R^2 值为 0.86,辽阳—乌达哈堡段 R^2 值为 0.89,乌达哈堡—小林子段 R^2 值为 0.81,小林子—唐马寨段 R^2 值为 0.81,分析发现模拟值与实测值差异较小,趋势也基本相似,误差相对较小,说明本次建立的水动力模型精度较高,可以较好地模拟水动力变化情况。

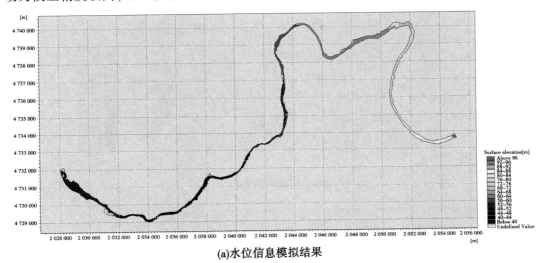

(a)水位信息模拟结果

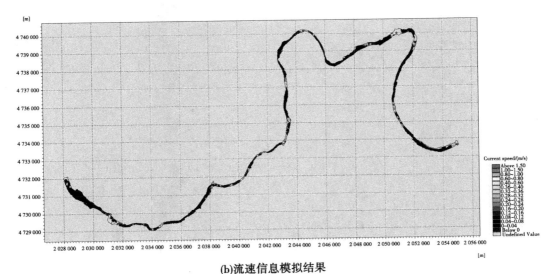

(b)流速信息模拟结果

图 4-3　葠窝水库—辽阳水动力模拟情况

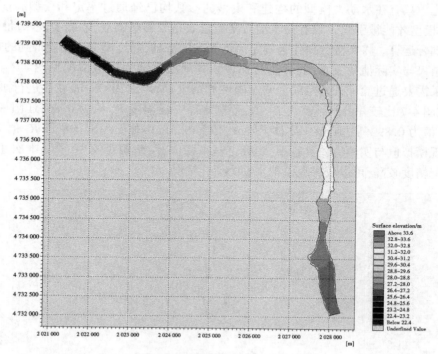

(a)水位信息模拟结果

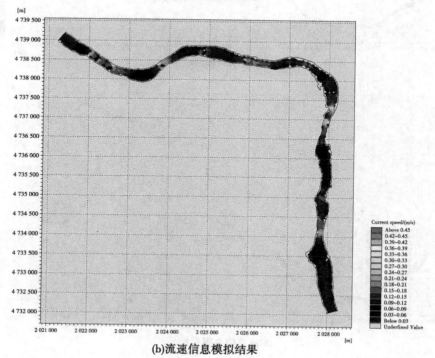

(b)流速信息模拟结果

图4-4 辽阳—乌达哈堡水动力模拟情况

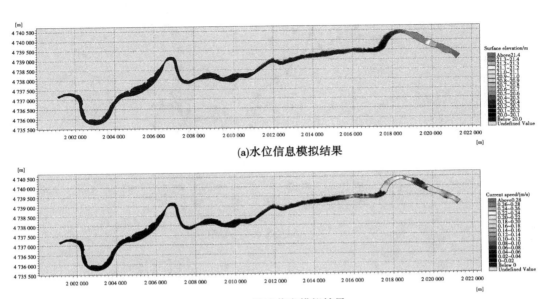

(a)水位信息模拟结果

(b)流速信息模拟结果

图 4-5　乌达哈堡—小林子水动力模拟情况

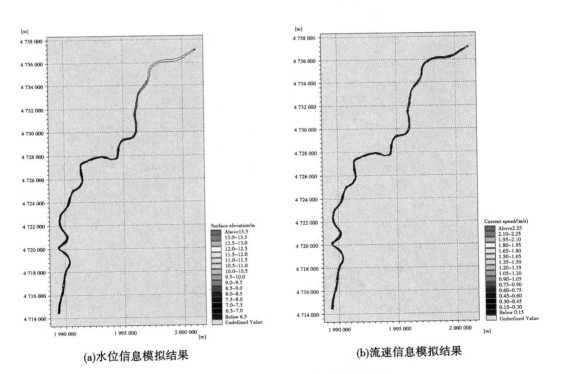

(a)水位信息模拟结果　　　　　　　　　　(b)流速信息模拟结果

图 4-6　小林子—唐马寨水动力模拟情况

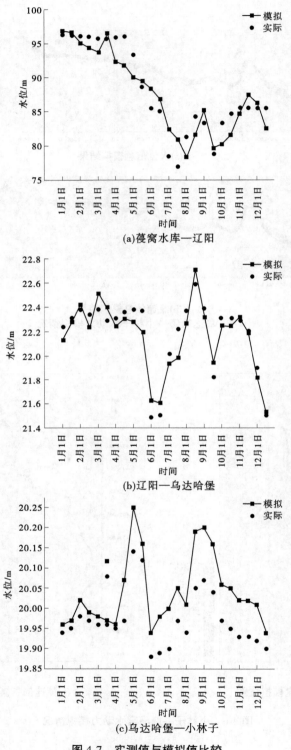

(a)葠窝水库—辽阳

(b)辽阳—乌达哈堡

(c)乌达哈堡—小林子

图 4-7　实测值与模拟值比较

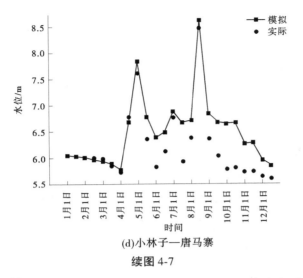

(d)小林子—唐马寨

续图 4-7

　　水质模型在整个模拟过程的初期,所有水质指标含量会随着水动力的变化产生不同程度的降低并且始终保持运移,在模拟时长进行到中间时,整个流域各处的污染物含量已经逐渐稳定,浓度最高处处于流域右侧也就是进水口附近,主要原因应该是进水口处污染物浓度较高,且水体流速较慢,水体的交换能力较差,污染物的运移较为困难,所以在后续的水环境治理方面应该针对此现象研究出较好的解决方案,使其效果得到提高。

　　水动力模型建好后再对水质模型进行建立,为了保证模型的精度符合要求,要对水质模型所需参数进行确定,才会更真实地反映出研究区域内的水质变化。其中,水质模型的参数已在 4.3.3 中明确给出,本书选取第 2 章中所提及的水质指标中的 6 项指标的实测数据,对模型的参数进行率定后构建水质模型,并对模拟结果进行验证分析。各水质指标模拟值与实际值之间的差异情况见图 4-8~图 4-11。通过分析发现两组数据间的拟合精度较高且误差较小,所有拟合系数均大于 0.75,具体河段 R^2 值见表 4-3,证明本次研究所建立的水动力–水质模型可以较为精准地模拟研究区域的水流与水质的变化规律。

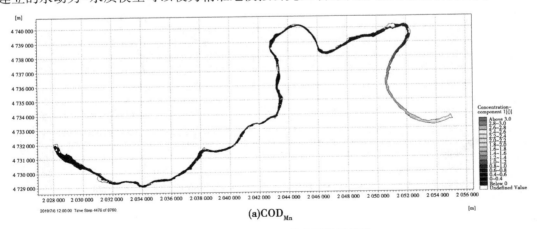

(a)COD_{Mn}

图 4-8　葠窝水库—辽阳段水质模拟情况

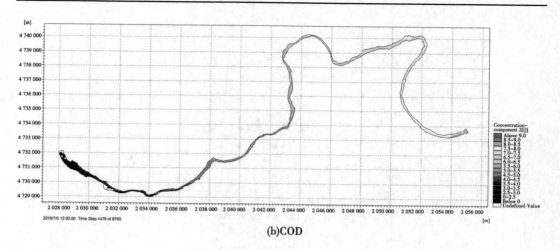

(b)COD

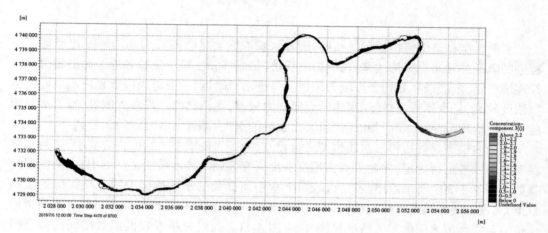

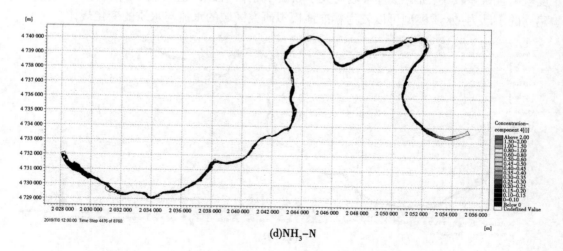

(d)NH$_3$–N

续图 4-8

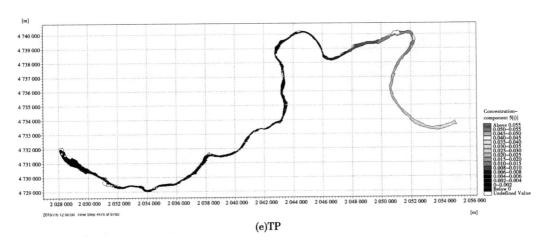

(e)TP

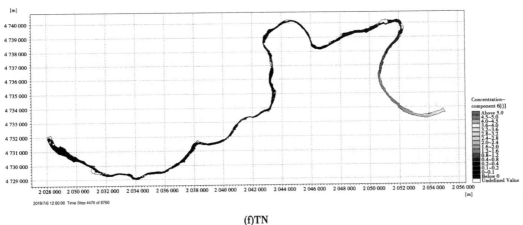

(f)TN

续图 4-8

　　通过模拟结果(见图 4-12~图 4-15)可以看出,各水质指标在不同河段中的变化趋势是十分相似的,是因为 AD 模块模拟的是水体中各污染指标对流和扩散的过程,且衰减系数设置的是一个常数,可以满足一阶线性方程,在正常模拟过程中,在不同监测地点同一指标的变化趋势基本相同,此模型的模拟过程较为理想化,从上游到下游各污染指标的浓度按一定衰减扩散速率逐渐减小。

　　通过实测数据与模型模拟结果进行对比分析,发现模型在模拟初始阶段,初始值的设置,导致模型产生了不小的误差,降低了模型的精度。随着模型模拟的持续进行,初始值给模型带来的影响逐渐降低,模型在模拟过程中的波动变化减小,精度也随之增大,模拟结束后发现模型的模拟值与实测数据的趋势吻合度较高,表明本次研究所建立的水动力-水质模型具有较高的精度,几乎可以较为完整地模拟研究区域内水质指标的变化趋势。但水质模型的参数具有较高的空间离散性,所以与水动力相比其模拟精度较低。

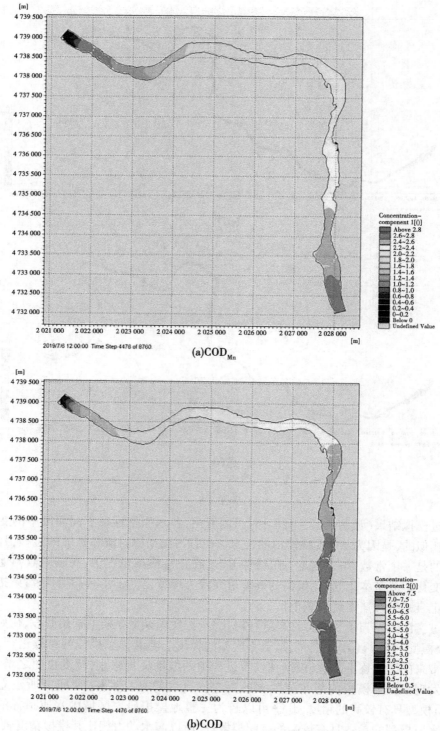

图 4-9　辽阳—乌达哈堡段水质模拟情况

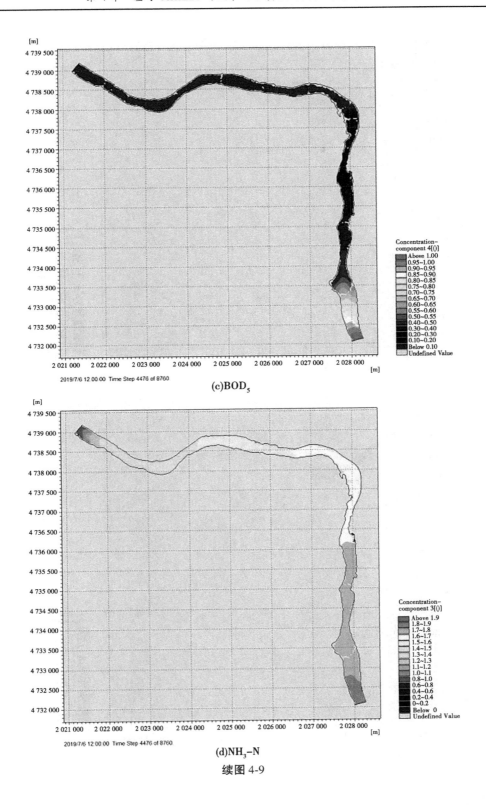

(c)BOD$_5$

(d)NH$_3$-N

续图 4-9

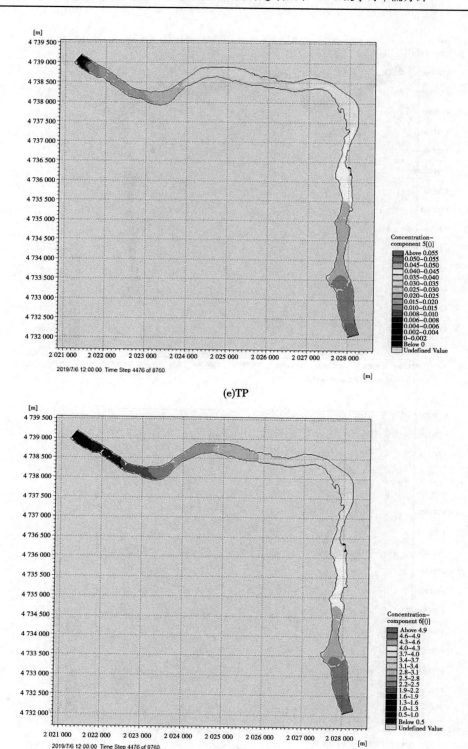

(e)TP

(f)TN

续图 4-9

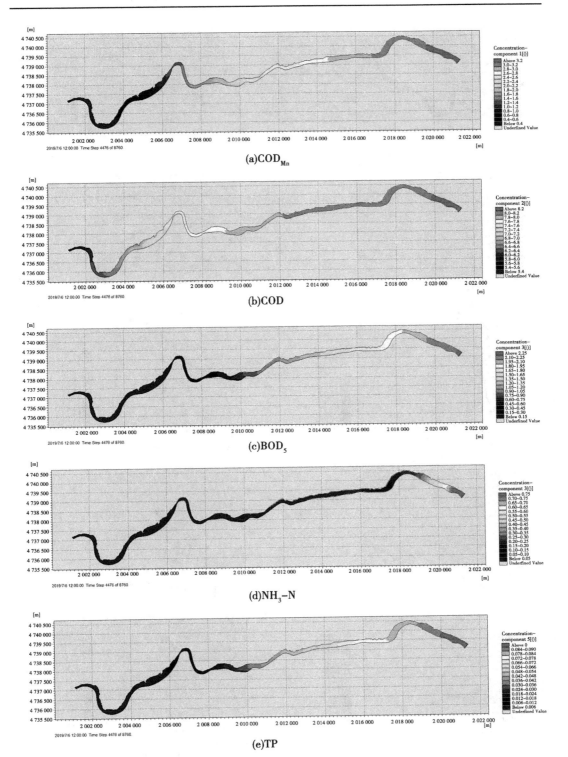

(a)CODMn

(b)COD

(c)BOD5

(d)NH3-N

(e)TP

图 4-10　乌达哈堡—小林子段水质模拟情况

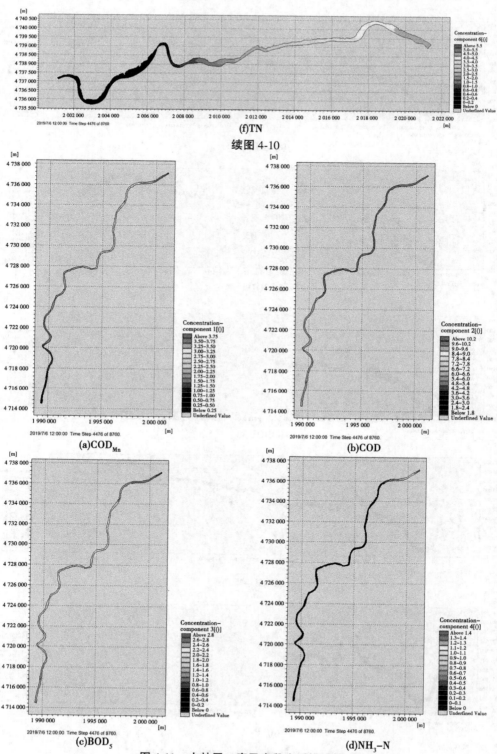

续图 4-10

图 4-11　小林子—唐马寨段水质模拟情况

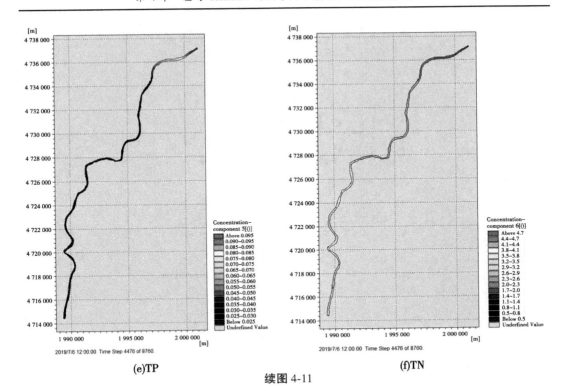

(e)TP　　　　　　　　　　　　　(f)TN

续图 4-11

表 4-3　各河段不同污染物的拟合系数

河段	COD_{Mn}	COD	BOD_5	NH_3-N	TP	TN
葠窝水库—辽阳	0.86	0.86	0.87	0.87	0.86	0.86
辽阳—乌达哈堡	0.85	0.90	0.85	0.91	0.88	0.85
乌达哈堡—小林子	0.83	0.88	0.80	0.87	0.86	0.91
小林子—唐马寨	0.88	0.83	0.84	0.89	0.82	0.88

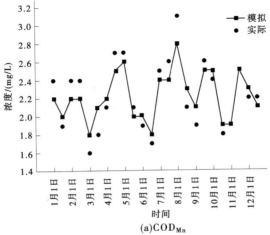

(a)COD_{Mn}

图 4-12　葠窝水库—辽阳实际值与模拟值比较

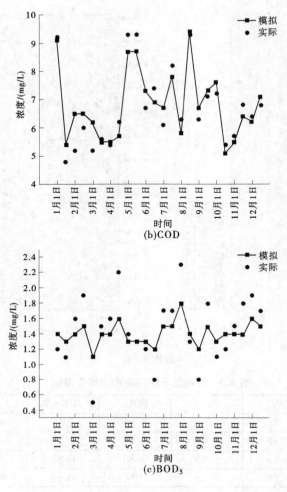

(b)COD

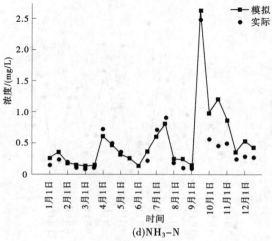

(c)BOD$_5$

(d)NH$_3$-N

续图 4-12

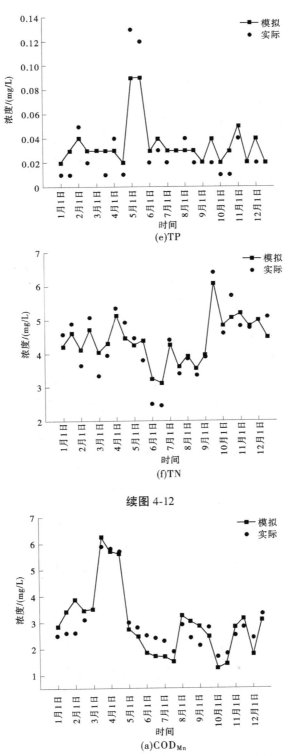

(e)TP

(f)TN

续图 4-12

(a)COD$_{Mn}$

图 4-13　辽阳—乌达哈堡实际值与模拟值比较

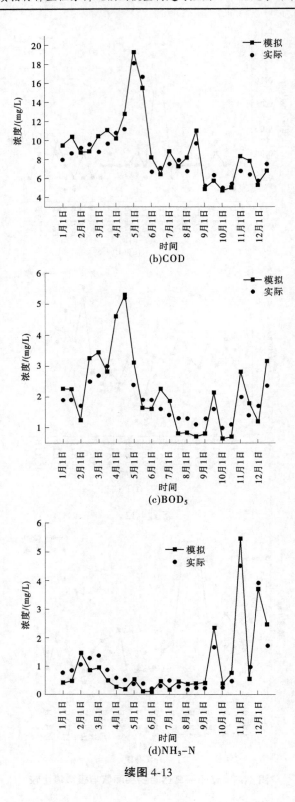

续图 4-13

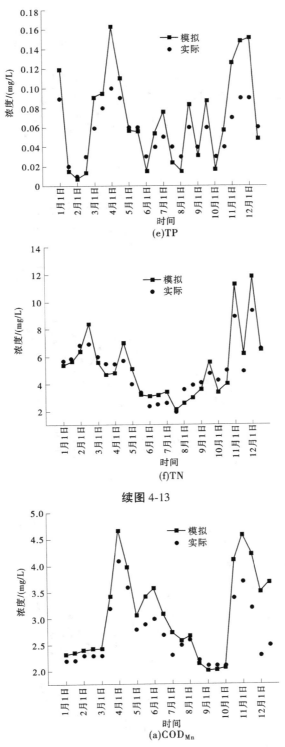

(e)TP

(f)TN

续图 4-13

(a)COD$_{Mn}$

图 4-14　乌达哈堡—小林子实际值与模拟值比较

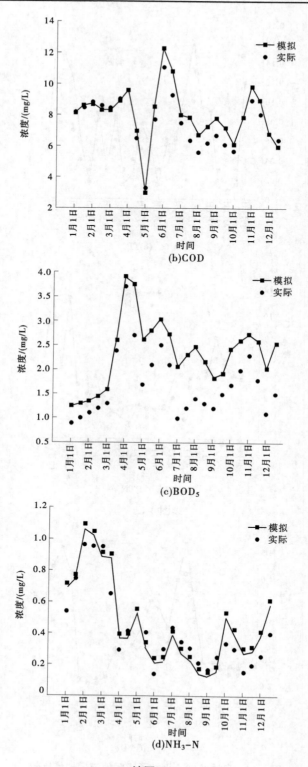

(b)COD

(c)BOD$_5$

(d)NH$_3$-N

续图 4-14

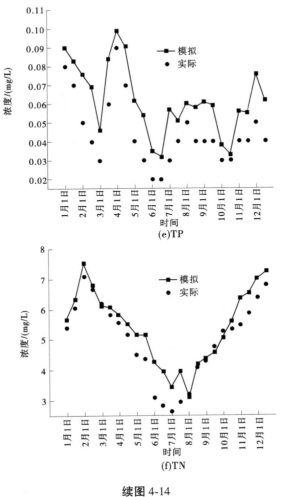

(e)TP

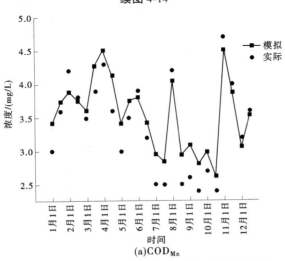

(f)TN

续图 4-14

(a)COD$_{Mn}$

图 4-15　小林子—唐马寨实际值与模拟值比较

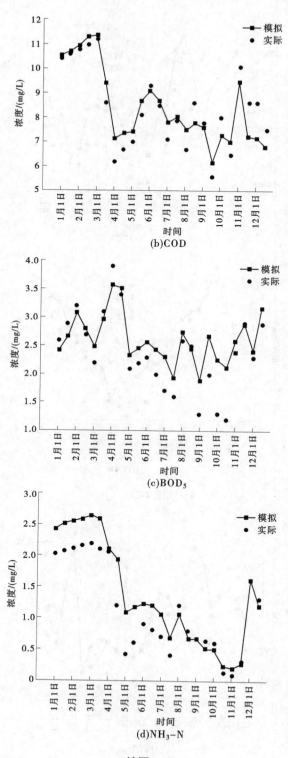

(b)COD

(c)BOD₅

(d)NH₃-N

续图 4-15

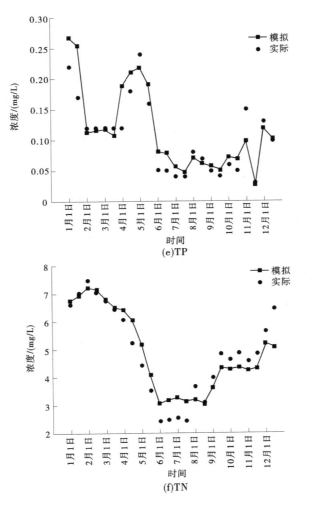

(e)TP

(f)TN

续图 4-15

出现误差的主要原因有以下两点：①各水质指标在不同季节的水质参数变化较大,且河流两侧的生态环境也会影响水质参数的确定,本次模拟中的水质参数全部选取定值,导致模拟结果与实测数据出现误差。②实际监测次数较少,水质指标在水体中处于一种动态变化的状况,对于每月两次的监测工作,无法准确描述水体内污染物的变化过程,因此会出现误差。

水质模型在整个模拟过程的初期,所有水质指标含量会随着水动力的变化产生不同程度的降低并且始终保持运移,在模拟时长进行到中间时,整个流域各处的污染物含量已经逐渐稳定,浓度最高处处于流域右侧也就是进水口附近,主要原因应该是进水口处污染物浓度较高,且水体流速较慢,水体的交换能力较差,污染物的运移较为困难,所以在后续的水环境治理方面应该针对此现象研究出更好的解决方案,使其效果得到提高。

4.5 本章小结

本章通过 MIKE21 的水动力模块(HD)和对流扩散模块(AD),建立了辽阳市太子河的水动力-水质模型,详细介绍了构建模型所需的初始条件和边界条件,对模型所需的参数进行率定,并通过验证模型精度得出以下结论:

(1)由于衰减系数设定为一个恒定常数,模拟过程各水质指标的变化趋势基本相同,从上游到下游各污染物指标的浓度按一定衰减扩散规律逐渐减小,模型模拟过程较为理想化。当流速较低时,会出现污染物浓度较高的情况。

(2)从整体来看,各水质指标模拟值与实测值拟合程度较好,具体数值见表4-3,能直接反映水质指标的变化规律,所以认为本章所构建的水动力-水质模型对辽阳市太子河的水质模拟是有效的,可以为后续水质治理提供技术支持。

(3)水动力模拟试验以 2019 年 1 月 1 日至 2020 年 1 月 1 日为试验总时长,总时间天数为 365 d,每个模拟步长为 1 h,也就是 3 600 s,步长个数为 8 760;干水深 $h_{dry}=0.005$ m,淹没水深 $h_{flood}=0.05$ m,湿水深 $h_{wet}=0.1$ m;涡黏系数 28 $m^{1/3}/s$;河床糙率,取值为 0.32。根据模型公式,各污染物衰减系数分别为 COD_{Mn},$3.661×10^{-6}$ s^{-1};COD,$4.350×10^{-7}$ s^{-1};BOD_5,$3.131×10^{-6}$ s^{-1};NH_3-N,$1.371×10^{-5}$ s^{-1};TP,$3.358×10^{-6}$ s^{-1};TN,$6.310×10^{-6} s^{-1}$。

第 5 章　基于 BP 神经网络的太子河 COD$_{Mn}$ 模型构建与应用

对于水体而言,受污染水体中含有的不同旋光活性物质会对太阳光进行不同程度的吸收与反射,在光学上表现为不同的波谱特征,这就使得遥感水质反演成为可能。近年来,人工神经网络技术弥补了常规线性回归方法的不足,为水质遥感反演提供了新技术。人工神经网络具有的特点分布并行处理、非线性映射和适应学习等优点,使预测结果更为精确。本书利用长尺度序列的水质监测数据、多时相的遥感影像数据,结合 BP 神经网络优化构建水质预测模型,在水质准确监测方面具有较强的应用潜力。

5.1　研究内容

5.1.1　敏感波段提取与分析

将遥感影像数据分波段导出的 .tiff 格式影像数据和水质监测断面点数据导入 ArcGIS 中,提取采样点各波段反射率值,并以 B1~B7 命名。对 Landsat 8 OLI 的 1~7 波段、归一化水体指数(NDWI)、改进的归一化差异水体指数(MNDWI)与实测 COD$_{Mn}$ 浓度 Person 相关性分析,找出各水质指标相关性最高的波段或组合进行机器学习水质反演模型构建。

5.1.2　BP 神经网络模型构建

设定传递函数为 Log-Sigmod 函数,学习步长为 0.05,迭代次数 50 000 次,误差期望值 0.001,通过调整隐藏层节点数对模型进行反复训练,得到 COD$_{Mn}$ 最优可决系数即 R^2 值不再上升。

5.1.3　BP 神经网络模型的预测应用

利用已经训练好的 BP 神经网络模型分别对训练集中的 COD$_{Mn}$ 含量进行预测,并对实测值和预测值进行对比分析。

5.2　研究方法

5.2.1　遥感影像的筛选

Landsat 8 卫星是由美国国家航天宇航局(NASA)和美国地质调查局(USGS)联合发射运行的陆地资源卫星,该卫星于 2013 年 2 月 11 日成功发射。Landsat 8 上携带有两个主要载荷：OLI（Operational Land Imager, 运营性陆地成像仪）和 TIRS（Thermal Infrared Sensor, 热红外传感器）。其中 OLI 由卡罗拉多州的鲍尔航天技术公司研制，TIRS 由 NASA 的戈达德太空飞行中心研制，2013 年 5 月 30 日开始向全球提供免费下载。

Landsat 8 卫星主要对资源、水、森林、环境和城市规划等提供可靠数据，其中 OLI 包括 9 个波段，空间分辨率为 30 m，包括一个 15 m 的全色波段，成像宽幅为 185 km×185 km。Landsat 8 数据与 Landsat ETM+ 系列数据相似，发布的数据表示为 1 级数据产品（Level 1 Geo TIFF Data Produet），1 级数据是经过地形几何校正的数据，一般情况下不用再作几何校正可直接使用。TIRS 主要包括两个波段，TIRS 主要是收集地球两个热区地带的热量流失，其主要用途为观察热区的水分消耗，特别是干旱地区的水分消耗。各荷载的主要参数见表 5-1。

表 5-1　Landsat 卫星主要荷载参数

传感器	波段	波长/μm	空间分辨率/m	用途
OLI	Band1 Coastal	0.433~0.453	30	海岸带环境监测
	Band2 Blue	0.450~0.515	30	可见光三波段真彩色用于地物识别等
	Band3 Green	0.525~0.600	30	
	Band4 Red	0.630~0.680	30	
	Band5 NIR	0.845~0.885	30	植被信息提取
	Band6 SWIR 1	1.560~1.660	30	植被旱情监测、强火监测、部分矿物信息提取
	Band7 SWIR 2	2.100~2.300	30	
TIRS	Band8 Pan	0.500~0.680	15	地物识别、数据融合
	Band9 Cirrus	1.360~1.390	30	卷云检测、数据质量评价
	Band10 TIRS 1	10.60~11.19	100	地表温度反演、火灾监测、土壤湿度评价、夜间成像
	Band11 TIRS 2	11.50~12.51	100	

Landsat 8 卫星 OLI 数据相比于 THOES、SPOT、RADARSAT-1 等数据具有较好的时间分辨率，相比于 MODIS 数据具有较好的空间分辨率，相比于 QuickBird（16.5 km×16.5 km）、GeoEye（15 km×15 krm）等数据具有较好的观察幅宽。Landsat 8 卫星 OLI 数据的上述优点使其在水质遥感监测中具有较大的优势，也是本书选择其作为遥感数据的依据。

本书根据水质监测断面实际监测数据时间，在中国科学院计算机网络信息中心地理空间数据云平台，由于 Landsat 卫星的过境时间为 16 d，考虑水质监测时间与卫星数据接收时间同步等要求，在 5—11 月的数据中选取与水质监测时间接近的影像数据，为了提高水体信息提取精确度，使用太子河流域附近的影像，获取遵循云量少、可见度高原则，从而增强研究结果的代表性，为河流水体水质指标的遥感反演提供可能。实测数据与遥感影像时间如表 5-2 所示。由表 5-2 可以看出，所下载的 25 景影像中，其云量均在 10% 以下，故 25 景影像均可用于太子河流域水质参数的反演。

表 5-2　实测数据与遥感影像时间

序号	过境时间	云量/%	水质监测时间
1	2013 年 4 月 5 日	1.20	2013 年 4 月 7 日
2	2013 年 11 月 8 日	5.18	2013 年 11 月 6 日
3	2014 年 6 月 4 日	8.35	2014 年 6 月 10 日
4	2014 年 8 月 7 日	0.31	2014 年 8 月 4 日
5	2014 年 9 月 8 日	0.33	2014 年 9 月 10 日
6	2014 年 10 月 10 日	1.86	2014 年 10 月 10 日
7	2015 年 5 月 7 日	0.03	2015 年 5 月 7 日
8	2015 年 5 月 22 日	0.05	2015 年 5 月 13 日
9	2015 年 6 月 23 日	2.18	2015 年 6 月 23 日
10	2015 年 7 月 9 日	0.02	2015 年 7 月 9 日
11	2015 年 10 月 23 日	1.26	2015 年 10 月 15 日
12	2016 年 5 月 8 日	0.04	2016 年 5 月 9 日
13	2016 年 7 月 11 日	6.08	2016 年 7 月 11 日
14	2016 年 9 月 29 日	0.02	2016 年 10 月 8 日
15	2017 年 3 月 8 日	2.53	2017 年 3 月 7 日
16	2017 年 4 月 9 日	0.07	2017 年 4 月 10 日
17	2017 年 5 月 11 日	7.33	2017 年 5 月 10 日
18	2017 年 11 月 3 日	3.69	2017 年 11 月 3 日
19	2018 年 4 月 28 日	0.06	2018 年 5 月 2 日
20	2018 年 8 月 2 日	0.01	2018 年 8 月 2 日
21	2018 年 10 月 5 日	3.02	2018 年 10 月 9 日
22	2018 年 11 月 6 日	3.26	2018 年 11 月 4 日
23	2019 年 5 月 1 日	0.07	2019 年 5 月 6 日
24	2019 年 7 月 4 日	1.65	2019 年 7 月 2 日
25	2019 年 10 月 8 日	0.03	2019 年 10 月 9 日

选取 Landsat 8 OLI 传感器影像,数据来源于中国科学院计算机网络信息中心地理空间数据云平台。

5.2.2　遥感影像预处理

由于遥感系统空间、波谱、时间以及辐射分辨率的限制,很难精确地记录复杂地表的信息,因而会在数据获取的过程中产生误差。这些误差降低了遥感数据的质量,从而影响了图像分析的精度。因此,在图像分析和处理之前需要进行遥感原始影像的预处理。遥感图像预处理又被称作图像纠正和重建,包括辐射校正、几何纠正等。目的是纠正原始图像中的几何与辐射变形,即通过对图像获取过程中产生的变形、扭曲,模糊和噪声的纠正,以得到一个尽可能在几何和辐射上真实的图像。本章通过 ENVI 5.6 软件对所获取的遥感影像进行预处理,具体分为辐射定标、大气校正、影像裁剪等。

5.2.2.1　辐射定标

由于本研究所下载的太子河流域影像数据下载等级为 Level 1T,其已经被系统辐射校正和几何校正处理过,但是没有进行绝对辐射校正,所以我们要对获取到的影像进行绝对辐射校正,也叫作辐射定标。绝对辐射定标是根据各式的参考辐射源,创建辐射亮度值与数字量化值之间的数学关系。其关系式为:

$$L = Gain \times DN + Offset$$

式中:L 为辐射亮度值;Gain 为增益;DN 为图形灰度值;Offset 为偏移量。研究使用 ENVI软件中的 Radiometric Calibration 工具对 Landsat 8 OLI 数据进行辐射定标。

打开工具里的 Radiometric Correction,双击打开选择多光谱数之后设置参数选择Radiance,单击使用 FLAASH,选择输出路径,得到辐射定标后的图像,见图 5-1。

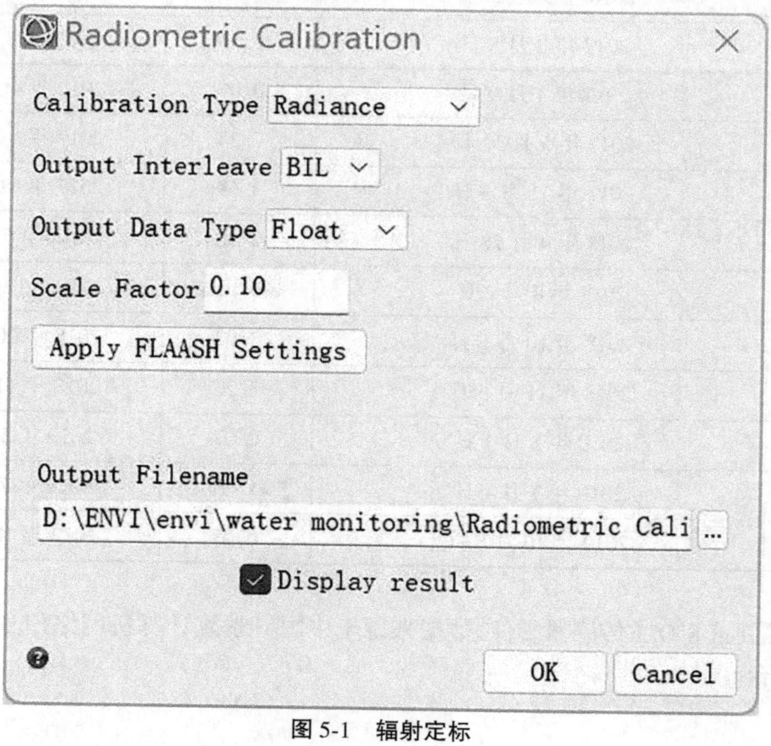

图 5-1　辐射定标

5.2.2.2　大气校正

大气校正的目的是消除遥感图像中大气散射所引起的地表反射率的误差。传感器获取地面物体的反射率信息时会受到大气层的影响,不同波长的光在穿越大气层时吸收、散射的能量是不一样的,与此同时这些光还受到空气中氧气、二氧化碳等气体的干扰,使得地物的灰度值发生改变,大气校正可以有效地去除这些大气的影响使反演更加精确。具体步骤如下:

（1）在 Toolbox 中,打开/Radiometric Correction/Atmospheric Correction Modele/FLAASH Atomspheric Correction。

（2）点击 Input Radiance Image 前面辐射定标好的数据,在 Radiance Scale Factors 中选择 Use single scale factor for all bands,由于定标的辐射量数据与 FLAASH 的辐射亮度的单位一致,所以在此 Single scale factor 选择"1",单击"OK"。

注:由于使用 Radiometric Calibration 自动将定标后的辐射亮度单位调整为 μW/(cm^2 * nm * sr),与 FLAASH 要求的一致,因此在 Radiance Scale Factors 中输入 1.0。

（3）在文件输出目录 Output Reflectance File 设置输出文件及路径。

（4）传感器基本信息设置:成像中心点经纬度,FLAASH 自动从影像中获取;传感器类型(Sensor Type),Landsat 8 OLI;传感器高度(Sensor Altitude),705 km;成像区域平均高度(Ground Elevation),0. 180 km(统计 DEM 获取);像元大小(Pixel Size),30 m 自动获取;成像时间,自动获取。

（5）大气模型(Atmospheric Model):Mid−Latitude Summer。

注:根据经纬度和影像区域选择(单击 Help,找到经纬度和成像时间的对照表)。

（6）气溶胶模型(Aerosol Model):研究区为辽阳市内,在这里选 Urban 城市。

（7）气溶反演方法(Aerosol Retrieval):2−Band(K−T)。

（8）初始能见度(Initial Visibility):40 km。

（9）多光谱设置面板按照默认参数。

（10）打开 Advanced settings 面板,设置 UseTred Peocesing:No。不进行分块处理。如果计算机内存低于 8 GB,建议使用分块计算,并将分块打开设置为 100 ～ 200 M。单击 Apply 执行处理,如图 5-2 所示。

（11）查看结果:显示 FLAASH 大气校正结果。在工具栏中单击,获取一个像素点的波谱曲线。在图层管理中单击辐射定标结果图层,让这个图层为激活状态,在工具栏中单击获取辐射定标结果一个像素点的波谱曲线。移动图像中的定位框,定位到植被、水体等地物上,同时获取一个像素点上大气校正结果图像和辐射定标结果图像的波谱曲线。

5.2.2.3　影响裁剪

在 Toolbox 中选择 Regions of Interet—Subset Date from Bois(选择做完大气校正之后的图像),勾选 Yes(选择辽阳市行政区矢量 shp 图作为裁剪边框)。

5.2.3　水体信息提取

为了更好地对太子河流域地表水体水质参数进行反演,需要对其水体信息进行提取,

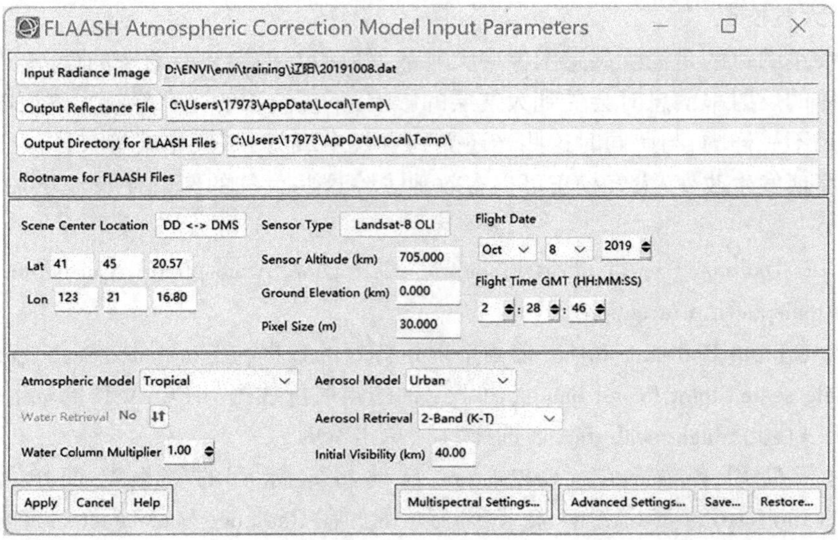

图 5-2　大气校正

但应避免误提或错提水体之外的地类信息（吕恒等，2009），以提高模型准确度。本书结合手工绘制和基于阈值分割的归一化水体指数（Normalized Difference Water Index，NDWI）方法进行太子河流域地表水体信息的提取。

NDWI 是 Mc Feeters 在 1996 年提出的归一化差值水体指数，是通过绿波段与近红外波段计算得到的归一化比值指数（刘宏洁等，2022）。其基本原理是水体的反射从可见光到中红外逐渐衰弱，在近红外和中红外波长范围内吸收性达到饱和，因此 NDWI 可以有效地将影像中的水体信息显现出来。其表达式为：

$$\text{NDWI} = \frac{\text{Green} - \text{NIR}}{\text{Green} + \text{NIR}} > T \tag{5-1}$$

式中：Green 为绿波段，与 Landsat 8 OLI 数据的第 3 波段相对应；NIR 为近红外波段，与 Landsat 8 OLI 数据的第 5 波段相对应。

NDWI 水体提取法，对水体信息的突出效果较好，能抑制植被信息，突出水体，但对建筑物和土壤的分离有一定的影响。为了精确地从原始影像中分离出水体信息，需要结合 ArcGIS 进行掩膜裁剪。首先利用下载好的 Landsat 8 OLI 影像数据，根据 NDWI 法得到的结果与水质监测断面的分布，创建面要素，绘制出研究区域范围轮廓获得研究区 shp 文件。最后利用 ENVI 5.6 中 Subset Data from ROIS 工具，得到精确的研究区水域。

5.2.4　采样点反射率提取

将 Landsat 8 影像数据和水质监测断面点数据导入 ArcGIS 中，选取工具箱中"Spatial Analyst Tools—提取分析—多值提取至点"工具提取采样点各波段反射率值，并以 B1～B7 命名，将提取结果通过"Conversion Tools—Excel"工具导出为 Excel 表格。提取 Landsat 8

各波段在水质监测断面点的反射率值,将提取的断面点反射率数据进行整理,作为构建神经网络模型的输入数据。本章选取辽阳市太子河流域作为研究对象,以 Landsat-8 遥感影像与实测水质数据为数据源,建立 COD$_{Mn}$ 水质反演模型,为太子河流域水体 COD$_{Mn}$ 定量反演提供理论依据,并进行 COD$_{Mn}$ 时空分布特征分析,为该地区水环境管理与治理提供参考依据。

5.2.5　敏感波段的提取

本书是通过波段及波段组合与实测水质数据之间的关系,建立机器学习模型反演流域地表水质参数。选择合适的波段及波段组合会使水质参数反演模型更加接近真实值,模型精度会大幅度提高。因此,选用与实测水质数据敏感性最高的波段及波段组合进行模型构建对反演结果的好坏有着至关重要的影响。

Pearson(皮尔逊)相关系数用来度量两个变量之间的线性相关性,常用于判定变量与变量之间的联系强弱,一般用 r 表示,取值范围为 $(-1,1)$。$|r|$ 代表两个变量间的相关程度,绝对值越大,相关性越强,$r>0$ 为正相关,即一个变量会随着另一个变量的增大而增大;$r<0$ 为负相关,即一个变量会随着另一个变量的增大而减小。

本书对 Landsat 8 OLI 的 1～7 波段及其波段组合与实测 COD$_{Mn}$ 水质指标通过 SPSS 软件进行相关性分析,找出各水质指标相关性最高的 3 个波段或组合进行机器学习模型构建。

5.2.6　BP 神经网络

BP 神经网络是 1986 年由 Runmelhart 和 McClelland 为首的科学家提出的概念,它是一种多层前馈神经网络,该网络的主要特点是信号向前传递(李海华等,2014)、误差反向传递。在向前传递中,输入信号从输入层经隐含层逐层处理,直至输出层。每一层的神经元状态只影响下一层的神经元状态。BP 神经网络是一种针对非线性函数问题研究出来的算法,主要分为输入层、隐含层和输出层三层网络结构(周游等,2022)。由图 5-3 可以看出,BP 神经网络的各层由多个神经元构成,相邻两层相互连接,但位于同层内的神经元直接没有联系。其训练过程由两部分组成:信息的正向传播和误差的反向传播。在正向传

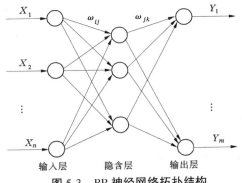

图 5-3　BP 神经网络拓扑结构

播时,样本沿着网络顺序逐层传递,最终在输出层得到输出值,但当输出值与预期值差异很大时,则进入反向传播,将误差逐层反传,调节各层的权值和阈值最终达到与预期值接近位置。

5.3　数据处理与分析方法

　　该试验使用数据主要为实测水质数据和 Landsat 8 OLI 卫星遥感数据。水质数据来源于辽宁省辽阳水文局提供的太子河流域 2014—2019 年 10 个监测断面的数据(见图 5-4),分别为唐马寨、入太子河河口(柳壕河)、小林子、入太子河河口(北沙河)、乌达哈堡、辽阳、管桥、南沙坨子、入太子河河口(汤河)、葠窝水库坝前,各断面每月监测 1 次。选取 COD_{Mn} 进行反演模型构建。

图 5-4　辽阳市水功能区监测断面现状

　　在水质参数反演过程中,搭载在飞机或卫星上的传感器接收到的总辐射亮度,包括四部分,可表示为:

$$L_t = L_p + L_s + L_v + L_b \tag{5-2}$$

式中:L_p 为未到达水体表面的下行太阳光和天空辐射,通常称为路径辐射;L_s 为到达大气–水体界面,但是大部分都被水体表面反射回去的辐射,这部分反射辐射包含了很多关于水体近表面特征的光谱信息;L_v 为穿过大气–水体界面后,到达水体内部的太阳光和天空辐射与水体中有机/无机组分以及水体本身发生相互作用,且没有到达水底而反射回空中的那部分辐射,称为水下体辐射。这部分辐射提供了关于水体内部组成和特征的最有价值的信息;L_b 为指透过水体表面,并且到达水体底部的太阳光和天空辐射经水体反射回大气的那部分辐射。

　　水体因为各组分及其含量的不同引起水体的吸收和散射的变化,使不同的水体在一定波长范围内反射率显著不同,这是遥感定量估测内陆水体水质参数的基础。

遥感数据源主要包括多光谱数据与高光谱数据。在多光谱数据选择中,较为常用的主要包括 OLI、ETM+、TM、SPOT 等数据,对于高光谱数据而言,Hyperion、CASI、AISA 等数据的应用比较广泛。在水质参数反演研究中,研究方法主要有三种,分别为分析法、半经验法和经验法,其中分析法以大气辐射传输为理论依据,通过获取卫星影像的反射率值推算水中后向散射系数与实际吸收系数的比值,并利用其与水中各参数指标的关系反演各参数的含量,此方法的实质是以光学传输为基础的模型。半经验方法在高光谱数据与水质参数之间的反演研究中应用较多,此种方法主要是利用地物光谱仪等仪器获取参数光谱特征,结合统计理论估算水中参数浓度值。经验法主要应用在多光谱数据与水质参数之间的反演研究,其主要方式是建立实测水质参数浓度值与影像波段之间的数学模型,并以此为基础估算水体参数浓度值。本书以太子河为研究对象,利用 Landsat 8 卫星多光谱数据结合经验法针对太子河流域水体中 COD$_{Mn}$ 进行定量反演研究。

遥感数据选取 Landsat 8 OLI 传感器影像,数据来源于中国科学院计算机网络信息中心地理空间数据云平台(http://www.gscloud.cn)。考虑水质监测时间与卫星数据接收时间同步等要求,选取水质监测前后 3 d 内的影像数据。为了提高水体信息提取精确度,使用太子河流域附近的影像,遵循云量少、可见度高的数据获取原则。

5.4　结果与分析

5.4.1　敏感波段分析

本书对太子河流域水体 2014—2019 年逐月水质监测数据和同步遥感影像数据下载,根据波段及波段组合与实测水质之间的关系,建立机器学习模型反演流域地表水 COD$_{Mn}$。选择合适的波段及波段组合会使水质参数反演模型更加接近真实值,模型精度会大幅度提高。本书使用 SPSS 软件对 Landsat 8 OLI 的 1~7 波段及其波段组合与实测 TN、NH$_3$-N 氨氮水质指标进行 Pearson 相关性分析,以相关分析作辅助,在保留最大信息量的前提下剔除干扰波段,得到水质参数的敏感波段组合(见表5-3),使得机器学习水质反演模型构建效果达到最优。

利用 2014—2019 年逐月水质实测数据和遥感影像数据所组成的 169 组建模数据进行 Pearson 相关性分析,结果显示,与 COD$_{Mn}$ 相关性较高的波段及波段组合为 B3-B4、B3/B4、B4、(B2-B4)/(B2+B4)、B7、B1、B6,其相关系数分别为-0.498、-0.488、0.442、-0.431、0.371、0.329、0.324。其他波段与 COD$_{Mn}$ 相关关系较弱。

5.4.2　模型训练

BP 神经网络学习模型,需要先构建一个训练数据集,这个训练数据集的构建主要分为网络层数、输入层节点数、隐含层节点数、输出层节点数以及传递函数、训练方法、训练参数设置等几个方面。

表 5-3　波段敏感性分析

水质参数	波段组合	皮尔逊相关系数 r
COD_{Mn}	B1	0.329
	B4	0.442
	B6	0.324
	B7	0.371
	B3−B4	−0.498
	B3/B4	−0.488
	（B2−B4）/（B2+B4）	−0.431

　　本书采用的是 3 层结构的 BP 神经网络,选取 2013—2019 年 169 个水质监测断面点敏感波段组合为输入层节点,各断面 COD_{Mn} 含量作为输出层节点,随机选取 70% 的数据为训练集,30% 的样本为测试集,构建一个 3 层的 BP 神经网络水质反演模型。设定传递函数为 Log-Sigmod 函数,学习步长为 0.05,迭代次数 50 000 次,误差期望值 0.001,通过调整隐藏层节点数对模型进行反复训练,得到 COD_{Mn} 最优可决系数 R^2,即 R^2 值不再上升。

5.4.3　模型测试结果

　　利用已训练好的 BP 神经网络模型分别对训练样本集和测试样本集中 COD_{Mn} 含量进行预测,预测值与真实值散点图如图 5-5 所示,测试样本集误差分析如图 5-6、图 5-7 所示,训练样本集真实值与预测值对比如表 5-4 所示,测试样本集真实值与预测值对比如表 5-6 所示。可知,训练集和测试集预测值与真实值接近,并且变化趋势相一致,真实值在 4 mg/L 以下时预测效果较好,而真实值在 4 mg/L 以上时预测值偏小,这是由于训练集大多分布在 4 mg/L 以下范围,超过 4 mg/L 的数据样本少,训练的特征较少,从而导致预测值偏小。图 5-6 为 BP 神经网络模型测试集的预测值与实测值对比图,图 5-7 为测试集误差分析图,从图中可知预测值和实测值在低浓度时很接近,而当 COD_{Mn} 浓度含量较高时预测值往往偏低,效果较差,这与训练集预测效果相一致,说明模型预测效果较好。

　　为进一步验证 BP 神经网络模型质量,采用可决系数和均方根误差进一步评估模型精度。本书以断面监测点 COD_{Mn} 的预测值和实测值进行计算,具体结果如表 5-5 所示。可以看出,COD_{Mn} 的训练样本拟合优度（R^2）为 0.585,均方根误差（RMSE）为 0.849 mg/L;测试样本 R^2 为 0.576,均方根误差为 1.073 mg/L,进一步说明 COD_{Mn} 反演模型效果理想,其模型预测结果接近实测值,可以用于太子河流域水体 COD_{Mn} 浓度含量的反演研究。

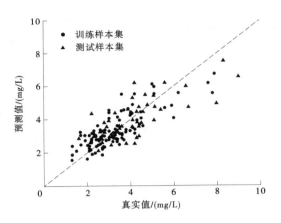

图 5-5　BP 神经网络模型的预测值与真实值散点图

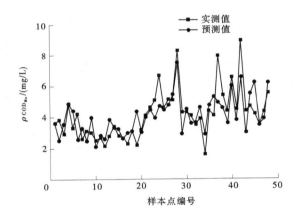

图 5-6　BP 神经网络模型测试集的预测值与实测值对比图

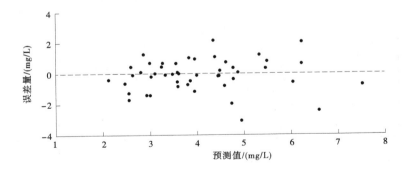

图 5-7　BP 神经网络模型误差分析

表 5-4 COD_{Mn} 训练样本集真实值与预测值对比   单位:mg/L

序号	真实值	预测值	误差量	评价等级	预测等级	等级误差
1	0.20	0.23	0.03	II	II	0
2	0.40	0.20	−0.20	II	II	0
3	0.35	0.90	0.55	II	III	1
4	0.15	0.93	0.78	II	III	1
5	0.12	0.05	−0.07	I	I	0
6	1.86	2.15	0.29	V	V	0
7	1.43	1.29	−0.14	IV	IV	0
8	1.84	1.15	−0.69	V	IV	−1
9	2.30	1.33	−0.97	V	IV	−1
10	0.61	1.11	0.50	III	IV	1
11	0.52	1.21	0.69	III	IV	1
12	0.93	1.35	0.42	III	IV	1
13	1.40	1.02	−0.38	IV	IV	0
14	2.39	1.04	−1.35	V	IV	−1
15	0.72	1.07	0.35	III	IV	1
16	0.75	0.94	0.19	III	III	0
17	0.61	0.42	−0.19	III	II	−1
18	0.29	0.48	0.19	II	II	0
19	0.06	0.68	0.62	I	III	2
20	0.44	0.62	0.18	II	III	1
21	0.24	0.51	0.27	II	III	1
22	0.50	0.43	−0.07	III	II	−1
23	0.33	0.37	0.04	II	II	0
24	0.18	0.34	0.16	II	II	0
25	0.68	0.65	−0.03	III	III	0
26	1.57	0.79	−0.78	V	III	−2
27	0.23	0.53	0.30	II	III	1
28	0.59	0.91	0.32	III	III	0
29	0.31	0.86	0.55	II	III	1
30	0.25	0.49	0.24	II	II	0

续表 5-4

序号	真实值	预测值	误差量	评价等级	预测等级	等级误差
31	0.59	0.99	0.40	III	III	0
32	0.30	1.59	1.29	II	V	3
33	0.24	0.72	0.48	II	III	1
34	1.82	1.64	−0.18	V	V	0
35	2.57	1.40	−1.17	V	IV	−1
36	2.43	1.26	−1.17	V	IV	−1
37	1.05	1.20	0.15	IV	IV	0
38	0.75	0.74	−0.01	III	III	0
39	1.87	1.35	−0.52	V	IV	−1
40	1.21	0.81	−0.40	IV	III	−1
41	1.03	1.40	0.37	IV	IV	0
42	0.88	1.19	0.31	III	IV	1
43	1.08	0.96	−0.12	IV	III	−1
44	0.20	0.35	0.15	II	II	0
45	0.07	0.04	−0.03	I	I	0
46	0.27	0.36	0.09	II	II	0
47	0.05	0.26	0.21	I	II	1
48	0.28	0.32	0.04	II	II	0
49	0.06	0.32	0.26	I	II	1
50	1.15	0.54	−0.61	IV	III	−1
51	0.34	0.56	0.22	II	III	1
52	0.27	0.49	0.22	II	II	0
53	0.13	0.14	0.01	I	I	0
54	1.10	0.23	−0.87	IV	II	−2
55	0.49	0.95	0.46	II	III	1
56	0.68	0.75	0.07	III	III	0
57	0.45	1.03	0.58	II	IV	2
58	0.19	0.21	0.02	II	II	0
59	0.73	0.73	0.00	III	III	0
60	0.35	0.29	−0.06	II	II	0

续表 5-4

序号	真实值	预测值	误差量	评价等级	预测等级	等级误差
61	0.12	0.71	0.59	I	III	2
62	0.72	0.97	0.25	III	III	0
63	0.88	0.74	−0.14	III	III	0
64	0.20	0.53	0.33	II	III	1
65	0.27	0.52	0.25	II	III	1
66	0.12	0.80	0.68	I	III	2
67	0.04	0.55	0.51	I	III	2
68	0.50	0.73	0.23	III	III	0
69	0.44	0.74	0.30	II	III	1
70	0.41	0.76	0.35	II	III	1
71	1.67	0.87	−0.80	V	III	−2
72	1.27	1.10	−0.17	IV	IV	0
73	1.16	0.82	−0.34	IV	III	−1
74	0.71	0.80	0.09	III	III	0
75	1.46	1.02	−0.44	IV	IV	0
76	1.44	0.96	−0.48	IV	III	−1
77	1.56	0.90	−0.66	V	III	−2
78	0.57	0.30	−0.27	III	II	−1
79	0.12	0.13	0.01	I	I	0
80	0.55	0.57	0.02	III	III	0
81	0.07	0.60	0.53	I	III	2
82	0.42	0.24	−0.18	II	II	0
83	0.07	0.81	0.74	I	III	2
84	0.73	0.74	0.01	III	III	0
85	0.34	0.32	−0.02	II	II	0
86	0.40	0.09	−0.31	II	I	−1
87	0.39	0.54	0.15	II	III	1
88	0.04	0.35	0.31	I	II	1
89	1.83	0.77	−1.06	V	III	−2
90	0.42	0.50	0.08	II	III	1

续表 5-4

序号	真实值	预测值	误差量	评价等级	预测等级	等级误差
91	0.80	0.34	−0.46	Ⅲ	Ⅱ	−1
92	0.20	1.18	0.98	Ⅱ	Ⅳ	2
93	0.62	0.91	0.29	Ⅲ	Ⅲ	0
94	0.16	0.76	0.60	Ⅱ	Ⅲ	1
95	0.04	0.64	0.60	Ⅰ	Ⅲ	2
96	0.74	1.16	0.42	Ⅲ	Ⅳ	1
97	0.82	0.82	0.00	Ⅲ	Ⅲ	0
98	0.57	0.82	0.25	Ⅲ	Ⅲ	0
99	0.98	0.97	−0.01	Ⅲ	Ⅲ	0
100	1.92	1.62	−0.30	Ⅴ	Ⅴ	0
101	2.00	0.96	−1.04	Ⅴ	Ⅲ	−2
102	0.43	0.79	0.36	Ⅱ	Ⅲ	1
103	1.13	1.26	0.13	Ⅳ	Ⅳ	0
104	0.89	1.06	0.17	Ⅲ	Ⅳ	1
105	1.89	0.83	−1.06	Ⅴ	Ⅲ	−2
106	0.38	0.24	−0.14	Ⅱ	Ⅱ	0
107	0.89	1.15	0.26	Ⅲ	Ⅳ	1
108	1.35	1.56	0.21	Ⅳ	Ⅴ	1
109	2.00	1.94	−0.06	Ⅴ	Ⅴ	0
110	0.44	1.12	0.68	Ⅱ	Ⅳ	2
111	1.09	0.66	−0.43	Ⅳ	Ⅲ	−1
112	1.74	2.24	0.50	Ⅴ	Ⅴ	0
113	3.02	2.63	−0.39	Ⅴ	Ⅴ	0
114	0.78	1.64	0.86	Ⅲ	Ⅴ	2
115	1.43	1.01	−0.42	Ⅳ	Ⅳ	0
116	3.68	2.88	−0.80	Ⅴ	Ⅴ	0
117	3.27	3.07	−0.20	Ⅴ	Ⅴ	0
118	3.60	2.13	−1.47	Ⅴ	Ⅴ	0
119	0.30	1.31	1.01	Ⅱ	Ⅳ	2
120	2.86	2.73	−0.13	Ⅴ	Ⅴ	0

续表 5-4

序号	真实值	预测值	误差量	评价等级	预测等级	等级误差
121	2.99	3.06	0.07	V	V	0
122	0.77	1.94	1.17	Ⅲ	V	2
123	1.89	1.48	−0.41	V	Ⅳ	−1
124	1.50	1.18	−0.32	V	Ⅳ	−1
125	0.30	0.54	0.24	Ⅱ	Ⅲ	1
126	1.58	2.35	0.77	V	V	0
127	0.21	1.02	0.81	Ⅱ	Ⅳ	2
128	2.64	2.80	0.16	V	V	0
129	0.98	0.59	−0.39	Ⅲ	Ⅲ	0
130	0.94	0.56	−0.38	Ⅲ	Ⅲ	0
131	3.50	2.29	−1.21	V	V	0
132	0.93	0.60	−0.33	Ⅲ	Ⅲ	0
133	0.35	1.22	0.87	Ⅱ	Ⅳ	2
134	3.14	2.43	−0.71	V	V	0
135	1.92	2.26	0.34	V	V	0
136	4.48	3.11	−1.37	V	V	0
137	1.75	2.87	1.12	V	V	0
138	4.29	1.81	−2.48	V	V	0

表 5-5　可决系数、均方根误差

水质参数	训练		测试	
	R^2	RMSE/(mg/L)	R^2	RMSE/(mg/L)
COD_{Mn}	0.585	0.849	0.576	1.073

表 5-4 为 COD_{Mn} 训练集真实值与预测值的对比,从误差量分析,预测值与真实值相差不大,多在 1 mg/L 范围以内,COD_{Mn} 含量按照《地表水环境质量标准》(GB 3838—2002)分类标准,以 2 mg/L、4 mg/L、6 mg/L、10 mg/L 为分界点划分为 5 类水质标准,COD_{Mn} 浓度含量数据训练集真实值和预测值进行水质等级评价,其中准确率为 47.8%,误差在 1 个等级的占比 35.5%,说明误差在 1 个等级范围内占比 82.8%,误差在 2 个等级及以上的占比仅为 16.7%,说明训练集预测效果良好。表 5-6 为 COD_{Mn} 测试集真实值与预测值的对比,与训练集预测效果相一致,从误差量分析,多在 1 mg/L 范围以内,对 COD_{Mn} 浓度含量数据测试集真实值和预测值进行水质等级评价,其中准确率为 51.4%,误差在 1 个等级的占比 34.3%,说明误差在 1 个等级范围内占比 85.3%,误差在 2 个等级及以上的占比仅为 14.3%。

表 5-6 COD$_{Mn}$ 测试样本集真实值与预测值对比 单位：mg/L

序号	真实值	预测值	误差量	评价等级	预测等级	等级误差
1	0.13	0.39	0.26	I	II	1
2	0.62	1.01	0.39	III	IV	1
3	0.03	0.88	0.85	I	III	2
4	0.74	0.82	0.08	III	III	0
5	0.07	1.09	1.02	I	IV	3
6	0.92	0.71	−0.21	III	III	0
7	2.51	1.51	−1.00	V	V	0
8	0.52	0.92	0.40	III	III	0
9	0.54	1.00	0.46	III	IV	1
10	0.55	1.25	0.70	III	IV	1
11	0.06	1.16	1.10	I	IV	3
12	3.76	1.20	−2.56	V	IV	−1
13	2.96	2.46	−0.50	V	V	0
14	1.84	1.41	−0.43	V	IV	−1
15	1.16	1.80	0.64	IV	V	1
16	3.48	2.48	−1.00	V	V	0
17	1.39	1.25	−0.14	IV	IV	0
18	0.18	0.53	0.35	II	III	1
19	0.22	0.20	−0.02	II	II	0
20	0.08	0.08	0.00	I	I	0
21	0.56	0.41	−0.15	III	II	−1
22	0.03	0.41	0.38	I	II	1
23	0.17	0.44	0.27	II	II	0
24	0.03	0.52	0.49	I	III	2
25	0.14	0.61	0.47	I	III	2
26	0.11	0.16	0.05	I	II	1
27	0.07	0.04	−0.03	I	I	0
28	0.09	0.13	0.04	I	I	0
29	0.41	0.34	−0.07	II	II	0
30	0.70	0.15	−0.55	III	II	−1
31	0.38	0.45	0.07	II	II	0
32	0.85	0.76	−0.09	III	III	0
33	0.76	0.85	0.09	III	III	0
34	3.14	2.43	−0.71	V	V	0
35	1.92	2.26	0.34	V	V	0

5.4.4 COD_{Mn} 年际变化特征

本章在空间栅格尺度上,基于验证过的 BP 神经网络模型在月尺度上反演 2013—2019 年太子河干流流域 COD_{Mn} 含量,估算各时期太子河流域 COD_{Mn} 浓度含量。本章 COD_{Mn} 含量按《地表水环境质量标准》(GB 3838—2002)分类标准,以 2 mg/L、4 mg/L、6 mg/L、10 mg/L 为分界点划分为五类水质,从而探讨 2013—2019 年太子河干流水质的年际变化范围,结果见表 5-7。

由表 5-7 可知,2013—2019 年太子河干流 COD_{Mn} 的含量比较稳定,整条流域平均含量在 2~5 mg/L,符合《地表水环境质量标准》(GB 3838—2002)Ⅱ~Ⅲ类水质标准,水体受 COD_{Mn} 污染较轻,在 2013 年 4 月和 2015 年 6 月含量比较高,分别为 4.08 mg/L、4.04 mg/L,处于Ⅲ类水质标准;2016 年 10 月、2018 年 8 月、2018 年 10 月、2019 年 10 月含量较低,维持在 3 mg/L 以下,分别为 2.78 mg/L、2.64 mg/L、2.99 mg/L、2.86 mg/L,处于Ⅱ类水质标准;其余时期 COD_{Mn} 浓度含量均保持在 3~4 mg/L,2013 年 8 月 COD_{Mn} 含量为 3.72 mg/L,2013 年 8 月 COD_{Mn} 含量为 3.12 mg/L,2014 年 9 月 COD_{Mn} 含量为 3.27 mg/L,2015 年 5 月 COD_{Mn} 含量为 3.48 mg/L,2015 年 7 月 COD_{Mn} 含量为 3.77 mg/L,2015 年 9 月 COD_{Mn} 含量为 3.78 mg/L,2015 年 10 月 COD_{Mn} 含量为 3.30 mg/L,2016 年 4 月 COD_{Mn} 含量为 3.19 mg/L,2016 年 5 月 COD_{Mn} 含量为 3.59 mg/L,2016 年 8 月 COD_{Mn} 含量为 3.01 mg/L,2017 年 5 月 COD_{Mn} 含量为 3.57 mg/L,2018 年 11 月 COD_{Mn} 含量为 3.50 mg/L,均处于Ⅱ类水质标准,2019 年 7 月 COD_{Mn} 含量为 2.86 mg/L。从整体上分析,太子河流域水体 COD_{Mn} 含量有轻微的下降,但是下降幅度不明显,并呈现一定的周期性变化。2013 年 4 月至 2013 年 11 月 COD_{Mn} 含量持续下降,2013 年 11 月至 2015 年 6 月 COD_{Mn} 含量在持续上升,并达到最大值,2015 年 6 月至 2016 年 4 月 COD_{Mn} 含量处于下降状态,由 4.04 mg/L 下降至 3.19 mg/L,2016 年 4 月至 2017 年 5 月 COD_{Mn} 含量在上下波动,其中 2016 年 10 月 COD_{Mn} 平均含量达到最低,为 2.78 mg/L,2018 年 8 月至 2019 年 7 月 COD_{Mn} 含量持续上升,由 2.64 mg/L 上升至 3.69 mg/L,在 2019 年 10 月 COD_{Mn} 含量有所下降。

从各类水质分布面积占比来看,2013—2019 年太子河流域水质参数 COD_{Mn} 含量评价为Ⅰ~Ⅴ类水平均占比分别为 5.57%、71.99%、17.11%、5.33%、0,由此可见,COD_{Mn} 含量主要为Ⅱ类和Ⅲ类水质标准,Ⅰ类、Ⅳ类水质占比较少,没有Ⅴ类水质。2013 年 4 月Ⅰ~Ⅳ类水质占比分别为 1.05%、57.15%、32.35%、9.49%,其中Ⅰ类水质占比最少,Ⅱ类水质占比最多,两者总占比为 58.2%,Ⅲ类水质占比低于Ⅱ类水质,但仍占据较大的比例,Ⅳ类水质占总体的 1/10。2013 年 8 月Ⅰ~Ⅳ类水质占比分别为 0.49%、69.55%、24.74%、5.22%,其中Ⅰ类水质占比最少,Ⅱ类水质占比最多,两者总占比为 70.04%,相比 2013 年 4 月Ⅰ~Ⅱ类水质占比有所提高,Ⅲ类水质和Ⅳ类水质均有所下降,水体环境有所改善。2013 年 11 月Ⅰ~Ⅳ类水质占比分别为 28.36%、48.19%、15.68%、7.77%,Ⅰ类水质占比有明显提升,Ⅱ类水质占比依旧最高,两者总占比为 76.55%,相比 2013 年 8 月,Ⅰ~Ⅱ类水质占比略有提升,Ⅲ类水质占比下降,Ⅳ类水质占比有所提升,说明虽然整体水质有所改善,但是仍有部分区域处于劣质水质状态。2014 年 9 月Ⅰ~Ⅳ类水质占比分别为 4.54%、76.51%、17.21%、1.74%,Ⅱ类水质占比最多,Ⅳ类水质占比有明显下降。

表 5-7　2013—2019 年 COD_{Mn} 年际变化特征

水质参数	时间	水质等级分类	I 类	II 类	III 类	IV 类	V 类	总和
COD_{Mn}	2013 年 4 月	栅格数	591	32 261	18 261	5 341	0	56 454
		占比/%	1.05	57.15	32.35	9.46	0	100.00
	2013 年 8 月	栅格数	242	34 601	12 311	2 598	0	49 752
		占比/%	0.49	69.55	24.74	5.22	0	100.00
	2013 年 11 月	栅格数	13 542	23 009	7 488	3 709	0	47 748
		占比/%	28.36	48.19	15.68	7.77	0	100.00
	2014 年 9 月	栅格数	1 597	26 916	6 053	613	0	35 179
		占比/%	4.54	76.51	17.21	1.74	0	100.00
	2015 年 5 月	栅格数	464	33 274	13 397	318	0	47 453
		占比/%	0.98	70.12	28.23	0.67	0	100.00
	2015 年 6 月	栅格数	2 183	20 202	12 487	6 632	0	41 504
		占比/%	5.26	48.67	30.09	15.98	0	100.00
	2015 年 7 月	栅格数	503	23 573	11 416	2 137	0	37 629
		占比/%	1.34	62.65	30.34	5.68	0	100.00
	2015 年 9 月	栅格数	715	24 606	8 050	3 550	0	36 921
		占比/%	1.94	66.64	21.80	9.62	0	100.00
	2015 年 10 月	栅格数	931	30 099	5 333	382	0	36 745
		占比/%	2.53	81.91	14.51	1.04	0	100.00
	2016 年 4 月	栅格数	10 595	33 636	4 850	5 604	0	54 685
		占比/%	19.37	61.51	8.87	10.25	0	100.00
	2016 年 5 月	栅格数	1 837	35 568	12 544	3 852	0	53 801
		占比/%	3.41	66.11	23.32	7.16	0	100.00
	2016 年 8 月	栅格数	1 490	33 735	2 902	226	0	38 353
		占比/%	3.88	87.96	7.57	0.59	0	100.00
	2016 年 10 月	栅格数	3 541	34 398	2 159	367	0	40 465
		占比/%	8.75	85.01	5.34	0.91	0	100.00
	2017 年 4 月	栅格数	2 065	42 256	6 641	3 944	0	54 906
		占比/%	3.76	76.96	12.10	7.18	0	100.00
	2017 年 5 月	栅格数	688	36 383	9 439	5 972	0	52 482
		占比/%	1.31	69.32	17.99	11.38	0	100.00

续表 5-7

水质参数	时间	水质等级分类	Ⅰ类	Ⅱ类	Ⅲ类	Ⅳ类	Ⅴ类	总和
COD_Mn	2018年8月	栅格数	3 265	30 337	1 334	95	0	35 031
		占比/%	9.32	86.60	3.81	0.27	0	100.00
	2018年10月	栅格数	1 824	40 730	1 699	448	0	44 701
		占比/%	4.08	91.12	3.80	1.00	0	100.00
	2018年11月	栅格数	194	41 224	6 397	1 917	0	49 732
		占比/%	0.39	82.89	12.86	3.85	0	100.00
	2019年7月	栅格数	778	20 810	7 751	1 718	0	31 057
		占比/%	2.51	67.01	24.96	5.53	0	100.00
	2019年10月	栅格数	2 415	25 152	1 990	395	0	29 952
		占比/%	8.06	83.97	6.64	1.32	0	100.00

2015年5月Ⅰ~Ⅳ类水质占比分别为0.98%、70.12%、28.23%、0.67%，Ⅰ类水质和Ⅳ类水质占比都有一定程度的降低，水质等级趋向于Ⅱ~Ⅲ类水。2015年6月Ⅰ~Ⅳ类水质占比分别为5.26%、48.67%、30.09%、15.98%，Ⅰ类水质占比相对5月有所提升，Ⅱ类水质占比相对5月下降了21.45%，Ⅰ类水质和Ⅱ类水质总占比为53.93%，同比5月下降幅度较大，Ⅳ类水质占比上升较为明显，水质明显恶化。2015年7月Ⅰ~Ⅳ类水质占比分别为1.34%、62.65%、30.34%、5.68%，Ⅱ类水质占比同比6月有所上升，Ⅲ类水质占比变化不大，Ⅳ类水质占比明显下降，水质往变好趋势发展。2015年9月Ⅰ~Ⅳ类水质占比分别为1.94%、66.64%、21.80%、9.62%，Ⅰ类水质占比同比7月变化不大，Ⅰ~Ⅱ类水质占比略有提升，为68.58%，Ⅳ类水质占比有略微提高。2015年10月Ⅰ~Ⅳ类水质占比分别为2.53%、81.91%、14.51%、1.04%，Ⅱ类水质占比有明显提升，Ⅰ~Ⅱ类水质总占比达到84.44%，水质有明显的改善。2016年4月Ⅰ~Ⅳ类水质占比分别为19.37%、61.51%、8.87%、10.25%，Ⅰ类水质占比明显提高，但是Ⅳ类水质占比也有所提高，说明该时段一部分水质清洁，有一部分水体污染严重，需要对污染源排放进行控制。2016年5月Ⅰ~Ⅳ类水质占比分别为3.41%、66.11%、23.32%、7.16%，Ⅰ类水质相比4月有所下降，Ⅲ类水质有所升高，水质有略微的变差。2016年8月Ⅰ~Ⅳ类水质占比分别为3.88%、87.96%、7.57%、0.59%，水质有明显改善，其中Ⅰ~Ⅱ类水质总占比为91.84%，整条流域水体比较清洁，受COD_Mn污染轻。

2016年10月Ⅰ~Ⅳ类水质占比分别为8.75%、85.01%、5.34%、0.91%，水环境污染轻，其中Ⅰ~Ⅱ类水质总占比为93.76%，相比8月提高了1.92%，整条流域水体比较清洁。2017年4月Ⅰ~Ⅳ类水质占比分别为3.76%、76.96%、12.10%、7.18%，其中Ⅰ~Ⅱ类水质总占比为80.72%，水体污染较轻。2017年5月Ⅰ~Ⅳ类水质占比分别为1.31%、69.32%、17.99%、11.38%，其中Ⅰ~Ⅱ类水质总占比为70.63%，水体污染较轻。2018年8月Ⅰ~Ⅳ类水质占比分别为9.32%、86.60%、3.81%、0.27%，其中Ⅰ~Ⅱ类水质总占比为 95.92%，水体是近些年最为清洁的月份，水体基本不受 COD_{Mn} 的污染，Ⅳ类水质占比仅为 0.27%。2018 年 10 月Ⅰ～Ⅳ类水质占比分别为 4.08%、91.12%、3.80%、1.00%，其中Ⅰ～Ⅱ类水质总占比为 95.20%，与 8 月水质状况一致，水体依旧不受 COD_{Mn} 的污染。2018 年 11 月Ⅰ～Ⅳ类水质占比分别为 0.39%、82.89%、12.86%、3.85%，其中Ⅰ～Ⅱ类水质总占比为 83.28%，与 10 月水质相比开始变差，COD_{Mn} 浓度开始升高，但水体受 COD_{Mn} 的污染依旧较轻。2019 年 7 月Ⅰ～Ⅳ类水质占比分别为 2.51%、67.01%、24.96%、5.53%，其中Ⅰ～Ⅱ类水质总占比为 69.52%，相比 2018 年 11 月Ⅰ～Ⅱ类水质占比明显下降，Ⅲ类水质和Ⅳ类水质占比增加，水环境质量变差，说明该太子河流域水体 COD_{Mn} 浓度依旧需要防控。2019 年 10 月Ⅰ～Ⅳ类水质占比分别为 8.06%、83.97%、6.64%、1.32%，其中Ⅰ～Ⅱ类水质总占比为 92.03%，水体环境状况开始变好。

综上所述，太子河流域水体 COD_{Mn} 浓度以Ⅱ类水质为主，Ⅲ类水质次之，其中Ⅰ类水质和Ⅱ类水质占比较少。2013—2019 年太子河流域水体 COD_{Mn} 浓度相对稳定，但是依旧呈周期性变化，8 月之后随着雨季的到来 COD_{Mn} 浓度降低，在次年的 4—6 月 COD_{Mn} 浓度较高，但是整体上 COD_{Mn} 浓度逐渐降低，水质往好的趋势发展。

5.4.5　COD_{Mn} 空间变化特征分析

本书根据 COD_{Mn} 的反演结果，从空间栅格尺度上分析 2013—2019 年太子河流域水质参数 COD_{Mn} 的时空分布规律，得到不同年份太子河流域的 COD_{Mn} 空间分布图（见图 5-8）。

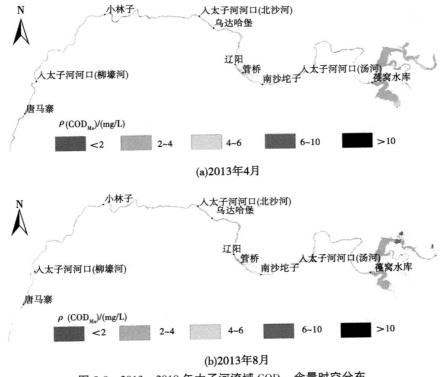

图 5-8　2013—2019 年太子河流域 COD_{Mn} 含量时空分布

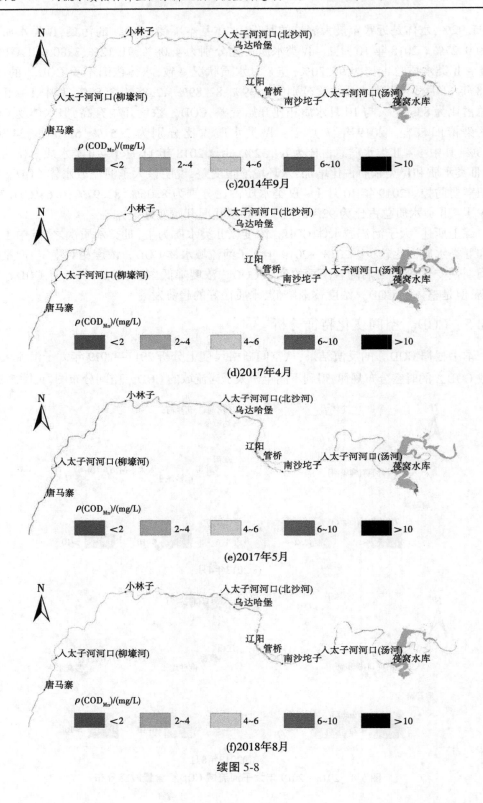

(c)2014年9月

(d)2017年4月

(e)2017年5月

(f)2018年8月

续图 5-8

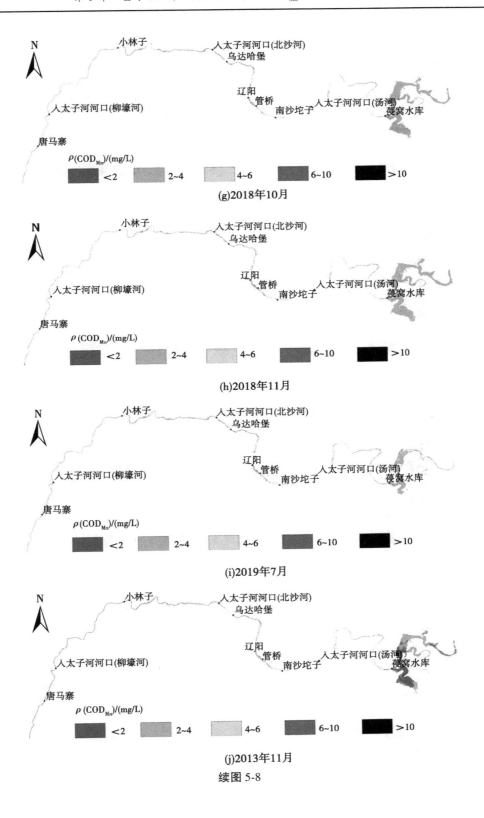

(g)2018年10月

(h)2018年11月

(i)2019年7月

(j)2013年11月

续图 5-8

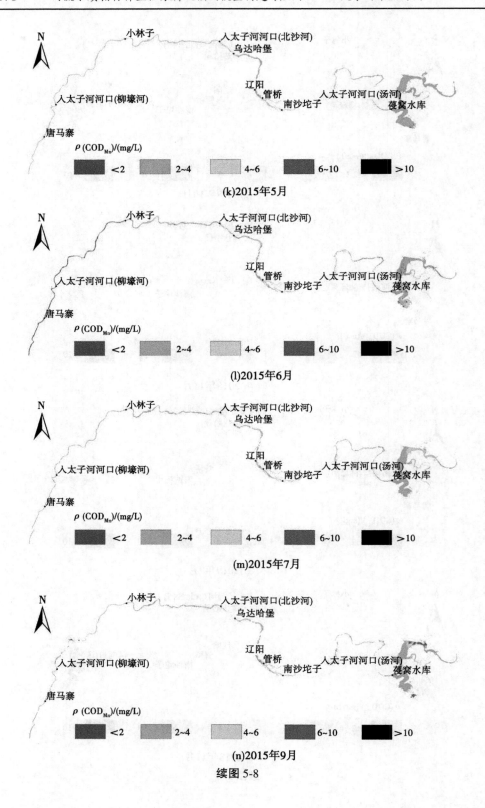

(k)2015年5月

(l)2015年6月

(m)2015年7月

(n)2015年9月

续图 5-8

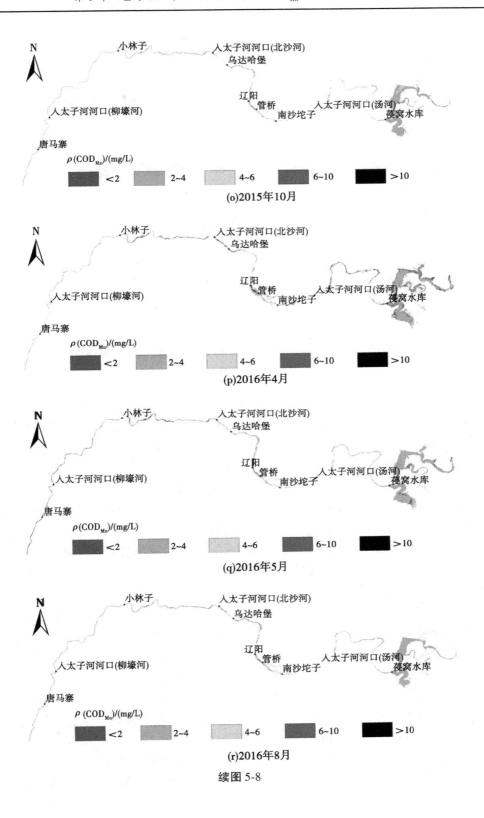

续图 5-8

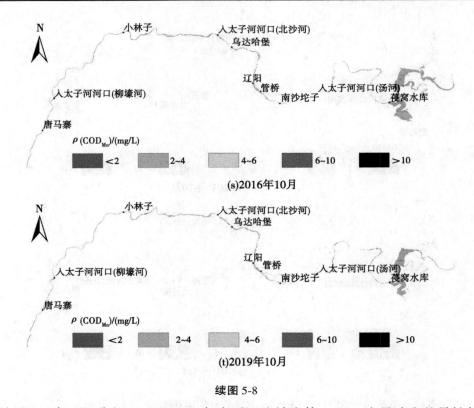

续图 5-8

从图 5-8 中可以看出,2013—2019 年太子河流域水体 COD_{Mn} 含量浓度差异性较小,有个别月份 COD_{Mn} 含量偏高,整体空间分布特征呈现西部高、东部低的变化趋势。2013年 4 月葠窝水库区域 COD_{Mn} 浓度为 2~4 mg/L,浓度较低,水体受 COD_{Mn} 污染较轻,入太子河河口(汤河)至入太子河河口(北沙河)COD_{Mn} 浓度为 4~6 mg/L,入太子河河口(北沙河)至唐马寨 COD_{Mn} 浓度为 4~10 mg/L,浓度较高。2013 年 8 月葠窝水库区域 COD_{Mn} 浓度为 2~4 mg/L,浓度较低,水体受 COD_{Mn} 污染较轻,葠窝水库至唐马寨区域 COD_{Mn} 浓度为 2~6 mg/L,整体污染较轻,水质良好。2013 年 11 月葠窝水库区域 COD_{Mn} 浓度为低于 4 mg/L,水体不受 COD_{Mn} 污染,葠窝水库至入太子河河口(北沙河)区域 COD_{Mn} 浓度为 4~6 mg/L,入太子河河口(北沙河)至唐马寨区域 COD_{Mn} 浓度为 6~10 mg/L,水体受 COD_{Mn} 污染严重,整体看上游水质污染轻,中游开始恶化,下游污染严重,因此需要对下游区域进行防控。2014 年 9 月葠窝水库区域 COD_{Mn} 浓度为 2~4 mg/L,浓度较低,水体受 COD_{Mn} 污染较轻,葠窝水库至辽阳区域 COD_{Mn} 浓度为 4~6 mg/L,乌达哈堡至小林子断面 COD_{Mn} 浓度为 2~4 mg/L,唐马寨区域附近 COD_{Mn} 浓度为 4~6 mg/L,整体浓度较低,水质污染较轻。2015 年 5 月葠窝水库区域 COD_{Mn} 浓度为 2~4 mg/L,水体受 COD_{Mn} 污染较轻,葠窝水库至唐马寨区域 COD_{Mn} 浓度为 4~6 mg/L,含量浓度较为稳定,无污染严重区域。2015 年 6 月葠窝水库区域 COD_{Mn} 浓度为 2~4 mg/L,个别区域为 4~6 mg/L,水库区域部分水体 COD_{Mn} 污染加剧,葠窝水库至唐马寨区域 COD_{Mn} 浓度由 2 mg/L 转变为 10 mg/L,水质由上游至下游有一个明显的恶化趋势,下游区域水体受 COD_{Mn} 污染严重,水质保护工作刻不容缓。2015 年 7 月同比 6 月 COD_{Mn} 浓度有一定程度的下降,这是由于雨季的来临对水中污染物进行稀释,从而导致 COD_{Mn} 浓度降低,葠窝水库区域 COD_{Mn} 浓度为 2~4 mg/L,依旧有个别区域为 4~6 mg/L,葠窝水库至唐马寨区域 COD_{Mn} 浓度为 4~6 mg/L,其中小林子区域 COD_{Mn} 浓度上升至 6~10 mg/L。2015 年 9 月葠窝水库区域至入乌达哈堡 COD_{Mn} 浓度为 2~4 mg/L,入太子河河口(北沙河)至唐马寨区域 COD_{Mn} 浓度为 4~6 mg/L,其中入太子河河口(柳壕河)区域 COD_{Mn} 浓度上升至 6~10 mg/L。2015 年 10 月太子河流域水体受 COD_{Mn} 污染较轻,葠窝水库区域至入乌达哈堡 COD_{Mn} 浓度为 2~4 mg/L,入太子河河口(北沙河)至唐马寨区域 COD_{Mn} 浓度为 4~6 mg/L,其中没有浓度偏高的区域,整体水质状况稳定。

2016 年 4 月葠窝水库区域 COD_{Mn} 浓度在 4 mg/L 以下,葠窝水库至入太子河河口(北沙河)区域 COD_{Mn} 浓度为 6~10 mg/L,水体受 COD_{Mn} 污染严重,入太子河河口(北沙河)至唐马寨区域 COD_{Mn} 浓度恢复至 2~4 mg/L。2016 年 5 月葠窝水库区域区域 COD_{Mn} 浓度为 2~4 mg/L 以下,葠窝水库至入太子河河口(北沙河)区域 COD_{Mn} 浓度为 4~6 mg/L,水体受 COD_{Mn} 污染开始恶化,入太子河河口(北沙河)至唐马寨区域 COD_{Mn} 浓度加剧至 6~10 mg/L,水体污染严重,需要对下游水体 COD_{Mn} 含量进行防控。2016 年 8 月太子河流域水体受 COD_{Mn} 污染较轻,整条流域 COD_{Mn} 浓度维持在 2~4 mg/L,与 2015 年同时期 COD_{Mn} 浓度分布相一致,进一步验证雨季的来临对 COD_{Mn} 浓度的降低起到一定作用。2016 年 10 月太子河流域水体受 COD_{Mn} 污染较轻,整条流域 COD_{Mn} 浓度在 2~6 mg/L,其中管桥至乌达哈堡区域 COD_{Mn} 浓度有所提高,个别区域提升至 6~10 mg/L,入太子河河口(柳壕河)区域附近 COD_{Mn} 浓度为 4~6 mg/L。2017 年 4 月葠窝水库至入太子河河口(北沙河)区域 COD_{Mn} 浓度为 2~4 mg/L,入太子河河口(北沙河)至小林子区域 COD_{Mn} 浓度为 4~6 mg/L,水体受 COD_{Mn} 污染开始加剧,小林子至唐马寨区域 COD_{Mn} 浓度恶化至 6~10 mg/L,水体污染严重,需要对下游小林子至唐马寨区域采用必要的水环境防控措施。2017 年 5 月与 6 月 COD_{Mn} 浓度空间分布趋势大致相同,葠窝水库 COD_{Mn} 浓度为 2~4 mg/L,葠窝水库至入太子河河口(北沙河)区域 COD_{Mn} 浓度为 4~6 mg/L,水体受 COD_{Mn} 污染开始加剧,入太子河河口(北沙河)至唐马寨区域 COD_{Mn} 浓度为 6~10 mg/L,和 5 月相比,COD_{Mn} 浓度为 6~10 mg/L 的区域由入太子河河口(柳壕河)延伸至小林子,水体污染更为严重。2018 年 8 月太子河流域水体受 COD_{Mn} 污染较轻,整条流域 COD_{Mn} 浓度维持在 4 mg/L 以下,与 2015 年和 2016 年同时期 COD_{Mn} 浓度分布相一致,更进一步说明雨季的来临对 COD_{Mn} 浓度的降低起到一定作用。2018 年 10 月太子河流域水体受 COD_{Mn} 污染依旧较轻,整条流域 COD_{Mn} 浓度在 2~6 mg/L,其中乌达哈堡区域附近 COD_{Mn} 浓度有所提高,提升至 6~10 mg/L,小林子至入太子河河口(柳壕河)区域 COD_{Mn} 浓度也有增加的趋势。2018 年 11 月太子河流域水体受 COD_{Mn} 污染开始加重,葠窝水库至入太子河河口(北沙河)区域 COD_{Mn} 浓度在 2~4 mg/L,入太子河河口(北沙河)至唐马寨区域 COD_{Mn} 浓度上升至 4~6 mg/L,有部分区域为 6~10 mg/L,水体污染开始加剧。2019 年 7 月葠窝水库至入太子河河口(北沙河)区域 COD_{Mn} 浓度在 2~4 mg/L,葠窝水库北部 COD_{Mn} 浓度较高,达到 4~10 mg/L,入太子河河口(北沙河)至唐马寨区域水体 COD_{Mn} 浓度为 4~6 mg/L。2019 年 10 月太子河流域水体受 COD_{Mn} 污染较轻,葠窝水库至入太子河河口(北沙河)区域 COD_{Mn} 浓度在 2~4 mg/L,入太子河河口(北沙河)至小林子区域水体 COD_{Mn} 浓度升高至 4~6 mg/L,在入太子河河口(柳壕河)和唐马寨区域 COD_{Mn} 浓度又下降至 2~4 mg/L。

综上所述,太子河流域水体 COD_{Mn} 浓度在 0~10 mg/L,空间分布上为以葠窝水库代表的上游断面 COD_{Mn} 浓度较低,基本维持在 4 mg/L 以下,管桥至入太子河河口(北沙河)水体 COD_{Mn} 浓度开始升高,小林子至唐马寨区域水体 COD_{Mn} 浓度偏高,升至 6~10 mg/L,水体污染严重,因此需要对下游区域水体进行水环境污染防控。

5.5 本章小结

(1)与 COD_{Mn} 相关性较高的波段及波段组合为 B3 – B4、B3/B4、B4、(B2 – B4)/(B2+B4)、B7、B1、B6,其相关系数分别为 – 0.498、– 0.488、0.442、– 0.431、0.371、0.329、0.324。其他波段与 COD_{Mn} 相关关系较弱。

(2)通过图 5-6 可知训练集和测试集预测值与真实值接近,并且变化趋势相一致,真实值在 4 mg/L 以下时预测效果较好,而真实值在 4 mg/L 以上时预测值偏小,这是由于训练集大多分布在 4 mg/L 以下范围,超过 4 mg/L 的数据样本少,训练的特征较少,从而导致预测值偏小。

(3)COD_{Mn} 的训练样本拟合优度(R^2)为 0.585,均方根误差(RMSE)为 0.849 mg/L;测试样本 R^2 为 0.576,均方根误差为 1.073 mg/L,说明 COD_{Mn} 反演模型效果较为理想。

(4)2013—2019 年太子河干流 COD_{Mn} 的含量比较稳定,整条流域平均含量在 2~5 mg/L,符合国家地表水环境质量标准 Ⅱ~Ⅲ 类水质标准,水体受 COD_{Mn} 污染较轻,在 2013 年 4 月和 2015 年 6 月含量比较高分别为 4.08 mg/L、4.04 mg/L,处于国家Ⅲ类水质标准;2016 年 10 月、2018 年 8 月、2018 年 10 月、2019 年 10 月含量较低,维持在 3 mg/L 以下,分别为 2.78 mg/L、2.64 mg/L、2.99 mg/L、2.86 mg/L,处于国家Ⅱ类水质标准。

(5)太子河流域水体 COD_{Mn} 浓度在 0~10 mg/L,空间分布上为以葠窝水库代表的上游断面 COD_{Mn} 浓度较低,基本维持在 4 mg/L 以下,管桥至入太子河河口(北沙河)水体 COD_{Mn} 浓度开始升高,小林子至唐马寨区域水体 COD_{Mn} 浓度偏高,升至 6~10 mg/L,水体污染严重,因此需要对下游区域水体进行水环境污染防控。

第 6 章　基于 BP 神经网络的 TN 与 NH_3-N 遥感反演模型构建与应用

6.1　研究内容

6.1.1　敏感波段提取与分析

将遥感影像数据分波段导出的 . tiff 格式影像数据和水质监测断面点数据导入 ArcGIS 中,提取采样点各波段的反射率值,并以 B1~B7 命名。对 Landsat 8 OLI 的 1~7 波段、归一化水体指数(NDWI)、改进的归一化差异水体指数(MNDWI)与实测 TN 和 NH_3-N 浓度 Person 相关性分析,找出各水质指标相关性最高的 4 个波段或组合进行机器学习水质反演模型构建。

6.1.2　BP 神经网络模型构建

设定传递函数为 Log-Sigmod 函数,学习步长为 0.05,迭代次数 50 000 次,误差期望值 0.001,通过调整隐藏层节点数对模型进行反复训练,得到 TN 和 NH_3-N 最优可决系数即 R^2 值不再上升。

6.1.3　BP 神经网络模型的预测应用

利用已经训练好的 BP 神经网络模型分别对训练集中的 NH_3-N、TN 含量进行预测,并对实测值和预测值进行对比分析。

6.2　研究方法

6.2.1　遥感影像预处理

通过 ENVI 5.6 软件对所获取的遥感影像进行预处理,具体分为辐射定标、大气校正、影像裁剪等。

6.2.2　水体信息提取

方法同第 5 章。

6.2.3　采样点反射率提取

方法同第 5 章。

6.2.4　BP 神经网络

方法见第 5 章。

6.3　数据处理与分析方法

该试验使用数据主要为实测水质数据和 Landsat 8 OLI 卫星遥感数据。水质数据来源于辽宁省辽阳水文局提供的太子河流域 2014—2019 年 10 个监测断面的数据,分别为唐马寨、入太子河河口(柳壕河)、小林子、入太子河河口(北沙河)、乌达哈堡、辽阳、管桥、南沙坨子、入太子河河口(汤河)、葠窝水库坝前,各断面每月监测 1 次。选取 NH_3-N、TN 2 个指标进行反演模型构建。

6.4　结果与分析

6.4.1　敏感波段提取与分析

将遥感影像数据分波段导出的 .tiff 格式影像数据和水质监测断面点数据导入 ArcGIS 中,提取采样点各波段反射率值,并以 B1~B7 命名。对 Landsat 8 OLI 的 1~7 波段、归一化水体指数(NDWI)、改进的归一化差异水体指数(MNDWI)与实测 NH_3-N 及 TN 浓度 Person 相关性分析,找出各水质指标相关性最高的波段或组合进行机器学习水质反演模型构建。Person 系数的相关性绝对值直接体现了影响因素与结果之间的关联程度,其绝对值越接近于 1 表明指标间相关性越强。根据 Person 系数计算步骤分析了太子河流域水体 NH_3-N、TN 浓度与波段的相关性,结果见表 6-1。

6.4.2　模型训练

BP 神经网络学习模型,需要先构建一个训练数据集,这个训练数据集的构建主要分为网络层数、输入层节点数、隐含层节点数、输出层节点数,以及传递函数、训练方法、训练参数设置等几个方面。

本书采用的是 3 层结构的 BP 神经网络,选取 2013—2019 年 169 个水质监测断面点敏感波段组合为输入层节点,各断面水质监测参数作为输出层节点,随机选取 70% 的数据为训练集,30% 的样本为测试集,构建一个 3 层的 BP 神经网络水质反演模型。设定传递函数为 Log-Sigmod 函数,学习步长为 0.05,迭代次数 50 000 次,误差期望值 0.001,通过调整隐藏层节点数对模型进行反复训练,得到 TN 和 NH_3-N 最优可决系数 R^2(见表 6-2),即 R^2 值不再上升。

表 6-1　水质参数敏感波段组合

水质参数	波段组合	Pearson 相关系数 r
TN	B2	0.249
	B3	0.265
	B4	0.423
	B7	0.231
	B3-B4	-0.480
	B3/B4	-0.495
	(B2-B4)/(B2+B4)	-0.486
NH₃-N	B1	0.155
	B4	0.226
	B6	0.239
	B7	0.306
	B3-B4	-0.363
	B3/B4	-0.337
	(B2-B4)/(B2+B4)	-0.361

表 6-2　可决系数、均方根误差

水质参数	训练		测试	
	R^2	RMSE/(mg/L)	R^2	RMSE/(mg/L)
TN	0.775	1.688	0.777	1.464
NH₃-N	0.621	0.581	0.550	0.667

为进一步验证 BP 神经网络模型质量,采用可决系数和均方根误差进一步评估模型精度。本研究以断面监测点的预测值和实测值进行计算,具体结果如表 6-2 所示。从计算结果可知,TN 的训练样本拟合优度(R^2)为 0.775,均方根误差(RMSE)为 1.688 mg/L;测试样本 R^2 为 0.777,均方根误差为 1.464 mg/L,说明 TN 反演模型质量较好,其模型预测结果接近实测值。NH₃-N 的训练样本拟合优度(R^2)为 0.621,均方根误差(RMSE)为 0.581 mg/L;测试样本 R^2 为 0.550,均方根误差为 0.667 mg/L,说明 NH₃-N 反演模型预测效果不如 TN,预测值与实测值有所偏差,当 NH₃-N 浓度较高时,预测结果偏低,效果较差,这是由于 NH₃-N 训练样本浓度较低,高浓度训练样本较少。

　　利用已经训练好的 BP 神经网络模型分别对训练集中的 NH_3-N、TN 含量进行预测，实测值和预测值散点图如图 6-1 所示，测试样本集误差分析如图 6-2 所示，NH_3-N 训练样本集真实值与预测值对比如表 6-3 所示，测试样本集真实值与预测值对比如表 6-4 所示，TN 训练样本集真实值与预测值对比如表 6-5 所示，测试样本集真实值与预测值对比如表 6-6 所示。由图 6-1、图 6-2 可知，TN 的预测值与真实值较为接近，变化趋势相对一致，预测效果较好。NH_3-N 的预测值与真实值大致接近，但是预测值和实测值相比误差较大，预测效果较差。因此，本书构建的 2 个模型中，TN 具有较好的反演能力，而 NH_3-N 的反演能力一般。

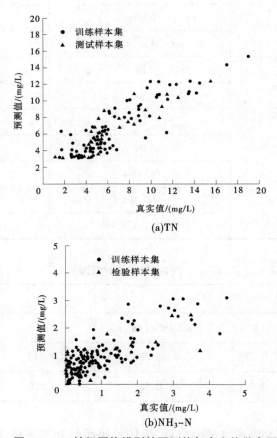

(a)TN

(b)NH_3-N

图 6-1　BP 神经网络模型的预测值与真实值散点图

　　表 6-3 为 NH_3-N 训练集真实值与预测值的对比，从误差量分析，预测值与真实值相差多在 1 mg/L 范围以内，但是个别点预测偏差值较大，说明模型仍有待改善，NH_3-N 含量按照《地表水环境质量标准》（GB 3838—2002）分类标准，以 0.15 mg/L、0.5 mg/L、1 mg/L、1.5 mg/L 为分界点划分为 5 类水质标准，NH_3-N 浓度含量数据训练集真实值和预测值进行水质等级评价，其中误差为 0 占比 47.8%，误差在 1 个等级的占比 35.5%，说明误差在 1 个等级范围内占比 83.3%，误差在 2 个等级及以上的占比仅为 16.7%。

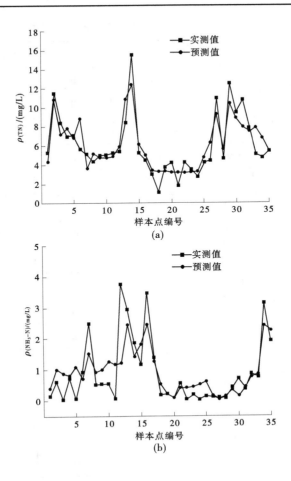

图 6-2　BP 神经网络模型的预测值与实测值对比

NH$_3$-N 测试集真实值与预测值的对比见表 6-4,与训练集预测效果相一致,从误差量分析,多在 1 mg/L 范围以内,对 NH$_3$-N 浓度含量数据测试集真实值和预测值进行水质等级评价,其中误差为 0 占比 51.4%,误差在 1 个等级的占比 34.3%,说明误差在 1 个等级范围内占比 85.7%,误差在 2 个等级及以上的占比仅为 14.3%。表 6-5 为 TN 训练集真实值与预测值的对比,从误差量分析,预测值与真实值相差多在 1 mg/L 范围以内,由于 TN 含量较高,常年保持为《地表水环境质量标准》(GB 3838—2002)分类标准中劣 V 类标准,所以 TN 含量运用等分法按照 4 mg/L、6 mg/L、8 mg/L、10 mg/L 为分界点划分为 5 类水质标准,TN 浓度含量数据训练集真实值和预测值进行水质等级评价,其中误差为 0 的占比 53.4%,误差在 1 个等级的占比 40.9%,说明误差在 1 个等级范围内的占比 94.3%,误差在 2 个等级及以上的占比仅为 5.7%,说明训练集预测效果良好。表 6-6 为 TN 测试集真实值与预测值的对比,与训练集预测效果相一致,对 TN 浓度含量数据测试集真实值和预测值进行水质等级评价,其中误差为 0 的占比 65.7%,误差在 1 个等级的占比 28.6%,说明误差在 1 个等级范围内占比 94.3%,误差在 2 个等级及以上的占比仅为 5.7%。

表 6-3　NH₃-N 训练样本集真实值与预测值对比　　　单位:mg/L

序号	真实值	预测值	误差量	评价等级	预测等级	等级误差
1	0.20	0.23	0.03	II	II	0
2	0.40	0.20	−0.20	II	II	0
3	0.35	0.90	0.55	II	III	1
4	0.15	0.93	0.78	II	III	1
5	0.12	0.05	−0.07	I	I	0
6	1.86	2.15	0.29	V	V	0
7	1.43	1.29	−0.14	IV	IV	0
8	1.84	1.15	−0.69	V	IV	−1
9	2.30	1.33	−0.97	V	IV	−1
10	0.61	1.11	0.50	III	IV	1
11	0.52	1.21	0.69	III	IV	1
12	0.93	1.35	0.42	III	IV	1
13	1.40	1.02	−0.38	IV	IV	0
14	2.39	1.04	−1.35	V	IV	−1
15	0.72	1.07	0.35	III	IV	1
16	0.75	0.94	0.19	III	III	0
17	0.61	0.42	−0.19	III	II	−1
18	0.29	0.48	0.19	II	II	0
19	0.06	0.68	0.62	I	III	2
20	0.44	0.62	0.18	II	III	1
21	0.24	0.51	0.27	II	III	1
22	0.50	0.43	−0.07	III	II	−1
23	0.33	0.37	0.04	II	II	0
24	0.18	0.34	0.16	II	II	0
25	0.68	0.65	−0.03	III	III	0
26	1.57	0.79	−0.78	V	III	−2
27	0.23	0.53	0.30	II	III	1
28	0.59	0.91	0.32	III	III	0

续表 6-3

序号	真实值	预测值	误差量	评价等级	预测等级	等级误差
29	0.31	0.86	0.55	Ⅱ	Ⅲ	1
30	0.25	0.49	0.24	Ⅱ	Ⅱ	0
31	0.59	0.99	0.40	Ⅲ	Ⅲ	0
32	0.30	1.59	1.29	Ⅱ	Ⅴ	3
33	0.24	0.72	0.48	Ⅱ	Ⅲ	1
34	1.82	1.64	−0.18	Ⅴ	Ⅴ	0
35	2.57	1.40	−1.17	Ⅴ	Ⅳ	−1
36	2.43	1.26	−1.17	Ⅴ	Ⅳ	−1
37	1.05	1.20	0.15	Ⅳ	Ⅳ	0
38	0.75	0.74	−0.01	Ⅲ	Ⅲ	0
39	1.87	1.35	−0.52	Ⅴ	Ⅳ	−1
40	1.21	0.81	−0.40	Ⅳ	Ⅲ	−1
41	1.03	1.40	0.37	Ⅳ	Ⅳ	0
42	0.88	1.19	0.31	Ⅲ	Ⅳ	1
43	1.08	0.96	−0.12	Ⅳ	Ⅲ	−1
44	0.20	0.35	0.15	Ⅱ	Ⅱ	0
45	0.07	0.04	−0.03	Ⅰ	Ⅰ	0
46	0.27	0.36	0.09	Ⅱ	Ⅱ	0
47	0.05	0.26	0.21	Ⅰ	Ⅱ	1
48	0.28	0.32	0.04	Ⅱ	Ⅱ	0
49	0.06	0.32	0.26	Ⅰ	Ⅱ	1
50	1.15	0.54	−0.61	Ⅳ	Ⅲ	−1
51	0.34	0.56	0.22	Ⅱ	Ⅲ	1
52	0.27	0.49	0.22	Ⅱ	Ⅱ	0
53	0.13	0.14	0.01	Ⅰ	Ⅰ	0
54	1.10	0.23	−0.87	Ⅳ	Ⅱ	−2
55	0.49	0.95	0.46	Ⅱ	Ⅲ	1
56	0.68	0.75	0.07	Ⅲ	Ⅲ	0
57	0.45	1.03	0.58	Ⅱ	Ⅳ	2
58	0.19	0.21	0.02	Ⅱ	Ⅱ	0

续表 6-3

序号	真实值	预测值	误差量	评价等级	预测等级	等级误差
59	0.73	0.73	0.00	III	III	0
60	0.35	0.29	−0.06	II	II	0
61	0.12	0.71	0.59	I	III	2
62	0.72	0.97	0.25	III	III	0
63	0.88	0.74	−0.14	III	III	0
64	0.20	0.53	0.33	II	III	1
65	0.27	0.52	0.25	II	III	1
66	0.12	0.80	0.68	I	III	2
67	0.04	0.55	0.51	I	III	2
68	0.50	0.73	0.23	III	III	0
69	0.44	0.74	0.30	II	III	1
70	0.41	0.76	0.35	II	III	1
71	1.67	0.87	−0.80	V	III	−2
72	1.27	1.10	−0.17	IV	IV	0
73	1.16	0.82	−0.34	IV	III	−1
74	0.71	0.80	0.09	III	III	0
75	1.46	1.02	−0.44	IV	IV	0
76	1.44	0.96	−0.48	IV	III	−1
77	1.56	0.90	−0.66	V	III	−2
78	0.57	0.30	−0.27	III	II	−1
79	0.12	0.13	0.01	I	I	0
80	0.55	0.57	0.02	III	III	0
81	0.07	0.60	0.53	I	III	2
82	0.42	0.24	−0.18	II	II	0
83	0.07	0.81	0.74	I	III	2
84	0.73	0.74	0.01	III	III	0
85	0.34	0.32	−0.02	II	II	0
86	0.40	0.09	−0.31	II	I	−1
87	0.39	0.54	0.15	II	III	1
88	0.04	0.35	0.31	I	II	1

续表 6-3

序号	真实值	预测值	误差量	评价等级	预测等级	等级误差
89	1.83	0.77	-1.06	V	III	-2
90	0.42	0.50	0.08	II	III	1
91	0.80	0.34	-0.46	III	II	-1
92	0.20	1.18	0.98	II	IV	2
93	0.62	0.91	0.29	III	III	0
94	0.16	0.76	0.60	II	III	1
95	0.04	0.64	0.60	I	III	2
96	0.74	1.16	0.42	III	IV	1
97	0.82	0.82	0.00	III	III	0
98	0.57	0.82	0.25	III	III	0
99	0.98	0.97	-0.01	III	III	0
100	1.92	1.62	-0.30	V	V	0
101	2.00	0.96	-1.04	V	III	-2
102	0.43	0.79	0.36	II	III	1
103	1.13	1.26	0.13	IV	IV	0
104	0.89	1.06	0.17	III	IV	1
105	1.89	0.83	-1.06	V	III	-2
106	0.38	0.24	-0.14	II	II	0
107	0.89	1.15	0.26	III	IV	1
108	1.35	1.56	0.21	IV	V	1
109	2.00	1.94	-0.06	V	V	0
110	0.44	1.12	0.68	II	IV	2
111	1.09	0.66	-0.43	IV	III	-1
112	1.74	2.24	0.50	V	V	0
113	3.02	2.63	-0.39	V	V	0
114	0.78	1.64	0.86	III	V	2
115	1.43	1.01	-0.42	IV	IV	0
116	3.68	2.88	-0.80	V	V	0
117	3.27	3.07	-0.20	V	V	0
118	3.60	2.13	-1.47	V	V	0

续表 6-3

序号	真实值	预测值	误差量	评价等级	预测等级	等级误差
119	0.30	1.31	1.01	Ⅱ	Ⅳ	2
120	2.86	2.73	-0.13	Ⅴ	Ⅴ	0
121	2.99	3.06	0.07	Ⅴ	Ⅴ	0
122	0.77	1.94	1.17	Ⅲ	Ⅴ	2
123	1.89	1.48	-0.41	Ⅴ	Ⅳ	-1
124	1.50	1.18	-0.32	Ⅴ	Ⅳ	-1
125	0.30	0.54	0.24	Ⅱ	Ⅲ	1
126	1.58	2.35	0.77	Ⅴ	Ⅴ	0
127	0.21	1.02	0.81	Ⅱ	Ⅳ	2
128	2.64	2.80	0.16	Ⅴ	Ⅴ	0
129	0.98	0.59	-0.39	Ⅲ	Ⅲ	0
130	0.94	0.56	-0.38	Ⅲ	Ⅲ	0
131	3.50	2.29	-1.21	Ⅴ	Ⅴ	0
132	0.93	0.60	-0.33	Ⅲ	Ⅲ	0
133	0.35	1.22	0.87	Ⅱ	Ⅳ	2
134	3.14	2.43	-0.71	Ⅴ	Ⅴ	0
135	1.92	2.26	0.34	Ⅴ	Ⅴ	0
136	4.48	3.11	-1.37	Ⅴ	Ⅴ	0
137	1.75	2.87	1.12	Ⅴ	Ⅴ	0
138	4.29	1.81	-2.48	Ⅴ	Ⅴ	0

表 6-4　NH$_3$-N 测试样本集真实值与预测值对比　　　　　单位:mg/L

序号	真实值	预测值	误差量	评价等级	预测等级	等级误差
1	0.13	0.39	0.26	Ⅰ	Ⅱ	1
2	0.62	1.01	0.39	Ⅲ	Ⅳ	1
3	0.03	0.88	0.85	Ⅰ	Ⅲ	2
4	0.74	0.82	0.08	Ⅲ	Ⅲ	0
5	0.07	1.09	1.02	Ⅰ	Ⅳ	3
6	0.92	0.71	-0.21	Ⅲ	Ⅲ	0

续表 6-4

序号	真实值	预测值	误差量	评价等级	预测等级	等级误差
7	2.51	1.51	-1.00	V	V	0
8	0.52	0.92	0.40	III	III	0
9	0.54	1.00	0.46	III	IV	1
10	0.55	1.25	0.70	III	IV	1
11	0.06	1.16	1.10	I	IV	3
12	3.76	1.20	-2.56	V	IV	-1
13	2.96	2.46	-0.50	V	V	0
14	1.84	1.41	-0.43	V	IV	-1
15	1.16	1.80	0.64	IV	V	1
16	3.48	2.48	-1.00	V	V	0
17	1.39	1.25	-0.14	IV	IV	0
18	0.18	0.53	0.35	II	III	1
19	0.22	0.20	-0.02	II	II	0
20	0.08	0.08	0.00	I	I	0
21	0.56	0.41	-0.15	III	II	-1
22	0.03	0.41	0.38	I	II	1
23	0.17	0.44	0.27	II	II	0
24	0.03	0.52	0.49	I	III	2
25	0.14	0.61	0.47	I	III	2
26	0.11	0.16	0.05	I	II	1
27	0.07	0.04	-0.03	I	I	0
28	0.09	0.13	0.04	I	I	0
29	0.41	0.34	-0.07	II	II	0
30	0.70	0.15	-0.55	III	II	-1
31	0.38	0.45	0.07	II	II	0
32	0.85	0.76	-0.09	III	III	0
33	0.76	0.85	0.09	III	III	0
34	3.14	2.43	-0.71	V	V	0
35	1.92	2.26	0.34	V	V	0

表 6-5　TN 训练样本集真实值与预测值对比　　　　　　单位：mg/L

序号	真实值	预测值	误差量	评价等级	预测等级	等级误差
1	5.03	5.63	0.60	II	II	0
2	4.63	4.23	−0.40	II	II	0
3	3.98	4.25	0.27	I	II	1
4	4.55	3.80	−0.75	II	I	−1
5	6.81	4.11	−2.70	III	II	−1
6	5.31	3.85	−1.46	II	I	−1
7	5.33	4.79	−0.54	II	II	0
8	9.48	5.51	−3.97	IV	II	−2
9	6.03	6.49	0.46	III	III	0
10	10.60	10.67	0.07	V	V	0
11	6.66	9.09	2.43	III	IV	1
12	5.68	4.87	−0.81	II	II	0
13	5.12	4.30	−0.82	II	II	0
14	3.92	3.92	0	I	I	0
15	4.60	3.35	−1.25	II	I	−1
16	5.10	6.05	0.95	II	III	1
17	3.96	6.43	2.47	I	III	2
18	2.56	3.43	0.87	I	I	0
19	5.95	3.70	−2.25	II	I	−1
20	4.34	3.90	−0.44	II	I	−1
21	3.53	3.36	−0.17	I	I	0
22	5.73	4.13	−1.60	II	II	0
23	4.54	6.85	2.31	II	III	1
24	4.65	5.50	0.85	II	II	0
25	6.20	4.28	−1.92	III	II	−1
26	4.44	4.35	−0.09	II	II	0
27	5.89	6.00	0.11	II	III	1
28	5.36	4.96	−0.40	II	II	0

续表 6-5

序号	真实值	预测值	误差量	评价等级	预测等级	等级误差
29	1.55	3.19	1.64	I	I	0
30	2.65	3.19	0.54	I	I	0
31	4.43	3.20	−1.23	II	I	−1
32	4.40	4.00	−0.40	II	II	0
33	3.08	3.91	0.83	I	I	0
34	2.58	3.52	0.94	I	I	0
35	2.64	4.08	1.44	I	II	1
36	3.77	4.66	0.89	I	II	1
37	2.55	5.93	3.38	I	II	1
38	4.41	4.04	−0.37	II	II	0
39	4.34	4.28	−0.06	II	II	0
40	3.28	3.37	0.09	I	I	0
41	1.75	4.11	2.36	I	II	1
42	3.50	3.22	−0.28	I	I	0
43	3.73	3.34	−0.39	I	I	0
44	3.40	3.18	−0.22	I	I	0
45	3.26	3.10	−0.16	I	I	0
46	8.97	7.60	−1.37	IV	III	−1
47	6.49	4.55	−1.94	III	II	−1
48	5.11	5.26	0.15	II	II	0
49	7.78	10.01	2.23	III	V	2
50	6.14	8.47	2.33	III	IV	1
51	1.66	6.32	4.66	I	III	2
52	8.82	9.29	0.47	IV	IV	0
53	7.97	8.53	0.56	III	IV	1
54	8.84	8.96	0.12	IV	IV	0
55	5.73	6.85	1.12	II	III	1
56	9.85	8.13	−1.72	IV	IV	0

续表 6-5

序号	真实值	预测值	误差量	评价等级	预测等级	等级误差
57	8.17	7.84	−0.33	IV	III	−1
58	5.70	6.39	0.69	II	III	1
59	11.70	11.90	0.20	V	V	0
60	9.00	9.47	0.47	IV	IV	0
61	5.64	6.32	0.68	II	III	1
62	12.30	11.95	−0.35	V	V	0
63	10.70	10.70	0.00	V	V	0
64	11.40	6.16	−5.24	V	III	−2
65	9.63	11.49	1.86	IV	V	1
66	11.50	10.14	−1.36	V	V	0
67	5.50	6.78	1.28	II	III	1
68	17.00	14.30	−2.70	V	V	0
69	14.50	12.10	−2.40	V	V	0
70	7.56	7.97	0.41	III	III	0
71	9.91	12.31	2.40	IV	V	1
72	10.50	10.43	−0.07	V	V	0
73	5.48	6.29	0.81	II	III	1
74	2.75	4.91	2.16	I	II	1
75	5.89	3.73	−2.16	II	I	−1
76	13.50	11.03	−2.47	V	V	0
77	6.11	8.63	2.52	III	IV	1
78	6.10	5.34	−0.76	III	II	−1
79	8.85	8.15	−0.70	IV	IV	0
80	8.01	10.09	2.08	IV	V	1
81	13.40	10.84	−2.56	V	V	0
82	4.83	5.20	0.37	II	II	0
83	6.61	8.07	1.46	III	IV	1
84	10.70	12.30	1.60	V	V	0
85	13.60	12.35	−1.25	V	V	0
86	19.00	15.30	−3.70	V	V	0
87	14.20	10.89	−3.31	V	V	0
88	5.66	6.26	0.60	II	III	1

表 6-6　TN 测试样本集真实值与预测值对比　　　　单位:mg/L

序号	真实值	预测值	误差量	评价等级	预测等级	等级误差
1	5.26	4.35	−0.91	Ⅱ	Ⅱ	0
2	11.50	10.80	−0.70	Ⅴ	Ⅴ	0
3	8.39	7.20	−1.19	Ⅳ	Ⅲ	−1
4	7.00	7.85	0.85	Ⅲ	Ⅲ	0
5	7.11	6.85	−0.26	Ⅲ	Ⅲ	0
6	5.66	8.82	3.16	Ⅱ	Ⅳ	2
7	5.12	3.65	−1.47	Ⅱ	Ⅰ	−1
8	4.40	5.14	0.74	Ⅱ	Ⅱ	0
9	4.99	4.79	−0.20	Ⅱ	Ⅱ	0
10	5.05	4.77	−0.28	Ⅱ	Ⅱ	0
11	5.26	4.91	−0.35	Ⅱ	Ⅱ	0
12	5.41	5.90	0.49	Ⅱ	Ⅱ	0
13	8.42	10.83	2.41	Ⅳ	Ⅴ	1
14	15.50	12.40	−3.10	Ⅴ	Ⅴ	0
15	5.24	6.15	0.91	Ⅱ	Ⅲ	1
16	4.53	5.00	0.47	Ⅱ	Ⅱ	0
17	3.02	3.40	0.38	Ⅰ	Ⅰ	0
18	1.11	3.29	2.18	Ⅰ	Ⅰ	0
19	3.75	3.34	−0.41	Ⅰ	Ⅰ	0
20	4.24	3.22	−1.02	Ⅱ	Ⅰ	−1
21	1.81	3.22	1.41	Ⅰ	Ⅰ	0
22	4.28	3.19	−1.09	Ⅱ	Ⅰ	−1
23	3.56	3.24	−0.32	Ⅰ	Ⅰ	0
24	2.80	3.30	0.50	Ⅰ	Ⅰ	0
25	4.26	4.77	0.51	Ⅱ	Ⅱ	0
26	4.48	6.31	1.83	Ⅱ	Ⅲ	1
27	11.00	9.29	−1.71	Ⅴ	Ⅳ	−1
28	4.65	5.62	0.97	Ⅱ	Ⅱ	0

续表 6-6

序号	真实值	预测值	误差量	评价等级	预测等级	等级误差
29	12.50	10.40	-2.10	V	V	0
30	9.46	8.89	-0.57	IV	IV	0
31	10.80	7.93	-2.87	V	III	-2
32	7.88	7.49	-0.39	III	III	0
33	5.11	7.88	2.77	II	III	1
34	4.79	6.78	1.99	II	III	1
35	5.42	5.46	0.04	II	II	0

6.4.3　年际变化特征

本书在空间栅格尺度上,基于验证过的 BP 神经网络模型反演 2013—2019 年太子河干流流域 TN、NH_3-N 含量,估算每年 TN 和 NH_3-N 的平均浓度。太子河流域的 TN 浓度高于 2 mg/L,常年处于《地表水环境质量标准》(GB 3838—2002)中 V 类水质标准。为了显示太子河流域 TN 的空间差异性,便于分析太子河流域水体 TN 浓度空间变化特征,本书 TN 浓度以 4 mg/L、6 mg/L、8 mg/L、10 mg/L 为分界点划分 5 类水质标准,NH_3-N 浓度按照《地表水环境质量标准》(GB3838—2002)分类标准,以 0.15 mg/L、0.5 mg/L、1.0 mg/L、1.5 mg/L 为分界点划分为 5 类水质标准,从而探讨 2013—2019 年太子河干流水质的年际变化趋势,结果见表 6-7。

结果显示,2013—2019 年太子河干流 NH_3-N 的浓度呈现较明显的下降趋势,NH_3-N 在 2013 年 4 月浓度最高,达 8.11 mg/L,2018 年 8 月 NH_3-N 浓度最低,为 3.49 mg/L,2018—2019 年 TN 浓度有所上升。TN 变化趋势与 NH_3-N 大致相同,在 2013 年 4 月 TN 浓度最高,达到 1.93 mg/L,2018 年 8 月 TN 浓度最低,仅为 0.13 mg/L,2019 年 TN 浓度有所上升。从 2013—2019 年太子河流域年均水质来看,NH_3-N 基本浓度符合《地表水环境质量标准》(GB 3838—2002)III 类水质标准(<1.0 mg/L),其中 2018 年水质达 II 类水质标准(<0.5 mg/L);TN 浓度常年在 2.0 mg/L 以上,水体 TN 污染严重。整体来看太子河流域水体水质较差,但是近年来水体各项指标浓度均处于下降趋势,水质整体呈现上升趋势。而根据年际变化,2019 年 TN、NH_3-N 浓度同比上年有所上升,说明太子河流域水质仍遭受严重威胁。

综上分析得知,太子河流域水质污染严重,对太子河流域的水质进行保护和监测工作就显得尤为迫切,不仅要求提高环保意识,加强对污染源的监督管理,还要加强水质监测,及时发现问题,采取有效措施,保障太子河流域水质环境的健康发展。

表 6-7　2013—2019 年 TN 和 NH$_3$-N 年际变化特征

水质参数	时间	平均值/(mg/L)	水质等级分类	I 类	II 类	III 类	IV 类	V 类	总和
TN	2013 年 4 月	1.93	栅格数	10	18 613	12 539	6 494	18 798	56 454
			占比/%	0.02	32.97	22.21	11.50	33.30	100.00
	2013 年 8 月	0.60	栅格数	2 677	19 201	21 974	3 473	2 427	49 752
			占比/%	5.38	38.59	44.17	6.98	4.88	100.00
	2013 年 11 月	1.10	栅格数	693	20 782	16 727	6 567	2 979	47 748
			占比/%	1.45	43.52	35.03	13.75	6.24	100.00
	2014 年 9 月	0.95	栅格数	517	11 349	15 996	4 056	3 261	35 179
			占比/%	1.47	32.26	45.47	11.53	9.27	100.00
	2015 年 5 月	1.38	栅格数	20 286	8 234	2 376	4 208	12 349	47 453
			占比/%	42.75	17.35	5.01	8.87	26.02	100.00
	2015 年 6 月	0.76	栅格数	14 459	18 336	5 399	1 782	1 528	41 504
			占比/%	34.84	44.18	13.01	4.29	3.68	100.00
	2015 年 7 月	0.39	栅格数	26 160	6 159	4 107	926	277	37 629
			占比/%	69.52	16.37	10.91	2.46	0.74	100.00
	2015 年 9 月	0.60	栅格数	13 584	13 559	4 772	1 971	3 035	36 921
			占比/%	36.79	36.72	12.92	5.34	8.22	100.00
	2015 年 10 月	0.61	栅格数	7 323	20 540	5 273	2 458	1 154	36 848
			占比/%	19.93	55.90	14.35	6.69	3.14	100.00
	2016 年 4 月	1.12	栅格数	0	18	45 138	7 787	1 742	54 685
			占比/%	0	0.03	82.54	14.24	3.19	100.00
	2016 年 5 月	1.79	栅格数	13 394	12 784	6 397	7 889	13 337	53 801
			占比/%	24.90	23.76	11.89	14.66	24.79	100.00
	2016 年 8 月	0.60	栅格数	12 218	20 714	4 581	636	204	38 353
			占比/%	31.86	54.01	11.94	1.66	0.53	100.00
	2016 年 10 月	0.54	栅格数	9 206	23 296	4 840	1 934	1 190	40 466
			占比/%	22.75	57.57	11.96	4.78	2.94	100.00
	2017 年 4 月	0.78	栅格数	18 085	14 437	8 752	3 332	10 300	54 906
			占比/%	32.94	26.29	15.94	6.07	18.76	100.00
	2017 年 5 月	0.50	栅格数	16 832	18 294	6 570	6 528	4 258	52 482
			占比/%	32.07	34.86	12.52	12.44	8.11	100.00
	2018 年 8 月	0.13	栅格数	33 080	1 557	372	13	9	35 031
			占比/%	94.43	4.44	1.06	0.04	0.03	100.00
	2018 年 10 月	0.29	栅格数	27 867	8 592	4 425	2 548	1 270	44 702
			占比/%	62.34	19.22	9.90	5.70	2.84	100.00
	2018 年 11 月	0.45	栅格数	22 606	18 596	5 564	1 337	1 629	49 732
			占比/%	45.46	37.39	11.19	2.69	3.28	100.00
	2019 年 7 月	0.74	栅格数	10 982	10 365	7 595	1 668	447	31 057
			占比/%	35.36	33.37	24.46	5.37	1.44	100.00
	2019 年 10 月	0.51	栅格数	13 086	6 910	6 425	2 079	1 453	29 953
			占比/%	43.69	23.07	21.45	6.94	4.85	100.00

续表 6-7

水质参数	时间	平均值/(mg/L)	水质等级分类	I类	II类	III类	IV类	V类	总和
NH₃-N	2013年4月	8.11	栅格数	547	822	3 893	6 924	44 268	56 454
			占比/%	0.97	1.46	6.90	12.26	78.41	100.00
	2013年8月	6.26	栅格数	7 769	20 743	10 534	4 089	6 617	49 752
			占比/%	15.62	41.69	21.17	8.22	13.30	100.00
	2013年11月	6.54	栅格数	0	2 897	24 072	13 660	7 119	47 748
			占比/%	0	6.07	50.41	28.61	14.91	100.00
	2014年9月	6.95	栅格数	3 954	4 345	14 561	7 571	4 753	35 184
			占比/%	11.24	12.35	41.39	21.52	13.51	100.00
	2015年5月	6.53	栅格数	1 233	2 150	12 713	14 377	16 980	47 453
			占比/%	2.60	4.53	26.79	30.30	35.78	100.00
	2015年6月	5.02	栅格数	37	18 392	13 264	2 270	7 541	41 504
			占比/%	0.09	44.31	31.96	5.47	18.17	100.00
	2015年7月	4.16	栅格数	2 193	28 511	3 993	2 904	28	37 629
			占比/%	5.83	75.77	10.61	7.72	0.07	100.00
	2015年9月	5.32	栅格数	1 895	22 853	5 207	2 892	4 074	36 921
			占比/%	5.13	61.90	14.10	7.83	11.03	100.00
	2015年10月	5.31	栅格数	2 925	16 859	11 292	3 968	1 701	36 745
			占比/%	7.96	45.88	30.73	10.80	4.63	100.00
	2016年4月	7.05	栅格数	2 318	2 899	12 290	27 665	9 513	54 685
			占比/%	4.24	5.30	22.47	50.59	17.40	100.00
	2016年5月	6.98	栅格数	1 600	1 443	5 338	7 488	37 932	53 801
			占比/%	2.97	2.68	9.92	13.92	70.50	100.00
	2016年8月	4.74	栅格数	6 172	9 777	13 921	5 429	3 054	38 353
			占比/%	16.09	25.49	36.30	14.16	7.96	100.00
	2016年10月	5.01	栅格数	18 367	11 100	5 014	4 245	1 744	40 470
			占比/%	45.39	27.43	12.39	10.49	4.31	100.00
	2017年4月	6.36	栅格数	11 362	10 289	20 209	1 865	11 181	54 906
			占比/%	20.69	18.74	36.81	3.40	20.36	100.00
	2017年5月	5.70	栅格数	1 376	31 892	16 113	2 576	525	52 482
			占比/%	2.62	60.77	30.70	4.91	1.00	100.00
	2018年8月	3.49	栅格数	17 510	13 380	3 949	166	26	35 031
			占比/%	49.98	38.19	11.27	0.47	0.07	100.00
	2018年10月	4.61	栅格数	32 493	3 232	2 767	3 795	2 414	44 701
			占比/%	72.69	7.23	6.19	8.49	5.40	100.00
	2018年11月	4.73	栅格数	16 277	10 931	12 991	7 932	1 601	49 732
			占比/%	32.73	21.98	26.12	15.95	3.22	100.00
	2019年7月	5.20	栅格数	2 576	8 166	9 258	9 237	1 820	3 1057
			占比/%	8.29	26.29	29.81	29.74	5.86	100.00
	2019年10月	5.29	栅格数	14 410	3 447	5 478	4 298	2 318	29 951
			占比/%	48.11	11.51	18.29	14.35	7.74	100.00

6.4.4　TN、NH₃-N 空间变化特征分析

本书根据 TN 和 NH₃-N 的反演结果,从空间栅格尺度上分析 2013—2019 年太子河流域水质参数 TN、NH₃-N 的时空分布规律,得到不同年份太子河流域的 TN 和 NH₃-N 空间分布图,见图 6-3 和图 6-4。

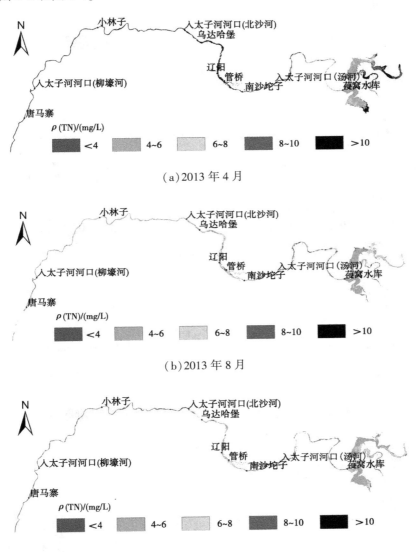

图 6-3　2014—2019 太子河流域 TN 浓度时空分布特征

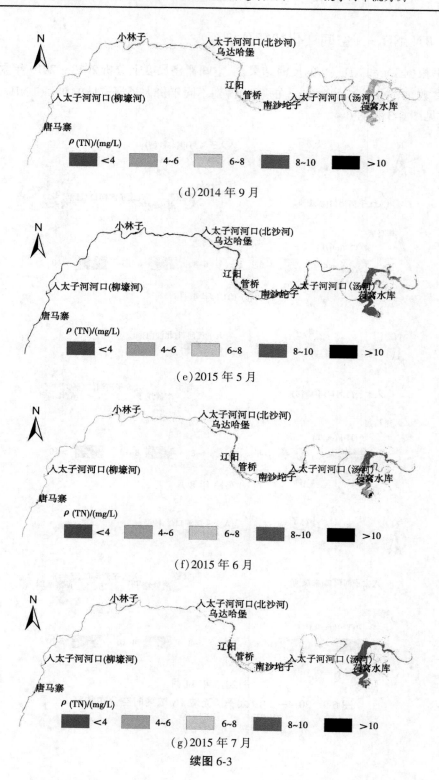

(d) 2014 年 9 月

(e) 2015 年 5 月

(f) 2015 年 6 月

(g) 2015 年 7 月

续图 6-3

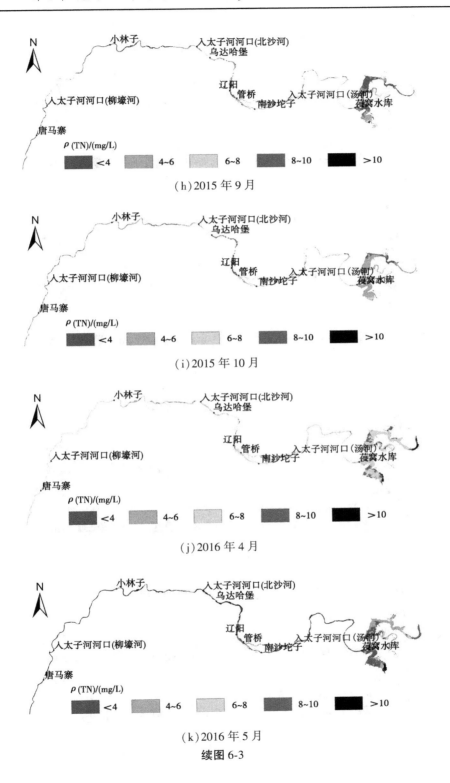

（h）2015 年 9 月

（i）2015 年 10 月

（j）2016 年 4 月

（k）2016 年 5 月

续图 6-3

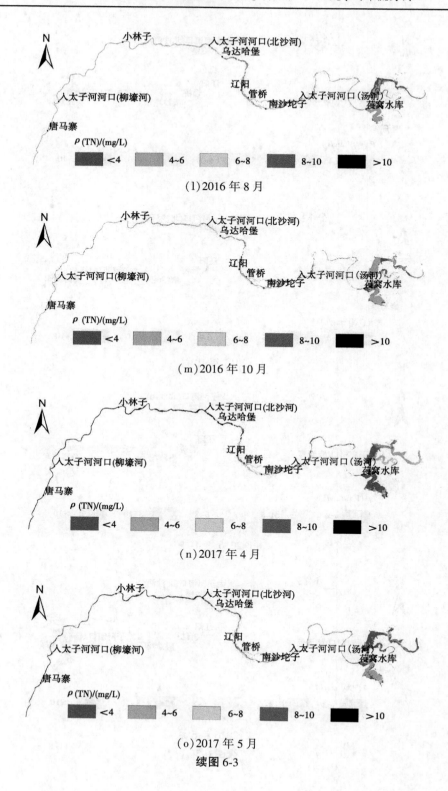

(1)2016 年 8 月

（m）2016 年 10 月

（n）2017 年 4 月

（o）2017 年 5 月

续图 6-3

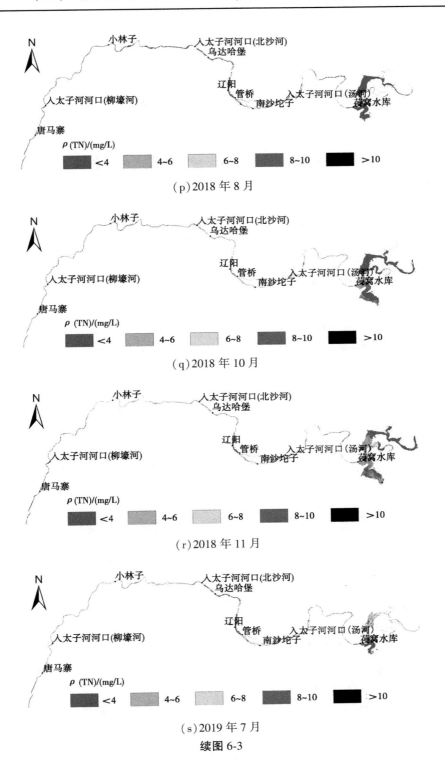

（p）2018 年 8 月

（q）2018 年 10 月

（r）2018 年 11 月

（s）2019 年 7 月

续图 6-3

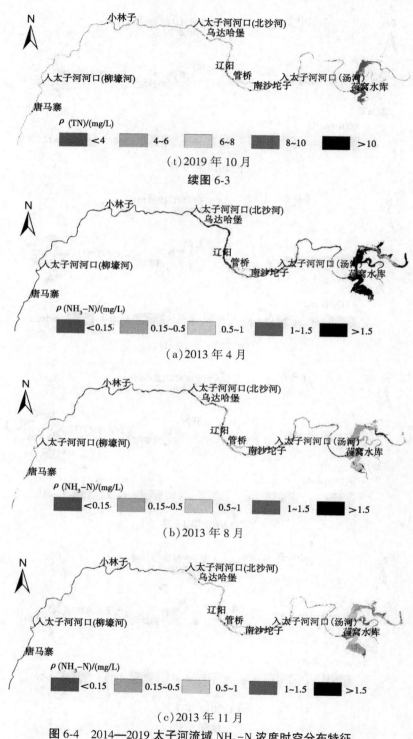

（t）2019 年 10 月

续图 6-3

（a）2013 年 4 月

（b）2013 年 8 月

（c）2013 年 11 月

图 6-4　2014—2019 太子河流域 NH₃-N 浓度时空分布特征

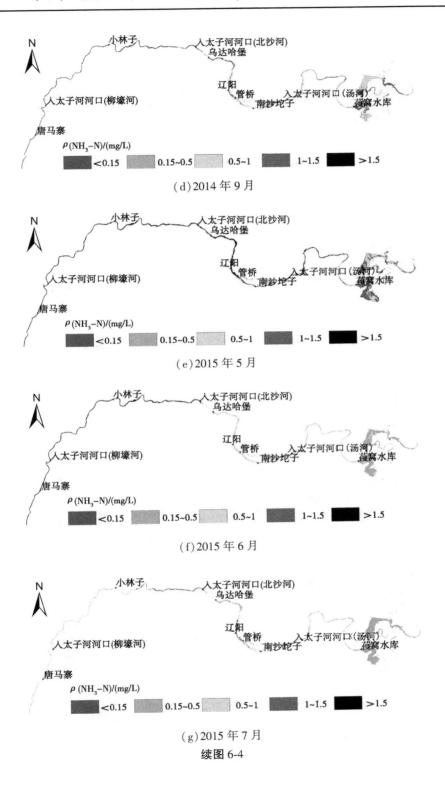

（d）2014 年 9 月

（e）2015 年 5 月

（f）2015 年 6 月

（g）2015 年 7 月

续图 6-4

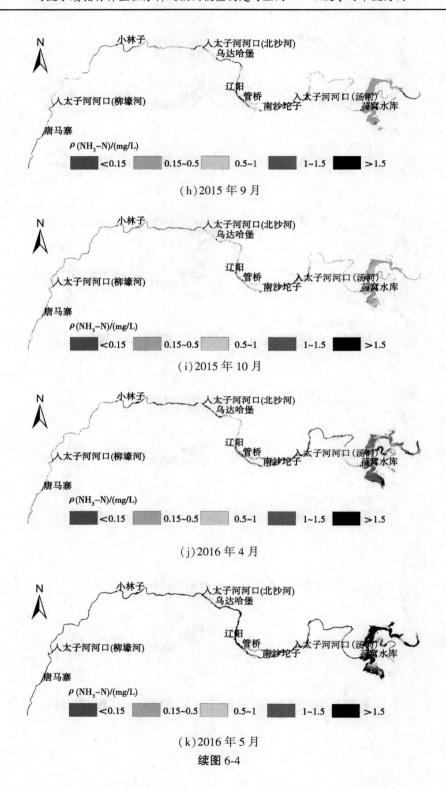

（h）2015 年 9 月

（i）2015 年 10 月

（j）2016 年 4 月

（k）2016 年 5 月

续图 6-4

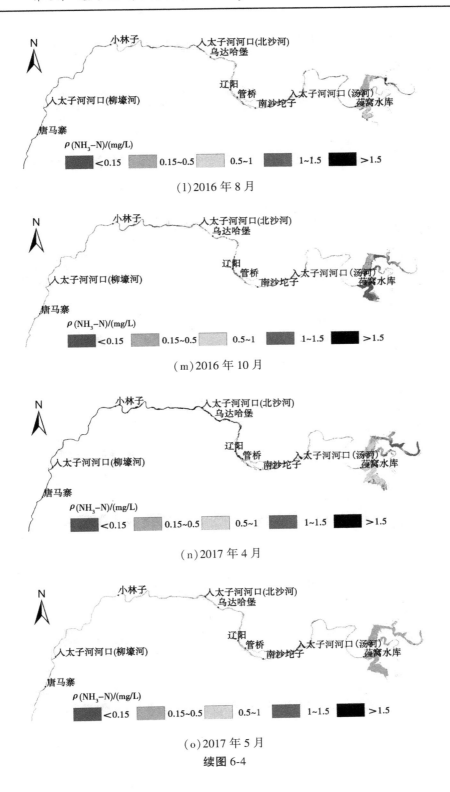

(1) 2016 年 8 月

(m) 2016 年 10 月

(n) 2017 年 4 月

(o) 2017 年 5 月

续图 6-4

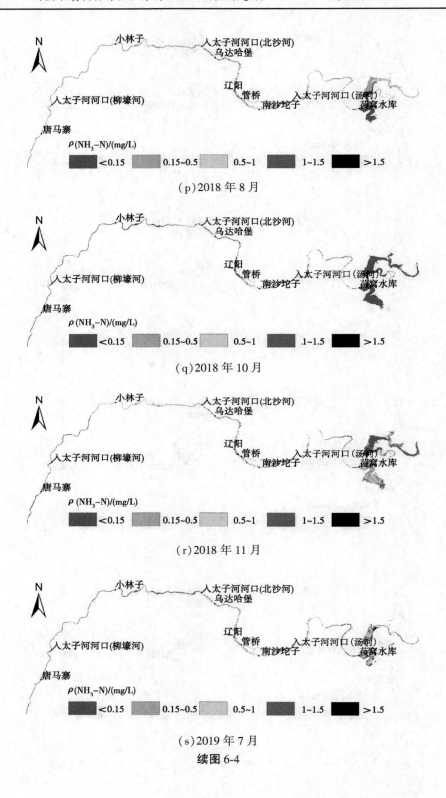

（p）2018 年 8 月

（q）2018 年 10 月

（r）2018 年 11 月

（s）2019 年 7 月

续图 6-4

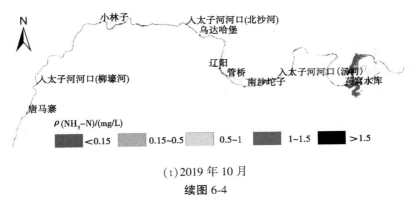

（t）2019 年 10 月
续图 6-4

　　从图 6-3 中可以看出,2013 年 3 月太子河流域水体 TN 含量浓度差异性较大,水体中
TN 浓度常年维持在较高水平,整体空间分布特征呈现西部高、东部低的变化趋势。2013
年 4 月蔻窝水库区域 TN 浓度多为 4~6 mg/L,蔻窝水库东边水域 TN 污染严重,浓度值在
8 mg/L 以上,蔻窝水库至入太子河河口（汤河）TN 浓度在不断增加,由 4 mg/L 升高到 10
mg/L 以上,南沙坨子至唐马寨区域 TN 浓度一直在 10 mg/L 以上,水体 TN 污染极为严
重,对太子河流域水体 TN 浓度的防控刻不容缓。2013 年 8 月,蔻窝水库 TN 浓度在 4~6
mg/L,蔻窝水库东边水体 TN 浓度降低,从 8 mg/L 以上降低到 6~8 mg/L,蔻窝水库至唐
马寨区域,TN 浓度为 6~8 mg/L,仍维持较高的水平,但是相比 4 月浓度有所降低,这是因
为随着雨季的到来,降雨量增加导致河流水量增加,从而对污染物进行了稀释,所以 8 月
水体 TN 浓度较低。2013 年 11 月蔻窝水库 TN 浓度在 4~8 mg/L,其中部分区域为 6~8
mg/L,可以看出随着枯水期的到来,TN 浓度开始升高,水体开始逐步恶化,蔻窝水库至乌
达哈堡区域 TN 浓度为 6~8 mg/L,入太子河河口（北沙河）至唐马寨区域,水体 TN 浓度达
到 8~10 mg/L,整条流域 TN 浓度呈现上游低、下游高的趋势。2014 年 9 月蔻窝水库 TN
浓度在 4~8 mg/L,蔻窝水库至乌达哈堡 TN 浓度为 6~8 mg/L,入太子河河口（北沙河）至
唐马寨区域,水体 TN 浓度达到 8~10 mg/L,水体 TN 浓度与 2013 年 11 月相似。2015 年
5 月蔻窝水库 TN 浓度小于 4 mg/L,水体 TN 浓度较低,说明上游水体 TN 污染较轻,但是
蔻窝水库至乌达哈堡区域水体 TN 浓度在不断增加,由 4 mg/L 以下上升到 10 mg/L,乌达
哈堡至唐马寨区域水体 TN 浓度一直在 10 mg/L 以上,水体 TN 污染严重,说明太子河流
域水体污染源较多,流域 TN 浓度较大,由于 5 月是枯水期,河流水量较少,水体中污染物
得不到稀释,自净能力较差,从而导致中下游水体 TN 污染严重,需要对流域中下游区域
水体 TN 浓度进行防控。2015 年 6 月和 7 月流域水体 TN 浓度较低,6 月辽阳至管桥区域
和蔻窝水库东南区域 TN 浓度较高,7 月蔻窝水库东南区域 TN 浓度较高。2015 年 9 月,
蔻窝水库 TN 浓度在 4 mg/L 以下,蔻窝水库南部区域 TN 浓度有升高的趋势,蔻窝水库至
乌达哈堡区域 TN 浓度在 4 mg/L 以下,入太子河河口（北沙河）至唐马寨区域 TN 浓度在
8 mg/L 以上。2015 年 10 月蔻窝水库 TN 浓度在 4~6 mg/L,相比 9 月 TN 浓度有所上升,
并且蔻窝水库南部水体浓度偏高,南沙坨子至乌达哈堡 TN 浓度较低,为 4 mg/L 以
下,入太子河河口（北沙河）至唐马寨 TN 浓度在 6~10 mg/L,浓度相对较高。2016 年 4 月
太子河流域水体 TN 浓度整体偏高为 6~8 mg/L。2016 年 5 月蔻窝水库 TN 浓度在 4 mg/L

以下,蒉窝水库东部和南部区域,TN 浓度偏高,蒉窝水库至唐马寨区域水体 TN 浓度逐渐升高,其中小林子断面上游水体 TN 浓度在 8~10 mg/L,小林子断面下游水体 TN 浓度在 10 mg/L 以上。2016 年 8 月蒉窝水库北部 TN 浓度为 4 mg/L 以下,中部及南部区域 TN 浓度为 4~6 mg/L,南沙坨子至乌达哈堡区域 TN 浓度为 4 mg/L 以下,而入太子河河口(北沙河)断面下游水域 TN 浓度为 6~8 mg/L,TN 浓度有所提升。2016 年 10 月蒉窝水库 TN 浓度为 4~6 mg/L,蒉窝水库至乌达哈堡区域 TN 浓度为 6 mg/L 以下,乌达哈堡断面下游水域 TN 浓度在 6 mg/L 以上。2017 年 4 月蒉窝水库 TN 浓度在 4 mg/L 以下,蒉窝水库南部区域 TN 浓度达到 8 mg/L 以上,东部在 6~8 mg/L,蒉窝水库至管桥区域,TN 浓度逐渐升高,乌达哈堡断面下游区域 TN 浓度在 10 mg/L 以上,下游水体污染严重。2017 年 5 月,蒉窝水库北半部分 TN 浓度在 4 mg/L 以下,南半部分 TN 浓度在 4~6 mg/L,蒉窝水库至乌达哈堡区域,TN 浓度在不断升高,由 4 mg/L 以下上升到 8 mg/L,入太子河河口(北沙河)断面下游区域 TN 浓度为 8 mg/L 以上,水体受 TN 污染严重。2018 年 8 月,太子河流域水体 TN 浓度较低,整条流域基本维持在 4 mg/L 以下,水质比较清洁。2018 年 10 月蒉窝水库 TN 浓度在 4 mg/L 以下,蒉窝水库至入太子河河口(北沙河)TN 浓度逐渐上升至 4~6 mg/L,小林子至唐马寨区域水体 TN 浓度上升至 8~10 mg/L,与 2015 年 10 月和 2016 年 10 月相比 2018 年 10 月流域水质有所改善。2018 年 10 月蒉窝水库 TN 浓度在 6 mg/L 以下,蒉窝水库至入太子河河口(北沙河)TN 浓度在 6 mg/L 以下,乌达哈堡至小林子区域 TN 浓度上升至 6~8 mg/L,入太子河河口(柳壕河)和唐马寨区域水体 TN 浓度上升至 10 mg/L 以上。2019 年 7 月蒉窝水库北部区域 TN 浓度较高,为 6~10 mg/L,南部区域 TN 浓度在 4 mg/L 以下,蒉窝水库至乌达哈堡 TN 浓度在 6 mg/L 以下,乌达哈堡断面下游水域 TN 浓度为 4~6 mg/L。2019 年 10 月蒉窝水库 TN 浓度在 4 mg/L 以下,蒉窝水库至辽阳 TN 浓度在 6 mg/L 以下,辽阳至唐马寨区域 TN 浓度上升至 6~10 mg/L。

从图 6-4 中得知,NH_3-N 浓度呈现西部高、东部低的趋势,其空间变化规律与 TN 相似。2013 年 4 月太子河流域水体 NH_3-N 浓度超过 1.5 mg/L,整条流域水环境较差,受 NH_3-N 污染严重,需要对 NH_3-N 浓度值进行防控,控制污染源 NH_3-N 的排放。2013 年 8 月蒉窝水库至辽阳区域 NH_3-N 浓度较低,大多保持在 0.5 mg/L 以内,乌达哈堡至小林子区域水体 NH_3-N 浓度升高,达到 1.5 mg/L 以上,唐马寨区域 NH_3-N 浓度恢复到 0.5 mg/L 以下。2013 年 11 月,太子河流域水体 NH_3-N 浓度整体偏高,蒉窝水库至入太子河河口(北沙河)水体 NH_3-N 浓度在 0.15~0.5 mg/L,而小林子至唐马寨区域水体 NH_3-N 浓度均高于 1.5 mg/L,水体受 NH_3-N 污染严重。2014 年 9 月 NH_3-N 浓度较高,蒉窝水库 NH_3-N 浓度大多在 0.5~1 mg/L 范围内,蒉窝水库至辽阳区域 NH_3-N 浓度不断升高,乌达哈堡至唐马寨区域水体 NH_3-N 浓度升高至 1 mg/L 以上,水体污染较为严重。2015 年 5 月太子河流域水体 NH_3-N 浓度整体偏高,蒉窝水库 NH_3-N 浓度在 0.5~1 mg/L,蒉窝水库至唐马寨区域水体 NH_3-N 浓度均超过 1.5 mg/L,水体 NH_3-N 污染严重,需要对 NH_3-N 浓度进行一定的防控。2015 年 6 月,太子河流域 NH_3-N 浓度相比 5 月有所降低,蒉窝水库 NH_3-N 浓度在 0.15~0.5 mg/L,蒉窝水库至乌达哈堡 NH_3-N 浓度在 0.5~1 mg/L,入太子河河口(北沙河)至唐马寨区域 NH_3-N 浓度超过 1.5 mg/L,说明下游水体 NH_3-N 浓度高,水体污染严重。2015 年 7 月蒉窝水库至乌达哈堡区域 NH_3-N 浓度均保持在 0.5 mg/L 以下,而入太子河河口(北沙河)NH$_3$-N 浓度在 1~1.5 mg/L,小林子至唐马寨区域 NH$_3$-N 浓度降至 0.5~1 mg/L。2015 年 9 月葠窝水库 NH$_3$-N 浓度在 0.15~0.5 mg/L,中游至下游区域 NH$_3$-N 浓度在 1 mg/L 以上,水体污染较为严重。2015 年 10 月葠窝水库 NH$_3$-N 浓度在 1 mg/L 以下,至乌达哈堡区域水体 NH$_3$-N 浓度均保持在 1 mg/L 以下,而乌达哈堡至唐马寨区域 NH$_3$-N 浓度上升至 1~1.5 mg/L。2016 年 4 月葠窝水库 NH$_3$-N 浓度在 1~1.5 mg/L,入太子河河口(汤河)至乌达哈堡区域 NH$_3$-N 浓度在 1~1.5 mg/L,入太子河河口(北沙河)区域 NH$_3$-N 浓度较高,在 1.5 mg/L 以上,小林子至唐马寨区域 NH$_3$-N 浓度下降至 1~1.5 mg/L,整体来看 NH$_3$-N 浓度较高,水体污染严重。2016 年 5 月太子河流域水体 NH$_3$-N 浓度整体偏高,整条流域 NH$_3$-N 浓度在 1.5 mg/L 以上。2016 年 8 月 NH$_3$-N 浓度相比 5 月有明显的降低,其中葠窝水库北部区域 NH$_3$-N 浓度在 0.15~0.5 mg/L,南部区域 NH$_3$-N 浓度在 0.5~1 mg/L,入太子河河口(汤河)至乌达哈堡区域,NH$_3$-N 浓度在 1 mg/L 以下,入太子河河口(北沙河)至小林子区域 NH$_3$-N 浓度在 1~1.5 mg/L,而入太子河河口(柳壕河)至唐马寨区域 NH$_3$-N 浓度超过 1.5 mg/L。2016 年 10 月,葠窝水库 NH$_3$-N 浓度在 0.15 mg/L 以内,入太子河河口至乌达哈堡区域 NH$_3$-N 浓度在 0.15 mg/L 以下,入太子河河口(北沙河)断面下游 NH$_3$-N 浓度均在 1~1.5 mg/L,水体 NH$_3$-N 浓度有所降低。2017 年 4 月葠窝水库 NH$_3$-N 浓度在 0.5~1 mg/L,葠窝水库至乌达哈堡区域水体 NH$_3$-N 浓度不断升高,乌达哈堡断面下游整个区域 NH$_3$-N 浓度均在 1.5 mg/L 以上。2017 年 5 月太子河流域水体 NH$_3$-N 浓度有明显下降,葠窝水库 NH$_3$-N 浓度在 0.15~0.5 mg/L,葠窝水库至唐马寨区域 NH$_3$-N 浓度在 0.5~1 mg/L,水体 NH$_3$-N 浓度相比之前年份同月份有所降低,可以看出水体环境在不断改善。2018 年 8 月太子河流域水体 NH$_3$-N 浓度大多保持在 0.5 mg/L 以下,而葠窝水库北部区域 NH$_3$-N 浓度在 0.5~1 mg/L。2018 年 10 月葠窝水库 NH$_3$-N 浓度在 0.15 mg/L 以下,乌达哈堡断面上游区域水体 NH$_3$-N 浓度在 0.5 mg/L 以下,入太子河河口(北沙河)断面下游区域水体 NH$_3$-N 浓度上升至 1~1.5 mg/L。2018 年 11 月太子河流域水体 NH$_3$-N 浓度有所上升,葠窝水库北部区域 NH$_3$-N 浓度在 0.15 mg/L 以下,葠窝水库南部和东部区域 NH$_3$-N 浓度偏高,在 0.5~1.5 mg/L,小林子断面上游 NH$_3$-N 浓度均在 1 mg/L 以下,小林子断面下游 NH$_3$-N 浓度超过 1 mg/L。2019 年 7 月太子河流域 NH$_3$-N 浓度偏高,葠窝水库 NH$_3$-N 浓度在 0.5~1 mg/L,入太子河河口(北沙河)断面上游区域,水体 NH$_3$-N 浓度在 1 mg/L 以内,入太子河河口(北沙河)下游区域水体 NH$_3$-N 浓度均在 1~1.5 mg/L。2019 年 10 月葠窝水库 NH$_3$-N 浓度在 0.15 mg/L 以下,入太子河河口(汤河)水体 NH$_3$-N 浓度在 1 mg/L 以下,小林子至唐马寨区域水体 NH$_3$-N 浓度在 1 mg/L 以上。

综上所述,2013—2019 年太子河流域 TN、NH$_3$-N 浓度变化特征相似,呈现西部高、东部低的趋势,2014 年水质较差,之后每年水质逐渐变好,2018 年水质最好,2019 年同比上一年水质变差。中部区域 TN、NH$_3$-N 浓度下降明显,小林子至唐马寨地区水体水质污染严重,给生态环境造成了极大的影响。

6.4.5　小结与讨论

本书基于 BP 神经网络算法结合 Landsat 8 数据反演太子河流域 TN、NH$_3$-N 的浓度,反演结果分析表明,2014—2018 年太子河流域水体 TN、NH_3-N 浓度整体呈现下降趋势,其中 2019 年同比上年有所上升,这是因为 2019 年是流域范围内降雨量少,水体得不到更新,水体流动性减弱,使得污染物不断聚集,浓度随之升高,导致水体质量比 2018 年有所下降。太子河流域 TN、NH_3-N 空间分布显示,上游河道葠窝水库至乌达哈堡区域 TN、NH_3-N 含量浓度较低,其中 NH_3-N 能控制在Ⅲ类水质的标准限制以下,TN 浓度控制为 $2 \sim 6$ mg/L;下游河道北沙河口至唐马寨区域 TN、NH_3-N 浓度偏高,NH_3-N 浓度达到Ⅴ类水质标准,TN 浓度在 6 mg/L 以上。杨洵等(2013)研究表明太子河流域内产业以钢铁、冶金等重工业为主,沿河排污口众多,污水排放量大,处理难度高,其中一些重污染企业主要依靠能源和原材料进行生产,技术水平落后,低效益、高能耗、高污染。此外,随着现代化产业的不断发展以及经济要素的不断积累,河流沿岸的人口数量也随之增长,城镇化水平逐步提高,城市生活污水排放量不断增加,这可能是太子河流域 TN 浓度超标的主要原因。污染范围从城市和局部区域,逐渐向流域化扩散,水质整体污染严重。李尧等(2021)研究表明,随着太子河流域内城市化进程的加快,工农业高速发展,流域水质从上游至下游逐渐恶化,在汇流的三岔口处污染物浓度达到最大值。安彦宜等(2022)研究表明太子河流域水质自上游至下游不断恶化,NH_3-N 浓度在 2001—2017 年间呈较为显著的下降趋势,河段内面源污染是导致 NH_3-N 浓度超标的主要原因,丰水年时,充足的来水对污染物起到良好的稀释作用,水质得到改善;枯水年时,水量少,水体流动性差,污染物不断累积,浓度升高,这与本研究太子河流域 NH_3-N 含量浓度时空分状况相一致。总体来看,太子河流域水体 NH_3-N 污染较轻,为Ⅲ类水质标准;TN 污染严重,超出国家Ⅴ类水质标准,因此应该加强对太子河流域水质的监测,及时发现污染源并采取有效措施,严控污染物的排放,并加强生态保护,充分发挥太子河的净化功能,最终保障太子河流域水质环境的健康发展。

6.5 本章小结

本章通过 Landsat 8 影像与监测断面实测水质数据,采用 BP 神经网络模型,实现了太子河流域 2014—2019 年 TN、NH_3-N 两个水质指标的反演,并分析水质指标时空分布规律,结论如下

(1)利用 Landsat 8 影像波段反射率,分别建立了基于 TN、NH_3-N 的 BP 神经网络模型,同时采用实测水质数据与预测值进行精度验证。验证结果表明,利用 Landsat 8 所建立的 BP 神经网络模型中 TN 的预测效果较好,R^2 为 0.777,均方根误差为 1.464 mg/L,NH_3-N 的预测效果略差,R^2 为 0.550,均方根误差为 0.667 mg/L,模型适用于 TN 和 NH_3-N 的反演。

(2)2013—2019 年太子河干流 TN 的浓度呈现较明显的下降趋势,TN 在 2013 年 4 月浓度最高,达 8.11 mg/L;2018 年 8 月 TN 浓度最低,为 3.49 mg/L。在 2013 年 4 月 NH_3-N 浓度最高,达到 1.93 mg/L;2018 年 8 月 NH_3-N 浓度最低,仅为 0.13 mg/L。

(3)从 2013—2019 年太子河流域年均水质来看,NH_3-N 基本浓度符合《地表水环境质量标准》(GB 3838—2002)Ⅲ类水质标准(< 1.0 mg/L),其中 2018 年水质达Ⅱ类水质标

准(<0.5 mg/L);TN 浓度常年在 2.0 mg/L 以上,水体 TN 污染严重。整体来看,太子河流域水体水质较差,但是近年来水体各项指标浓度均处于下降趋势,水质整体呈现上升趋势。而年际变化显示,2019 年 TN、NH₃-N 浓度同比上年有所上升,说明太子河流域水质仍遭受严重威胁。

(4)太子河流域 TN、NH₃-N 的空间差异性较大,总体来看,河流上游区域水质较好,中部区域水质明显下降,下游小林子至唐马寨区域水质污染最为严重。

第7章　太子河干流辽阳段水环境问题与对策

7.1　主要结论与潜在问题

　　河流作为陆面水资源的主要载体,其环境与生态系统的优劣直接关系到区域经济社会的发展质量。对于辽宁省辽阳市太子河而言,其地势较缓意味着研究区域内的水流流速不是很大,但当水流流速过小从而导致停滞或形成死水时,不仅对城市的发展有很大的阻碍作用,而且对水环境也是一种潜在的威胁(林茂森等,2015)。本书通过收集研究区域污染物的实测数据,提取高程等地形数据,分析研究区域主要污染物的时空分布特征并对其进行评价,最后建立二维水动力-水质模型和基于 BP 神经网络的遥感反演模型进行模拟研究,旨在探明研究区域水动力、水质变化规律,对水质指标进行实时精准的监测,以提升水质监控的时效性。主要结论与潜在问题如下:

　　(1)辽阳市太子河水环境呈弱碱性,汛期降水较多,导致河流流速加快,污染物迁移速度也变大,而且水量增加还会将污染物稀释,所以汛期水质情况要好于非汛期。从时间上来看,太子河辽阳段水质状况基本随年份逐渐变好,说明国家和政府实施的政策效果较好。从空间上来看,上游水质最好,下游次之,中游最差,尤其北沙河入河口最为严重,汛期和非汛期水质分别为Ⅳ类和Ⅴ类,超过了水功能区标准。太子河辽阳段主要为点源和面源污染的综合作用,污染源主要是生活污水、工业废水排放点源,农业及畜牧养殖业面源,从而导致研究区域内营养盐较高,因此下游的农业和农村的面源污染是水质防控的重点问题之一。

　　(2)利用综合水质标识指数法进行水质评价,发现太子河辽阳段的综合水质标识指数在汛期与非汛期分别为 3.330、3.861,均达到Ⅲ类水质标准,综合水质较好,只有 TN 和 NH_3-N 超过河段水功能目标。通径分析得到:NH_3-N 对水质的影响最大,直接作用最强,也是主要决策变量,主要是通过 COD_{Mn} 与 TP 的间接影响,间接通径系数分别为 0.25、0.23,是影响水质变化的主要指标。COD_{Mn}、COD、BOD_5、NH_3-N 伴生性较强,该 4 个水质指标可以相互预测,确定浓度值。2015—2020 年,辽阳市太子河综合水质标识指数与人口呈正相关,与其他几项参数呈负相关,说明经济与水环境协调发展,暂时形成了良性循环,同时也说明辽阳市对太子河的治理取得了显著成效,但治理的效果亟待巩固,生态环境仍然较为脆弱,治理保护任重道远,因此持续加强水环境的管理制度是该地区管理部门应非常注重的问题。

　　(3)根据研究区实测数据和相关地形资料,构建 MIKE21 水动力模型,以水动力模型为基础构建水质模型。选用 2019 年研究区域的水动力、水质数据对模型参数进行分析率定,将两种模型相互耦合,构建了二维水动力-水质模型。由于衰减系数是一个恒定常数,模拟过程中各污染物浓度变化趋势基本一致,从上游到下游各污染物指标的浓度按衰减扩散规律逐渐减小,模型模拟过程较为理想化。对于该地区应用 MIKE21 区预测水质的时空分布规律,是保证水质监控效率和解决处理数据缺失问题的重要方向。

(4)BP 神经网络模型显示,NH_3-N 低浓度时模型预测效果较好,而高浓度时模型预测效果较差,这是因为高浓度的样本较少,神经网络模型学习的特征较少,导致预测结果与实际浓度差异较大。模型的训练样本拟合优度(R^2)为 0.624,均方根误差(RMSE)为 0.577;测试样本 R^2 为 0.548,均方根误差为 0.669,满足精度要求。TN 的模拟与应用结果比 NH_3-N 要好,模型精度能够达到 0.7 以上,预测应用的结果同样比 NH_3-N 要好。NH_3-N 与 TN 的模拟与预测结果,均高于 COD_{Mn},这说明利用遥感对水质指标监测具有一定的选择性,其对 NH_3-N 和 TN 的指数预测校准,因此对农业农村面源污染预测能力可能较强,而对化学工业类的预测结果较差,这说明基于 BP 神经网络的遥感反演模型可能还需要考虑更多的化学因素的干扰,或者持续获取多时相且精准的遥感影像,以进一步提高模型的预测精度。

(5)为实现太子河流域地表水体水质变化动态监测与准确预测,加强水污染管理和治理能力,本书构建了基于 MIKE21 的太子河流域干流的主要污染物运移模型,在复杂内陆水域环境中准确识别影像光谱信息与地面实测水质数据之间线性和非线性关系,通过神经网络方法提高水质反演模型精度、稳定性。MIKE21 模型与基于 BP 神经网络的遥感反演模型对水质指标的预测准确度均高,两者相互验证,能够在实际过程中取得更好的监测与预测结果,并且经实际预测与真实数据比较,取得了较好的精度。但在选用的各项水质指标存在着部分时间段的缺失、种类的缺少、时空条件变化、地形数据缺少等问题;本书在基础的水动力模块中,并未考虑研究区域的蒸发、降雨、糙率、天气等因素,在水质模块中只选取了常见的 6 种水质指标,对于其他指标并未进行研究,导致研究结果不够全面,因此加强高清遥感影像的获取,提升日常水质指标监测的全面性,是未来应该重点考虑的问题。

7.2　原因剖析

根据水质评价结果,太子河辽阳段内氮、磷污染较为严重,通过对流域内污染源的调查,目前主要存在以下几种水环境问题。

7.2.1　营养盐超标问题

太子河污染源主要是生活污水、工业废水排放点源,农业及畜牧养殖业面源,从而导致研究区域内营养盐较高。产生的原因来自于当地水文局提供的社会发展数据和统计年鉴,具体体现在以下几个方面:

(1)河流附近种植玉米、水稻与果树等多种作物,农业生产不可避免要使用大量化肥和农药,部分未被农作物与土壤吸收的化肥和农药,将会随着地表径流直接流入河流,也就使河流中含有大量氮、磷,从而破坏河流生态环境(关艳庆等,2023)。而且辽阳市有大量淡水鱼养殖基地,鱼类产生的粪便、废弃物、废水一般都未经过处理就排到河流中,在一定程度上也加剧了河流污染。

　　（2）由于太子河上游为本溪市，本溪是著名的工业城市，主要有钢铁、生物医药等工业，且辽阳市也存在石油化纤、冶金、化工等工业，不同类型的工业产生的废水成分、性质虽然不同，但最终都流入河流中。大多河流沿岸居住的村民直接将生活废水与生活垃圾随意倾倒，导致河流水质进一步恶化。此外，部分污水处理厂基础设施落后，存在管件不配套，缺乏单独处理氮、磷污染物以及污泥排放的设备，以至于污水处理厂排放的废水也未必达标（王琼等，2017）。

　　（3）生态系统遭到破坏时河流本身具有较强的自净能力，有利于河流中污染物的降解和扩散。由于人为因素的影响，河流内的水生生物以及河流两岸的绿色植被也在逐渐减少，水质富营养化严重，削弱了水体的自净能力，流域内生态系统遭到严重破坏（沈洪艳等，2015）。

　　（4）夏季高温季节，气温突变，闷热多雨，此时气压较低、水体含氧量降低等情况容易造成有益微生物及藻类大量死亡，水域自我调节能力降低，氮循环受阻，亚盐得不到疏导（王舒凌等，2022）。

　　总体来说，农业中施用较多的氮肥和磷肥、农村中圈养家禽家畜排泄物的排放、农业废水的再灌溉和沈阳城镇污水的排放等是引发水体中富营养盐超标的关键原因，提升农田原位水肥管理技术、采用先进技术对农村废弃物进行资源化利用和提升灌溉水质是太子河辽阳段需要重点考虑的预防水质污染的方法（付意成等，2016）。该流域下游具有明显的农业农村问题，因此下游的农业和农村的面源污染是水质防控的重点问题之一。

7.2.2　监管问题

　　辽阳市太子河综合水质标识指数与人口呈正相关，与其他几项参数呈负相关，说明经济与水环境协调发展，暂时形成了良性循环，同时也说明辽阳市对太子河的治理取得了显著成效，但治理的效果亟待巩固，生态环境仍然较为脆弱，治理保护任重道远，因此持续加强水环境的管理制度是该地区管理部门应非常注重的问题。具体原因如下：

　　（1）我国目前虽然颁布了许多针对环境保护的法律法规，但还是缺乏针对湖泊、海洋以及河流的水环境保护的相关政策与准则，也存在着监管不力、执法不严等问题。流域内各个监测部门间未进行有效的沟通，从而导致水环境问题无法得到合理的解决（马纪红等，2016）。目前，太子河流域内的环境监测与预警体系相对薄弱，部分监测人员忽视环境监测的重要性，应对突发状况时的响应能力低下，缺乏执行有力的环境监管体系。

　　（2）公民环保意识不够。目前我国公民对水环境保护的认识不够，受到污染后再进行治理早已成为常态。公民常以旁观者的角度来看待水环境治理，殊不知水环境的保护也关系到自身的生活（王延荣等，2017）。多数公民在治理过程中只看重自身利益，未意识到水环境对国家、社会以及自身的重要性，从而无法形成有效的监督体系（王志芳等，2021）。

　　中国的水资源开发与管理起步较晚、经验不足。赵钟楠等（2022）提出"推动水利基础设施高质量发展是当前和今后一个时期水利工程补短板的根本要求，是实现水利现代化的必由之路，事关生态文明建设、乡村振兴、区域协调等国家战略实施"。赵伟等

(2021)在研究中提出应"全面厘清水利基础设施高质量发展的基本内涵和工作思路,以问题为导向,以目标为引领,把握治水之度,构建全面支撑中国经济社会发展和生态环境保护的水利基础设施网络"。因此,在我国水资源开发晚、经验不足的背景下,在当地提前布局狠抓水质监管,提升管理水平,对把握治水之度,最终构建水利基础设施网络具有重要的实践意义。

7.2.3　水质监控技术落后

近年来,随着工农业生产的快速发展,以辽阳灌区、营口大石桥灌区和东港灌区等为代表的周边水域或者湖泊水体中营养水平居高不下,导致水体发绿,藻类呈现潜在的暴发之势,对流域内居民的生产生活、生命健康都产生了很大影响,已经成为制约区域经济社会可持续发展的重大问题(徐丹等,2018)。太子河下游水环境质量较差,特别是唐马寨断面,其 NH_3-N 浓度大于 2 mg/L 的时段占全时段的 60% 以上,水质达到劣 V 类,部分时段水质恶化, NH_3-N 浓度可以达到 6 mg/L。通径分析发现,各水质指标对水质的影响按相关系数从大到小排列顺序依次为: $NH_3-N > COD_{Mn} > TP > BOD_5 > DO >$ 粪大肠菌群 $> TN$。说明 NH_3-N 对水质的影响最大,直接作用最强,也是主要决策变量。一方面,灌区附近流域现有的水质指标监测手段不完善,主要依靠人工监测手段获取水质各个指标以及蓝藻水华现状信息,体现在:仅依靠电导率和 pH 等间接反映水质的整体状况,后期结合非常延后的室内化验数据,判断具体指标是否超标,监测结果的时效性非常差,这种"定性 & 延后"监控方式更加不能实现整个流域或者湖泊全覆盖的水质信息快速获取及超标信息及时识别;另一方面,已有的分析方法通常以日为单位对水质的演变趋势进行模拟预测,比如本书前提利用 MIKE21 对水质各大指标进行检测,存在自动化与智能化水平低、对各个水流断面的详细数据要求严格,模拟预测结果与水质防控的应急需求脱节,导致河流水质的时空演变趋势、分区风险等级、重点区域水质堆积风险与持续时长等关键信息获取困难,难以为应急处置提供科学、有效的决策支撑。

此外,技术性基础设施同样需要更新与系统搭建。用最新出现的技术对传统的基础设施进行新技术的再装备,同其他基础设施和管理手段相匹配,这也是国家社会性基础设施网络中的重要组成部分。针对水资源的基础设施建设与信息化管理,国外已有一些先进的建设方案。例如,美国国家水信息系统(NWIS)提供了对美国 50 个州监测站的水资源数据访问,这些数据可供州地方政府、公共和私有设施使用,不仅可用于水量调度决策,也可用于洪水预警系统的开发,桥梁、水坝和洪水控制工程设计,分配灌溉用水、定位污染源以及预测放射性废物处理对水供应的潜在影响等。俄罗斯的水文系统 AHIS 则记录包括水资源数据和水质数据,并精确保留了实时监测数据与历史积累数据,定期监测水体的重要指标变化、长序列观测数据的水文规律分析与研究,水文水情分析数据等。欧盟的水信息系统 WISE 是一个完整的数据共享系统,通过该系统可以了解欧洲水信息、水资源的各方面信息,并成为决策者和技术工作者沟通的桥梁。

7.2.4　数据监测体系不健全

2011 年中国环境公报显示,全国地表水污染依然较重。长江、黄河、珠江、松花江、淮河、海河和辽河等七大水系总体为轻度污染。204 条河流 409 个地表水国控监测断面中，全国全年 Ⅰ 类水质河长占评价河长的 4.6%，Ⅱ 类水质河长占 35.6%，Ⅲ 类水质河长占 24.0%，Ⅳ 类水质河长占 12.9%，Ⅴ 类水质河长占 5.7%，劣 Ⅴ 类水质河长占 17.2%。主要污染指标为 COD_{Mn}、BOD_5 和 NH_3-N。26 个国控重点湖泊(水库)全年水质为 Ⅰ 类的水面占评价水面面积的 0.5%、Ⅱ 类占 32.9%、Ⅲ 类占 25.4%、Ⅳ 类占 12.0%、Ⅴ 类占 4.5%、劣 Ⅴ 类占 24.7%。主要污染指标是 TN 和 TP。从数据分析，我国湖泊(水库)的水质劣 Ⅴ 类占比高，且三湖中，除太湖环湖河流总体为轻度污染外，滇池、巢湖环湖河流总体均为重度污染。目前源头水质监测基本上是空白，所幸这已经得到有关部门的高度重视，水库水质检测站正在筹建之中，投入使用后可为水管单位及时掌握水质创造了必要条件。

我国的水文站建设起步较晚，截至 2018 年底全国水文部门共有各类水文测站 121 097 处，包括国家基本水文站 3 154 处、专用水文站 4 099 处、水位站 13 625 处、雨量站 55 413 处、蒸发站 19 处、地下水站 13 489 处、水质站 14 286 处、土壤墒情站 3 908 处、实验站 43 处。但与国际数据标准和国际行业领先水平相比，中国以水文数据为基础的水资源数据管理体系还存在一些问题。水文数据未能达到很好利用，难以发挥最佳效益。当前全国水文站网功能较为单一，超过 90% 的水文站网没有与气象数据实时耦合，水文监测功能无法发挥。同时，水文站不同程度受到水利工程的影响，失修率高，影响了水文站网的稳定和数据资料的连续性。水文站自动化程度低，全国基本没有无人操作的自动化的全功能水文站，测量精准度差、数据隔离严重，缺乏数据共享能力，形成了一个个水文数据的孤岛。同时，以水文数据为代表的水资源数据利用率低，综合研究成果转化率低。近年来，受全球气候变化和人类活动影响，极端天气事件明显增多、水旱灾害不确定性显著增加。在这种情况下，不仅要珍惜保护水资源数据，更要充分分析、严谨对待、高效利用。虽然中国水量预报的精确度已经达标，但在中长期数据积累和即时预警方面与国际先进水平还存在一定差距。尤其是对于中长期积累数据的保存性差、利用率低，对于通过充分发挥水资源大数据的重要作用来揭示规律和预防灾害的技术研究仍存在短板。因此，持续补充我国水文水质数据资料，构建多气候要素条件下的水文水质数据支撑体系，对应对全球气候变暖和人类活动对水质问题的挑战具有重要的支撑作用。

7.2.5　遥感技术的运用与存在的问题

本研究太子河流域 NH_3-N 污染较轻，为 Ⅲ 类水质标准，TN 污染严重，超出国家 Ⅴ 类水质标准，因此应该加强对太子河流域水质的监测，及时发现污染源并采取有效措施，严控污染物的排放，并加强生态保护，充分发挥太子河的净化功能，最终保障太子河流域水质环境的健康发展。本研究基于 BP 神经网络算法构建太子河流域 TN、NH_3-N 反演模型，虽然达到了一定的精度，但是在反演过程中仍发现了一些问题，需要在后期工作中进一步完善。由于 Landsat 8 数据重访周期长，数据有限，并且大多数遥感影像受云层干扰而无法使用，因此单一传感器获取的图像信息有限，从而导致实测水质数据无法被充分利用。因此，后期的研究中，将考虑通过不同的遥感影像获取更多有用的信息，使用多源遥感影像融合的方法，补充单一传感器图像信息不足的问题。随着遥感反演技术的成熟，我国的水质分析与研究领域也正在蓬勃发展，各种利用卫星遥感反演技术建立的水质监测模型不断出现,尽管现在已经形成了多种水质监测评价方法,但由于水环境是一个特殊的循环系统,具有很大的不确定性,目前能够广泛应用的模型还不多,且需要根据水质的实际情况不断地修改、调整模型。

7.3　污染防控对策

针对太子河辽阳段的水环境问题,提出合理有效的防控方案是确保太子河辽阳段水质可以持续稳定达标。主要防控对策如下。

7.3.1　全面推行河长制

习近平总书记强调,保护江河湖泊,事关人民群众福祉,事关中华民族长远发展。习近平总书记深刻指出,河川之危、水源之危是生存环境之危、民族存续之危。党的十八大以来,以习近平同志为核心的党中央从人与自然和谐共生、加快推进生态文明建设的战略高度,作出全面推行河长制、湖长制的重大战略部署。河流污染的解决离不开河长制的推行,只有相关部门全面推行河长制,才能加强河长的责任意识,使河长更加重视河流污染问题并加强对水环境的保护。实行河长制,能够有效提升水环境质量,更好保护水资源。

7.3.2　调整产业结构,推行清洁生产

目前,太子河流域附近多为用水量大,废水排放量高,对水环境污染较严重的钢铁、冶金、石油化纤等工业。因此,进一步优化流域附近产业结构,全面治理排污严重的工厂,包括停顿整治违法排污的企业。要鼓励发展新兴绿色产业,从而降低河流中的污染程度。清洁生产可以从源头和生产过程中控制工业污染,但这种技术理念并未得到全面推广,建议结合国内外成功案例与流域附近企业的实际生产状况,全面推行清洁生产。同时要引进先进技术代替传统农业耕作方式,从而发展绿色生态农业。

7.3.3　提高治理技术

目前,农村污水处理的主要方式为集中处理、分散处理以及庭院处理。在实际生产过程中,要选取符合当地实际情况的处理方法。治理水体污染的主要处理技术涉及物理、化学、生物过程。物理处理方法主要有截污冲污法、污泥疏浚等。生物处理方法相对来说更为环保,但实际治理过程中也存在着许多技术问题。化学处理方法的效果最好,主要是向河流中投入适量的污水处理剂,但这种方式处理不好也会对生态环境造成伤害。所以,提高治理技术对水环境保护来说尤为重要。构建经济价廉且符合当地需求的水净化治理技术体系对于防控水污染和制定水质安全应急预案具有一定的实际意义。

7.3.4　加强生态保护

针对流域内的生态问题,在确保生态系统完整性的前提下,通过植树造林、退耕还林、退渔还湖等措施来提高生态系统的稳定性,降低土壤中营养盐以径流方式流失到水体中,以减少流域内富营养化状态。同时还可通过修建人工湿地、修复河口绿地、提高支流两岸

生态环境等方式来提高水体的自净能力、纳污能力。

7.3.5 完善环境管理机制

在原有环境保护法律法规的基础上,结合流域内水环境的实际治理情况,从确保水质指标浓度达标出发,制定更加完善有效的河流水环境管理机制。各级政府应该加大对环境治理的力度,利用经济手段来控制污染。同时各执法部门也应该加强执法能力、完善执法手段、加大处罚力度,从源头保护水环境不受污染。完善流域内的水质指标监测体系,结合计算机技术建立数字化、信息化的监测方式,最好实现实时监测、精确测量、数据共享。引进先进技术应用到实际水环境保护过程中,实现智能化管理,提高针对突发事件的预警能力。

7.3.6 引进或集成先进技术

遥感技术是可以高效解决实际水环境问题的高新技术手段,已经被广泛应用到水生态环境管理领域。与地面监测相比,遥感获得的监测信息具有空间和时间上的相对连续性,且动态范围大,不仅有助于从区域层面把握流域水生态环境的特征,而且有利于及时、全面地掌握水体环境问题的发生、发展与演变迁移过程,可节省大量人力、物力和时间。利用遥感实时监测饮用水水源地保护区内的道路、高风险工业企业等,评估环境风险程度,为保障饮用水安全提供有效的技术手段。然而,遥感尤其是常用的光学遥感,受天气影响较大,多云或阴雨天会影响数据使用率和降低监测精度。伴随着我国 GF 系列、ZY 系列等高空间分辨率卫星的逐步推广应用,以及无人机遥感、地基遥感技术的发展,为全面支持水生态环境管理,开展大范围、动态、快速监测与监管提供了可能。

7.3.7 提高公民环境保护意识

充分利用电视、广播、新媒体等传播方式,大力宣传环境保护的重要性,使公民认识到水环境治理关系到生态系统稳定性、国家的发展以及每个公民的切身利益,从而增强每个公民的责任感与使命感。以实际行动为着力点,开展环保宣传活动、传播环保知识,不断提高环保宣传教育的影响力,共同建设青山常在、清水长流、空气常新的美丽环境。同时,相关企业也应该提高污水处理的技术来保护水资源。

7.4 本研究技术特征及应用前景分析

(1)如何提升水质指标遥感反演的精度。受人类活动的影响,水体内部特征具有强烈的不稳定性且受地域的影响较大,导致遥感水质反演精度不够,不能充分将水质变化特征表现出来。机器学习模型可以在复杂内陆水域环境中,准确识别影像光谱信息与地面实测水质数据之间线性和非线性关系,使反演的结果与实测值更为接近。因此,本研究通过机器学习算法结合遥感技术对太子河流域水质参数进行反演,为提高北方地区内陆水域水质指标反演精度提供理论依据。

(2)如何增加水质反演模型的适用性。多个遥感波段信息之间存在较大的关联性,常规的水质反演模型无法剖析多个波段间的关联性,且受地域和时间的影响较大,导致水质反演模型的适用性较低。本研究结合长达 14 年水质监测数据与机器学习模型,剖析多个波段之间的关联性,使遥感数据获取时间覆盖性更广、训练数据和预测数据筛选选择性增强,水质反演模型的适用性得到提高。

　　(3)本书构建模型的问题主要体现在以下三个方面:第一,数据源的问题。MIKE21 水动力-水质耦合模型对数据源的要求并不高,但是地形数据、高程信息或者水流信息的全面性要求较高,这方面可能是限制其大面积应用的因素。第二,遥感反演对水质数据源的要求。遥感反演模型对水质数据源的要求较高,数据应尽可能包括低浓度至高浓度的大量数据,且必须保证遥感影像图片的质量和时相对应。第三,遥感水质反演过程中的复杂性。遥感反演可能需要对多个指标反复进行反演,其模型适用性具有多变性,神经网络也未必是最好的适用模型,因此在实际过程中需要探索多种模型对某指标的适用性、重复性。

　　根据技术关联性,本研究的应用前景体现在:MIKE 软件在水动力和水质的模拟方面均具有较强的功能,可以对其在模拟过程中出现的复杂问题进行精确的处理分析,并在水质模块中,可以根据不同研究区的污染物状况建立不同的污染物成分模板,为后期的治理与分析提供更为准确的结论。MIKE 模型有长达 25 年的记录及在全球的广泛应用所证明的技术,模型中包含了近乎满足各种河口海岸模拟需要的板块,主要在河流、泥沙、盐度、风浪等方面应用广泛,已成为许多国家和组织机构的标准工具。模型中还包括数据提取、数据分析和数据演示,以帮助了解模型模拟的数据结果。还有各种计算模块,例如自动参数校正、灵敏度分析和不确定性分析。还可用于在第三方程序中(如 Matlab)处理模拟数据的 GIS 集成和工具,应用界面简单,结构和流程规范合理。

　　随着国产卫星的大力发展,遥感技术必将在我国的水生态环境管理领域发挥更大的作用。然而卫星遥感也存在不足,如重访周期长、受云雨影响等,而日益发展的无人机遥感未来将是卫星遥感的重要补充。由于能获取更高分辨率的空间数据,同时能根据实际天气情况选择飞行成像,无人机遥感逐步成为遥感监测的主要数据源之一。目前,无人机已经在水体采样、细小河流黑臭水体监测、河流排污口识别中发挥重要作用,未来随着无人机平台及搭载的载荷形式越来越多样,无人机遥感将会在城市水环境管理、河湖水生态修复中发挥更多作用。另外,地基遥感也具有较大的应用潜力。随着传感器的发展,未来地基多光谱或者高光谱探测器可逐渐普及,能够实现基于地基遥感技术大范围开展水体污染物识别,并对水质类别进行快速判别。未来的水生态环境管理,将逐步过渡到水污染防治与生态修复并重的阶段。例如,在河湖岸边生态缓冲带及水生植被调查方面,可以综合利用卫星遥感、无人机遥感及地面核查手段,查清重要河流及主要支流、重要湖泊的沉水植物、挺水植物及浮水植物分布,以及河湖岸边带的植被覆盖情况,为开展湖岸边生态缓冲带划定、修复及评估,恢复河湖水生植被,实施流域控制单元精细化管理等提供有力支持。

　　本书构建的 MIKE21 水动力-水质耦合模型适合辽河干流主要污染物指标的预测与规律剖析,但是对于断面、地形等信息变化比较大的河流并不适用,只能提供一定的建模参考,但是构建的基于 BP 神经网络的多时相遥感水质反演模型的适用性更强,能够满足大多数河流的污染指标监测与预测,但是对于数据源不足的指标存在预测精度不够高的弊端。现在模型的精度能够达到0.7以上,如果进一步提高模型精度,会大幅提升模型的应用潜力。未来应该从以下三个方面继续加强数据的收集与预测管理:第一,加大力度监测目标流域的主要污染物浓度的时空分布规律;第二,对突变数据及时地处理,降低突变数据对模型精度的干扰;第三,想办法获得更高分辨率的遥感影像,降低除水流外环境因素的干扰,进一步提高模型精度。综上所述,随着遥感技术和水质监测数据的日益发展与完善,未来高时效、高准度、高效率的水质监测平台可能会逐步建立,并在水质安全中扮演重要的角色。

参考文献

［1］Alberti M, Booth D, Hill K, et al. The impact of urban patterns on aquatic ecosystems: An empirical analysis in Puget lowland sub-basins［J］. Landscape and Urban Planning, 2006, 80(4): 345-361.

［2］Allan D, Erickson D, Fay J. The influence of catchment land use on stream integrity across multiple spatial scales［J］. Freshwater Biology, 1997, 37(1): 149-161.

［3］Andersen O H, Juhl J, Sloth P. Model tests carried out at Danish Hydraulic Institute (DHI)［J］. DHI, 1992.

［4］Avant B, Bouchard D, Chang X, et al. Environmental fate of multiwalled carbon nanotubes and graphene oxide across different aquatic ecosystems［J］. NanoImpact, 2018, 13.

［5］Bolstad P V, Swank W T. Cumulative impacts of landuse on water quality in a southernappalachian watershed［J］. Journal of the American Water Resources Association, 1997, 33(3): 519-533.

［6］Brown L C, Barnwell T O. The enhanced stream water quality models QUAL2E and QUAL2E-UNCAS: documentation and user manual［J］. epa office of research & development environmental research laboratory, 1987.

［7］Brown R M, Mcclelland N I, Deininger R A, et al. A water quality index—do we dare? ［J］. Water & sewage works, 1970, 117(10): 339-343.

［8］Camara M, Jamil N R, Abdullah A F B. Impact of land uses on water quality in malaysia: a review［J］. Ecological Processes, 2019, 8(1): 1-10.

［9］Chai Y, Xiao C, Li M, et al. Hydrogeochemical characteristics and groundwater quality evaluation based on multivariate statistical analysis［J］. Water, 2020, 12(10): 2792.

［10］Cheng P X, Meng F S, Wang Y Y, et al. The Impacts of land use patterns on water quality in a transboundary river basin in northeast China based on eco-functional regionalization［J］. International Journal of Environmental Research and Public Health, 2018, 15(9): 223-241.

［11］Dhamodaran S, Lakshmi M. Comparative analysis of spatial interpolation with climatic changes using inverse distance method［J］. Journal of Ambient Intelligence and Humanized Computing, 2021, 12(6): 6725-6734.

［12］Ditoro D M, Fitzpatrick J J, Thomann R V. Documentation for Water Quality Analysis Simulation Program (WASP) and Model Verification Program (MVP)［J］. Proc Spie, 1983, 34(5): 4-10.

［13］Elizabeth M. Isenstein, Mi-Hyun Park. Assessment of nutrient distributions in Lake Champlain using satellite remote sensing［J］. Journal of Environmental Sciences, 2014, 26(9): 1831-1836.

［14］Falconer M, Three-dimensional numerical modelling of wind-driven circulation in a homogeneous lake ［J］. Advances in Water Resources, 2004.

［15］Geiser U, Sommer M, Haefner H, et al. A holistic approach to the monitoring of land cover changes in Sri Lanka using intermediat remote sensing techniques［J］. Advances in Space Research. 2006, 2(8): 137-145.

［16］Guo Q H, Ma K M, Yang L, et al. Testing a dynamic complex hypothesis in the analysis of land use impact on lake water quality［J］. Water Resources Management, 2010, 24(7): 1313-1332.

［17］Haack B, English R. National land cover mapping by remote sensing［J］ World Development, 1996, 24 (5): 845-855.

[18] Horton R K. An index number system for rating water quality, 1965.

[19] Huang L, Zheng Y, Yu Q, et al. Remote estimation of colored dissolved organic matter and chlorophylla in Lake Huron using Sentinel-2 measurements[J]. Journal of Applied Remote Sensing, 2017, 11(3).

[20] Imbernon J. Pattern and development of land-use changes in the Kenyan highlands since the 1950s[J]. Agriculture, Ecosystems and Environment. 1999, 76(1): 67-73.

[21] Isaacson E , Stoker J J , Troesch A. numerical solution of flood prediction and river regulation problems, 1956.

[22] Jaeyoung K J, Mazumder P. Energy-Efficient Hardware Architecture of Self-Organizing Map for ECG Clustering in 65-nm CMOS[J]. IEEE Transactions on Circuits andSystems II: Express Briefs, 2017.

[23] Johnson L, Richards C, Host G, et al. Landscape influences on water chemistry in Midwestern stream ecosystems[J]. Freshwater Biology, 1997, 37(1): 193-208.

[24] Kamphuis J W. Mathematical Tidal Study of St. Lawrence River[J]. American Society of Civil Engineers, 1970, 96(3):643-664.

[25] Kearns F R, Kelly N M, Carter J L, et al. A method for the use of landscape metricsin freshwater research and management[J]. Landscape Ecology, 2005, 20(1): 113-125.

[26] Kim C K , Lee J S. A three-dimensional PC-based hydrodynamic model usingan ADI scheme[J]. Coastal Engineering, 1994, 23(3):271-287.

[27] Kinerson R , Cocca P , Partington E , et al. Better Assessment Science Integrating Point and Nonpoint Sources, Version 3 (BASINS 3.0)[J]. Proceedings of the Water Environment Federation, 2002(2): 319-330.

[28] Kumar B , Singh U K , Ojha S N. Evaluation of geochemical data of Yamuna River using WQI and multivariate statistical analyses: a case study[J]. International journal of river basin management, 2019, 17(2):143-155.

[29] Lam, H M , Remais J , Fung M C, et al. Food supply and food safety issues in China[J]. Lancet, 2013, 381(9882): 2044-2053.

[30] Lee M D, Bastemeijer, Teun F. Drinking water source protection: a review of environmental factors affecting community water supplies[J]. Irc. Occasional Paper, 1991.

[31] Lenney M P, Woodcock C E, Collins J B, et al. The status of agricultural lands in Egypt: the use of multitemporal NDVI features derived from Landsat TM[J]. Remote Sensing of Environment, 1996, 56(1): 8-20.

[32] Liggett J A , Cunge J A. Numerical methods of solution of the unsteady flow equations, 1975.

[33] Liu J, Zhang Y, Yuan D, et al. Empirical estimation of total nitrogen and total phosphorus concentration of urban water bodies in China using high resolution IKONOS multispectral imagery[J]. Water, 2015, 7(11):6551-6573.

[34] Li X, Huang M, Wang R. Numerical Simulation of Donghu Lake Hydrodynamics and Water Quality Based on Remote Sensing and MIKE 21[J]. ISPRS International Journal of Geo-Information, 2020, 9(2):94.

[35] Long-Ling Ouyang, Yun-Rong Shi, Jie-Qing Yang, et al. Water quality assessment and pollution source analysis of Yaojiang River Basin: a case study of inland rivers in Yuyao City, China[J]. Water Supply 1 January, 2022, 22 (1): 674-685.

[36] Mathew M M, Rao N S, Mandla V R. Development of regression equation to study the Total Nitrogen, Total Phosphorus and Suspended Sediment using remote sensing data in Gujarat and Maharashtra coast of

India[J]. Coast. Conserv, 2017, 21.

[37] Matthews, M W. A current review of empirical procedures of remote sensing in inland and near-coastal transitional waters[J]. Int. J. Remote Sens,2011, 32:6855-6899.

[38] Ma Y, Song K, Wen Z, et al. Remote Sensing of Turbidity for Lakes in Northeast China Using Sentinel-2 Images with Machine Learning Algorithms[J]. IEEE J. Sel. Top. Appl. Earth Obs. Remote Sens, 2021,14:9132-9146.

[39] Minakshi Bora, Dulal C Goswami. Water quality assessment in terms of water quality index (WQI): case study of the Kolong River, Assam, India[J]. Applied Water Science, 2017.

[40] Mountrakis G, Im J, Ogole C. Support vector machines in remote sensing: A review. ISPRS J. Photogramm. Remote Sens, 2011,66: 247-259.

[41] Munroeaic D K, Southworth J, Tucker C M. The dynamics of land-cover change in western Honduras: exploring spatial and temporal complexity[J]. Agricultural Economics,2002, 27(3): 355-369.

[42] Murthy R S, Pandey S, Hirekerur L R, et al. Feasibility study in using multiband photography for studies in geomorphology, soils and land use[J]. Remote Sensing of Environment, 1977, 6(2): 139-146.

[43] Mustapha A , Aris A Z , Ramli M F,et al. Spatial-temporal variation of surface water quality in the downstream region of the jakara river, north-western nigeria: a statistical approach[J]. Journal of Environmental Science & Health Part A Toxic/hazardous Substances & Environmental Engineering, 2012, 47 (11): 1551-1560.

[44] Mwaijengo G N, Msigwa A, Njau K N, et al. Where does land use matter most? Contrasting land use effects on river quality at different spatial scales[J]. Science of Total Environment, 2020, 715: 1-14.

[45] Nadaoka K , Yagi H. Shallow-Water Turbulence Modeling and Horizontal Large-Eddy Computation of River Flow[J]. Journal of Hydraulic Engineering,1998,124(5):493-500.

[46] Nelson G C, Hellerstein D. Do roads cause deforestation? Using satellite images in econometric analysis of land use[J]. American Journal of Agricultural Economics,1997, 79(1): 80-88.

[47] Nemerow N L C. Scientific stream pollution analysis[M]. 1974.

[48] O'Connor D J. The temporal and spatial distribution of dissolved oxygen in streams[J]. Water Resources Research,1967, 3.

[49] Pahlevan N, Smith B, Schalles J, et al. Seamless retrievals of chlorophyll-a from Sentinel-2 (MSI) and Sentinel-3 (OLCI) in inland and coastal waters: A machine-learning approach[J]. Remote Sens. Environ. 2020, 240:111604.

[50] Palmer S C J, Kutser T, Hunter P D. Remote sensing of inland waters: Challenges, progress and future directions[J]. Remote Sens. Environ,2015,157:1-8.

[51] Pekarova P, Pekar J. The impact of land use on stream water quality in Slovakia[J]. Journal of Hydrology,1996,180(1):333-350.

[52] Puckett L J , Woodside M D, Libby B,et al. Sinks for trace metals, nutrients, and sediments in wetlands of the Chickahominy River near Richmond, Virginia[J]. Wetlands, 1993,13(2):105-114.

[53] Qun'ou Jiang, Xu Li-dan, et al. Retrieval model for total nitrogen concentration based on UAV hyper spectral remote sensing data and machine learning algorithms-A case study in the Miyun Reservoir, China [J]. Ecological Indicators,2021,124:107356.

[54] Sagan V , Peterson K T, Maimaitijiang M,et al. Monitoring inland water quality using remote sensing: Potential and limitations of spectral indices, bio-optical simulations, machine learning, and cloud

computing. Earth-Sci. Rev. ,2020, 205:103187.

[55] Saint-Venant. Théorie du mouvement non-permanent des eaux avec application aux crues des rivières et à lintroduction des marées dans leur lit[J]. Comptes rendus hebdomadaires des séances de l'Académie des sciences, 1871,73.

[56] Salari M , Salami E , Afzali S H , et al. Quality assessment and artificial neural networks modeling for characterization of chemical and physical parameters of potable water [J]. Food and Chemical Toxicology, 2018:212-219.

[57] Shao M , Tang X , Li Z W. China \" s environmental challenges: the way forward ‖ city clusters in china: air and surface water pollution[J]. Frontiers in Ecology & the Environment, 2006,4(7), 353-361.

[58] Shukla K S, Ojha S P, Mijic A, et al. Population growth, land use and land cover transformations, and water quality nexus in the Upper Ganga River basin[J]. Hydrology and Earth System Sciences,2018, 22 (9): 4745-4770.

[59] Sliva L,Williams D D. Buffer Zone versus whole catchment approaches to studying land use impact on river water quality[J]. Water Research,2001, 35(14): 3462-3472.

[60] Stephenne N, Lambin E F. A dynamic simulation model of land-use changes in Sudano-sahelian countries of Africa (SALU)[J]. Agriculture, Ecosystems and Environment. 2001, 85(1-3):145-161.

[61] Streeter H W, Phelps E B. A Study of the pollution and natural purification of the Ohio river. III. Factors concerned in the phenomena of oxidation and reaeration,1925.

[62] Sun X, Zhang Y, Zhang Y, et al. Machine learning algorithms for chromophoric dissolved organic matter (CDOM) estimation based on Landsat 8 images[J]. Remote Sens,2021, 13:3560.

[63] Su S , Li D , Zhang Q,et al. Temporal trend and source apportionment of water pollution in different functional zones of qiantang river, China[J]. Water Research, 2011,45(4), 1781-1795.

[64] Tan M Li, Y, Chi D, et al. Efficient removal of ammonium in aqueous solution by ultrasonic magnesium –modified biochar[J]. Chemical Engineering Journal, 2023,461:142072.

[65] Thomas H A. Pollution load capacity of streams[J]. Water & Sewage Works, 1949,96(7):264-266.

[66] Vega M , Barrado E , Deban L,et al. Assessment of seasonal and polluting effects on the quality of river water by exploratory data analysis[J]. Water research: A journal of the international water association, 1998(12):32.

[67] Verburg P H, Veldkamp T, Bouma J. Land use change under conditions of high population pressure: the case of Java[J]. Global Environmental Change,1999, 9(4): 303-312.

[68] Woon J J, Jin L B, Hyun C S, et al. The influence of land use on water quality in the tributary of the Yeongsan River basin[J]. Korean Journal of Ecology and Environment, 2012, 45(4): 412-419.

[69] Wu M, Zhang W, Wang X, et al. Application of MODIS satellite data in monitoring water quality parameters of Chaohu Lake in China [J]. Environmental Monitoring and Assessment, 2009,148(1-4): 255-264.

[70] Xiong Y, Ran, Y, Zhao S,et al. Remotely assessing and monitoring coastal and inland water quality in China: Progress, challenges and outlook[J]. Crit. Rev. Environ. Sci. Technol,2020, 50:1266-1302.

[71] Yadav S, Babel M S, Shrestha S, et al. Land use impact on the water quality of large tropical river: Mun River basin, Thailand[J]. Environmental Monitoring and Assessment,2019, 191(10): 1-22.

[72] Yang L, Ma K M, Zhao J Z, et al. The relationships of urbanization to surface water quality in four lakes of Hanyang, China[J]. International Journal of Sustainable Development & World Ecology,2007, 14

(3):317-327.

[73] Zhang X , Wang D , Fang F, et al. Food safety and rice production in China[J]. Research of Agricultural Modernization, 2005.

[74] Zhang X C, Kang T J, Wang H Y, et al. Analysis on spatial structure of landuse change based on remote sensing and geographical information system[J]. International Journal of Applied Earth Observation and Geoinformation, 2010, 12(Supplement-2): S145-S150.

[75] Zhang Yinuo, Xin Huang, Wei Yin, et al. Multitemporal Landsat Image Based Water Quality Analyses of Danjiangkou Reservoir[J]. Photogrammetric Engineering and Remote Sensing, 2017, 83(9): 643-652.

[76] Zhou P, Huang J L, Pontinus G R, et al. New insight into the correlations between land use and water quality in a coastal watershed of China[J]. Does point source pollution weaken it Science of the Total Environment, 2016, 543: 591-600.

[77] 安彦宜. 太子河流域葠窝水库至唐马寨河段水质水量调控研究[D]. 大连:大连理工大学,2022.

[78] 陈昌彦,相桂生. 人工神经网络理论在地下水水质评价中的应用[J]. 水文地质工程地质,1996(6): 39-41,44.

[79] 陈俊英,邢正,张智韬,等. 基于高光谱定量反演模型的污水综合水质评价[J]. 农业机械学报, 2019,50(11):200-209.

[80] 陈强,朱慧敏,何溶,等. 基于地理加权回归模型评估土地利用对地表水质的影响[J]. 环境科学学报. 2015, 35(5): 1571-1580.

[81] 陈淑英. 基于水环境综合承载力评价的流域空间管控[D]. 广州:广东工业大学,2021.

[82] 但孝香. MIKE21 软件在人工湖水动力-水质偶合中的应用[J]. 上海建设科技,2022(1):73-75.

[83] 邓宇,姚宁,田考聪. 基于小波神经网络的饮用水水质预测模型研究[J]. 重庆医科大学学报, 2009,34(4):455-458.

[84] 丁贞玉,彭小红,司绍诚,等. 基于 WASP 模型对湟水河水质恶化断面模拟与分析[C]//2017 中国环境科学学会科学与技术年会论文集,2017:2293-2299.

[85] 董蕊,盖艾鸿. 浅谈土地利用覆盖变化驱动力模型[J]. 中国集体经济, 2021(5): 74-75.

[86] 董延超,郭维东,杨天恩,等. 大伙房水库主溢洪道三维流场数值模拟[J]. 安徽农业科学,2006(1): 183-185,188.

[87] 方娜. 鄱阳湖典型湿地水质富营养化评价及其与土地利用格局之间的关系[D]. 南昌:江西师范大学,2020.

[88] 方运海,郑西来,彭辉,等. 基于模糊综合与可变模糊集耦合的地下水质量评价[J]. 环境科学学报, 2018,38(2):546-552.

[89] 房本岩,魏守民. 基于模糊综合评价法评价引黄灌区供水水质[J]. 水资源开发与管理,2022,8 (8):61-64.

[90] 符东. 基于农业非点源氮磷负荷特征的沱江水体水质评价[D]. 绵阳:西南科技大学, 2022.

[91] 付意成,魏传江,王瑞年,等. 水量水质联合调控模型及其应用[J]. 水电能源科学,2009,27(2): 31-35.

[92] 付意成,臧文斌,董飞,等. 基于 SWAT 模型的浑太河流域农业面源污染物产生量估算[J]. 农业工程学报,2016,32(8):1-8.

[93] 高斌,许有鹏,王强,等. 太湖平原地区不同土地利用类型对水质的影响[J]. 农业环境科学学报. 2017, 36(6): 1186-1191.

[94] 龚春生,姚琪,赵棣华. 玄武湖风生流数值模拟研究[J]. 河海大学学报(自然科学版),2005,33 (1):72-75.

[95] 顾丁锡,舒金华,赵荫微,等. 非均匀混合型湖泊水质模型的探讨——太湖对湖州市小梅港入湖污水稀释自净能力的初步研究[J]. 环境科学与技术,1984(4):85-104.

[96] 关伯仁. 评内梅罗的污染指数[J]. 环境科学,1974(4):69-73.

[97] 关艳庆. 辽阳市太子河水体富营养化与社会经济发展对水质的影响[J]. 东北水利水电,2023,41(2):26-30,65.

[98] 郭宏. 太子河流域水环境质量与社会经济发展关系研究[D]. 沈阳:辽宁大学,2019.

[99] 郭翔云,崔慧敏. 主成分分析法在白洋淀水质评价中的应用[J]. 海河水利,2005(5):61-62.

[100] 国家环境保护总局科技标准司,国家质量监督检验检疫总局. 地表水环境质量标准:GB 3838—2002[S]. 北京:中国环境科学出版社,2002.

[101] 何飞,刘兆飞,姚治君. Jason-2测高卫星对湖泊水位的监测精度评价[J]. 地球信息科学学报,2020,22(3):494-504.

[102] 胡波,陈丽华. 黄土高原不同林地土壤水分特征及影响因子通径分析[J]. 中国水土保持科学,2021,19(1):79-86.

[103] 胡和兵. 城市化背景下流域土地利用变化及其对河流水质影响研究[D]. 南京:南京师范大学,2013.

[104] 花瑞祥,张永勇,刘威,等. 不同评价方法对水库水质评价的适应性[J]. 南水北调与水利科技,2016,14(6):183-189.

[105] 黄丹. 鄱阳湖丰水期表层水体悬浮颗粒物的光学特性及遥感反演研究[D]. 南昌:南昌工程学院,2018.

[106] 黄敬峰,蒋亨显,王人潮. 干旱区土地利用遥感监测研究[J]. 干旱区研究,1999(2):54-60.

[107] 黄宇,李心平,赵娜,等. 伊洛河流域土地利用时空变化特征分析[J]. 光谱学与光谱分析,2022,42(10):3180-3186.

[108] 吉冬青,文雅,魏建兵,等. 流溪河流域景观空间特征与河流水质的关联分析[J]. 生态学报,2015,35(2):246-253.

[109] 计勇. 浅水湖泊二维水流-水质-底泥耦合模型研究与应用[D]. 南京:河海大学,2005.

[110] 江峰,刘汉武,吉勒克补子,等. 单因子水质标识指数法在贵州省洋水河流域地下水水质评价中的应用[J]. 四川地质学报,2021,41(1):151-153,176.

[111] 江敏,余根鼎,戴习林,等. 凡纳滨对虾养殖塘叶绿素a与水质因子的多元回归分析[J]. 水产学报,2010,34(11):1712-1718.

[112] 姜彬彬,韩龙喜,颜芬芬,等. 基于三维水动力-水温耦合模型的水库水温预测及影响研究[J]. 河南科学,2016,34(12):2012-2019.

[113] 姜加虎. 云南抚仙湖、滇池内波与环流数值模拟[D]. 南京:南京地理与湖泊研究所,1991.

[114] 解启蒙. 清河水库高锰酸盐指数与透明度反演研究[D]. 沈阳:沈阳农业大学,2018.

[115] 赖锡军,姜加虎,黄群,等. 鄱阳湖二维水动力和水质耦合数值模拟[J]. 湖泊科学,2011,23(6):893-902.

[116] 李海华,邢静,李喜柱,等. 基于BP神经网络的黄河小浪底济源断面水质评价模型研究[J]. 节水灌溉,2014(6):57-59.

[117] 李华栋,宋颖. 水质标识指数法在黄河山东段水质评价中的应用[J]. 三峡生态环境监测,2023(1):86-95.

[118] 李锦鹏. 太子河流域径流量变化驱动因子分析[J]. 水利技术监督,2019,152(6):171-174.

[119] 李玲,陈飞燕,林爱文. 结合SOM与动态度方法的土地利用及其时空演变研究[J]. 水土保持通报,2018,38(4):129-134,141.

[120] 李茂静. 中国水污染现状及对策分析[J]. 化工管理,2019(6):16.

[121] 李敏,刘国栋. 基于 Logistic-CA-Markov 耦合模型的城市土地利用模拟[J]. 科学技术创新,2021
(4):108-109.

[122] 李如忠,陈慧,刘超,等. 合肥环城公园景观水体水质特征及环境质量评价[J]. 环境科学学报,
2020,40(3):1121-1129.

[123] 李树华,刘国儒. 模糊集理论在水质评价中的应用——以北海港湾为例[J]. 广西科学院学报,
1989:52-58.

[124] 李天理,董柏青. 三维不可压 Navier-Stokes 方程弱解正则准则[J]. 大学数学,2020,36(6):1-6.

[125] 李秀彬. 全球环境变化研究的核心领域——土地利用/土地覆被变化的国际研究动向[J]. 地理学
报,1996,51(6):553-558.

[126] 李尧,刘建卫,秦国帅,等. 浑太流域水质演变特征及污染源解析[J]. 中国农村水利水电,2021
(8):14-17,22.

[127] 李中原,王国重,张继宇,等. 宿鸭湖水库水环境质量评估[J]. 湖北农业科学,2020,58(8):51-55.

[128] 辽宁省生态环境状况公报[N]. 辽宁日报,2021-06-05(007).

[129] 林茂森,王殿武,刘玉珍,等. 论城市河流健康与城市发展的关系[J]. 沈阳农业大学学报(社会科
学版),2015,17(3):331-336.

[130] 林涛,徐盼盼,钱会,等. 黄河宁夏段水质评价及其污染源分析[J]. 环境化学,2017,36(6):
1388-1396.

[131] 林希晨. 复杂河网区水质改善方案模拟研究[D]. 北京:中国水利水电科学研究院,2019.

[132] 刘成建,夏军,宋进喜,等. 汉江中下游水质时空特征与土地利用类型响应识别研究[J]. 环境科
学研究,2021,34(4):910-919.

[133] 刘广吉,郭淑文. 灰色聚类法在水质评价中的应用[J]. 水利水电技术,1988(12):1-5.

[134] 刘宏洁,宋文龙,刘昌军,等. 基于归一化水体指数及其阈值自适应算法的水体遥感反演效果分
析[J]. 中国水利水电科学研究院学报,2022,20(3):251-261.

[135] 刘纪远,俞志谦. 彩色红外航空遥感技术在西藏农田非耕地系数测算中的应用研究与实践[J]. 环
境遥感,1996,5(1):27-37.

[136] 刘静,况润元,李建新,等. 基于实测数据的鄱阳湖总氮、总磷遥感反演模型研究[J]. 西南农业学
报,2020,33(9):2088-2094.

[137] 刘康,李月娥,吴群,等. 基于 Probit 回归模型的经济发达地区土地利用变化驱动力分析——以南
京市为例[J]. 应用生态学报,2015,26(7):2131-2138.

[138] 刘曼,付波霖,何宏昌,等. 基于多时相主被动遥感的漓江水面监测与水质参数反演(2016—2020
年)[J]. 湖泊科学,2021,33(3):687-706.

[139] 刘鸣彦,房一禾,孙凤华,等. 气候变化和人类活动对太子河流域径流变化的贡献[J]. 干旱气象,
2021,39(2):244-251.

[140] 刘庆. 流溪河流域景观特征对河流水质的影响及河岸带对氮的削减效应[D]. 广州:中国科学院
研究生院(广州地球化学研究所),2016.

[141] 刘彦君,夏凯,冯海林,等. 基于无人机多光谱影像的小微水域水质要素反演[J]. 环境科学学报,
2019,39(4):1241-1249.

[142] 刘宇,朱丹瑶. 基于 Landsat 8 OLI 数据的镜泊湖水体叶绿素 a 浓度反演[J]. 湖北农业科学,2021,
60(23):157-162.

[143] 卢志娟,朱玲,裴洪平,等. 基于小波分析与 BP 神经网络的西湖叶绿素 a 浓度预测模型[J]. 生态
学报,2008,28(10):4965-4973.

[144] 吕恒,黄家柱,江南. 太湖水质参数 MODIS 的遥感定量提取方法[J]. 地球信息科学学报,2009,11(1):104-110.

[145] 马纪红,程戈,罗仲豪. 浅谈城市水质监测管理及改进措施[J]. 化工管理,2016(14):254.

[146] 毛荣生,黄平. 墨水湖 N/P 水质模型研究[J]. 湖泊科学,1996(4):348-355.

[147] 潘峰,付强,梁川. 基于层次分析法的模糊综合评价在水环境质量评价中的应用[J]. 东北水利水电,2003(8):22-24,56.

[148] 齐亨达,陆建忠,陈晓玲,等. 鄱阳湖水动力模型的遥感验证研究[J]. 水资源与水工程学报,2014(6):18-23.

[149] 区铭亮,周文斌,胡春华. 鄱阳湖叶绿素 a 空间分布及与氮、磷质量浓度关系[J]. 西北农业学报,2012,21(6):162-166.

[150] 沈洪艳,曹志会,王冰,等.农田对太子河大型底栖动物群落的影响[J]. 中国环境科学,2015,35(4):1205-1215.

[151] 沈拥,何丽莉. 太子河流域辽阳段河流水质污染状况分析[J]. 环境保护科学,2009,35(3):20-22.

[152] 中华人民共和国环境保护部. 2011 年中国环境状况公报[Z].2012-05-25.

[153] 施勇,栾震宇,胡四一. 洞庭湖泥沙淤积数值模拟模式[J]. 水科学进展,2006,17(2):246-251.

[154] 舒金华. 湖泊富营养化预测的数学模型[J]. 国外环境科学技术,1985(6):1-11.

[155] 宋国浩. 人工神经网络在水质模拟与水质评价中的应用研究[D]. 重庆:重庆大学,2008.

[156] 宋利祥,徐宗学. 城市暴雨内涝水文水动力耦合模型研究进展[J]. 北京师范大学学报(自然科学版),2019,55(5):581-587.

[157] 眭红艳.昆明池引水系统水沙输移规律及调控措施研究[D].西安:西安理工大学,2020.

[158] 孙金华,曹晓峰,黄艺.滇池流域土地利用对入湖河流水质的影响[J].中国环境科学,2011,31(12):2052-2057.

[159] 孙娟,阮晓红. 引调清水改善南京城市内河水环境效应研究[J]. 中国农村水利水电,2008(3):29-31.

[160] 孙燕,申友利,石洪源,等. 基于主成分分析的铁山港水质时空变化及驱动因素[J]. 海洋技术学报,2022,41(1):30-36.

[161] 陶伟,王乃亮,魏婧. 改进的综合水质标识指数法对湟水河红古段的水质时空特征分析[J]. 甘肃科学学报,2021,33(6):97-102.

[162] 田皓予,佟玲,余国安,等.不同空间尺度河流水质与土地利用关系分析——以泰国蒙河流域为例[J].农业环境科学学报,2020,39(9):2036-2047.

[163] 田颖,郭婧,梁云平,等. 北京市河流氨氮浓度时空演变特征分析[J]. 中国环境监测,2020,36(1):75-81.

[164] 田园,王得玉. 基于 MERIS 数据的太湖叶绿素浓度的反演研究[J]. 种业导刊,2018(11):22-27.

[165] 佟霁坤,马倩,张越,等.基于单因子水质标识指数法的大清河流域府河段水质评价[J].绿色科技,2020(2):93-94.

[166] 万幼川,谢鸿宇,吴振斌,等. GIS 与人工神经网络在水质评价中的应用[J].武汉大学学报(工学版),2003(3):7-12.

[167] 王超. 基于改进 Froude 数的太子河流域河相形态分析[J]. 水利技术监督,2022,173(3):122-125.

[168] 王贵臣,刘田田.基于线性回归分析的东平湖叶绿素含量监测[J].首都师范大学学报(自然科学版),2015,36(2):72-77.

［169］王好芳,董增川.基于量与质的多目标水资源配置模型［J］.人民黄河,2004,26(6):14-15.

［170］王辉.大伙房水库流场及水温分布的数值模拟研究［D］.大连:大连理工大学,2015.

［171］王丽艳,史小红,孙标,等.基于 MODIS 数据遥感反演呼伦湖水体 COD 浓度的研究［J］.环境工程,2014,32(12):103-108.

［172］王平,王云峰.综合权重的灰色关联分析法在河流水质评价中的应用［J］.水资源保护,2013,29(5):52-54,64.

［173］王谦谦,姜加虎,濮培民.太湖和大浦河口风成流、风涌水的数值模拟及其单站验证［J］.湖泊科学,1987(4):1-7.

［174］王琴.长治市水环境承载力评价及治理建议［J］.山西化工,2022(1):42.

［175］王琼,卢聪,韩青,等.太子河流域生境质量及其与社会经济的关系［J］.生态学杂志,2017,36(10):2917-2925.

［176］王舒凌.太子河水生态承载力动态预测模型研究与应用［J］.水土保持应用技术,2022(4):27-29.

［177］王思梦,秦伯强.湖泊水质参数遥感监测研究进展［J/OL］.环境科学:1-21[2022-09-15].

［178］王薇,王昕,黄乾,等.黄河三角洲土地利用时空变化及驱动力研究［J］.中国农学通报,2014,30(32):172-177.

［179］王玺森,王迪,雷秋良,等.内陆地表水体水质遥感监测研究进展［J］.中国农业信息,2022,34(2):1-15.

［180］王歆晖,田华,季铁梅,等.哨兵 2 卫星综合水质指标的河流水质遥感监测方法［J］.上海航天(中英文),2020,37(5):92-97,104.

［181］王延荣,许冉,孙宇飞.中国公民水素养评价研究进展［J］.水利发展研究,2017,17(11):52-56.

［182］王长耀,刘纪远,王长有.平原地区土地利用现状调查的航空遥感方法研究［J］.自然资源,1984(3):80-89.

［183］王志芳.现阶段我国水环境质量管理措施分析［J］.水利技术监督,2021(1):41-43,55.

［184］魏建锋,司益清,李程智,等.基于 MIKE21 的龙潭河水质改善数值模拟研究［J］.绿色科技,2022,24(6):51-54.

［185］吴炳方,沈良标,朱光熙.东洞庭湖湖流及风力影响分析［J］.地理学报,1996(1):51-58.

［186］吴国豪,王郁.淀山湖水质模型和水质保护规划研究［J］.华东化工学院学报(自然科学版),1993(3):363-368.

［187］吴奇,陈弘扬,王延智,等.斜发沸石对辽西半干旱区节水灌溉稻田的节水减肥效应［J］.农业机械学报,2021,52(6):305-313,406.

［188］吴宵,王秋贤.山东省土地利用变化的基本特征与区域差异［J］.国土与自然资源研究,2022(1):3-7.

［189］谢欢.基于遥感的水质监测与时空分析［D］.上海:同济大学,2006.

［190］谢舒笛,莫兴国,胡实,等.三北防护林工程区植被绿度对温度和降水的响应［J］.地理研究,2020,39(1):152-165.

［191］谢婷婷,陈芸芝,卢文芳,等.面向 GF-1 WFV 数据的闽江下游叶绿素 a 反演模型研究［J］.环境科学学报,2019,39(12):4276-2483.

［192］邢洁,宋男哲,陈祥伟,等.基于主成分分析的松花江流域黑龙江段水质评价［J］.中国给水排水,2021,37(1):89-94.

［193］徐丹,付湘,谢亨旺,等.考虑城市生态环境供水的灌区水资源配置［J］.中国农村水利水电,2018(7):62-64.

［194］徐贵泉,褚君达,吴祖扬,等.感潮河网水环境容量影响因素研究［J］.水科学进展,2000,11(4):

375-380.

[195] 徐萍.基于多源遥感数据对松花江哈尔滨段水质反演研究[D].哈尔滨:哈尔滨师范大学,2020.

[196] 徐启渝,王鹏,舒旺,等.土地利用结构与空间格局对袁河水质的影响[J].环境科学学报,2020,40(7):2611-2620.

[197] 徐祖信.我国河流单因子水质标识指数评价方法研究[J].同济大学学报(自然科学版),2005(3):321-325.

[198] 杨浩,李一平,蒲亚帅,等.张家港市河道水质时空分布特征研究分析[J].环境科学学报,2021,41(10):4064-4073.

[199] 杨静.改进的模糊综合评价法在水质评价中的应用[D].重庆:重庆大学,2014.

[200] 杨明珍.辽宁省太子河水质现状及影响因素研究[J].环境保护与循环经济,2022,42(2):60-62.

[201] 杨强强,徐光来,杨先成,等.青弋江流域土地利用/景观格局对水质的影响[J].生态学报.2020,40(24):9048-9058.

[202] 杨帅,张洪迎."互联网+"背景下辽阳市产业转型升级问题研究[J].农家参谋,2018,592(16):245.

[203] 杨洵,杨永洁,李伟,等.太子河区域水质改善水量调控技术研究[J].东北水利水电,2013,31(1):40-43.

[204] 杨依,焦艳婷,王延智,等.氮负载生物炭对干湿交替稻田水土生态环境的调控效应[J].水土保持学报,2020,34(6):226-234,243.

[205] 遥感应用课题组.应用彩红外遥感信息对现代滦河三角洲发育若干特征及其在开发上的研究[J].黄渤海海洋,1990,8(4):114-117.

[206] 益波,薛文宇.堰坝阻水作用下的一维河道水动力数值模拟研究[J].中国设备工程,2017(24):190-193.

[207] 于玥.模糊数学综合评价法在水质评价中的应用[C]//辽宁省水利学会.辽宁省水利学会2020年度"水与水技术"专题文集.大连:辽宁科学技术出版社,2020:21-23.

[208] 余富强,鱼京善,蒋卫威,等.梅溪流域"莫兰蒂"台风暴雨洪水分析[J].水电能源科学,2019,37(3):4.

[209] 袁秀琴,曾亮,吴丹,等.综合营养指数法和单因子水质标识指数法在巴南区大中型水库水质评价中的应用[J].山东化工,2022,51(4):216-218.

[210] 苑晨.基于SWAT模型的太子河流域景观格局对绿水资源影响研究[D].大连:辽宁师范大学,2021.

[211] 岳佳佳,庞博,张艳君,等.基于神经网络的宽浅型湖泊水质反演研究[J].南水北调与水利科技,2016,14(2):26-31.

[212] 詹远增,冯存均,左石磊,等.地表覆盖工程化自动解译平台设计与实现[J].地理信息世界.2018,25(2):56-59.

[213] 张彪,姜春露,郑刘根,等.改进的模糊综合评价法在某煤矿区水质评价中的应用[J].环境监测管理与技术,2022,34(5):27-32.

[214] 张克,张凯,牛鹏涛,等.遥感水质监测技术研究进展[J].现代矿业,2018,34(11):171-174,202.

[215] 张翔,李愫.基于主成分分析的北洛河水质时空分布特征及污染源解析[J].水土保持通报,2022,42(4):153-160,171.

[216] 张霄宇,林以安,唐仁友,等.遥感技术在河口颗粒态总磷分布及扩散研究中的应用初探[J].海洋学报(中文版),2005(1):51-56.

[217] 张晓婕,卢仁杰,张健,等.阳澄湖水质总氮浓度时空变化特征及影响因子分析[J].环境污染与防

治,2022,44(3):374-380.

[218] 张雪松,闫艺兰,胡正华. 不同时间尺度农田蒸散影响因子的通径分析[J]. 中国农业气象,2017, 38(4):201-210.

[219] 张亚. 浅水型富营养化水库三维水动力及水质数值模拟研究与应用[D]. 天津:天津大学,2014.

[220] 张殷俊,陈爽,相景昌. 河流近域土地利用格局与水质相关性分析——以巢湖流域例[J]. 长江流域资源与环境,2011,20(9):1054-1061.

[221] 张银辉,罗毅. 土地利用/土地覆被变化研究进展[C]//中国地理学会自然地理专业委员会. "土地变化科学与生态建设"学术研讨会论文集. 中国地理学会自然地理专业委员会:中国地理学会,2004.

[222] 赵汉取,韦肖杭,姚伟忠,等. 南太湖近岸水域叶绿素 a 含量与氮磷浓度的关系[J]. 水生态学杂志,2011,32(5):59-63.

[223] 赵军,张祯宇,谢哲宇,等. 基于 BP 人工神经网络的闽江口水厂水质模拟[J]. 环境科学与技术, 2020,43(S1):198-203.

[224] 赵松. 基于多源遥感数据的邯郸市滏阳河水质参数反演[D]. 邯郸:河北工程大学,2021.

[225] 赵伟,杨晴,张梦然,等. 基于"多规合一"的水利基础设施网络构建思路[J]. 人民黄河,2021,43 (2):157-161.

[226] 赵钟楠,刘震. 省级水网规划与建设的思路要求和对策建议[J]. 中国水利,2022(23):5-7,11.

[227] 郑琨,张蕾,薛晨亮. 单因子指数法在水质评价中的应用研究[J]. 地下水,2018,40(5):79-80.

[228] 国家质量监督检验检疫总局,中国国家标准化管理委员会. 土地利用现状分类:GB/T 21010— 2017[S]. 北京:中国标准出版社,2017.

[229] 周开锡,罗德康. 断面水质评价法在内江市主要河流及湖库水环境质量分析中的应用[J]. 环境研究与监测,2017,30(3):56-59,68.

[230] 周游,陆安江,刘璇. 基于改进遗传算法的 BP 神经网络的水体叶绿素 a 含量预测[J]. 电子测试, 2022(15):37-42.

[231] 周哲睿,刘姣,吴浩力,等. 基于 MIKE21 模型的水交换数值模拟研究[J]. 陕西水利,2021(4): 17-20.

[232] 周志立,田文俊,梅新. 基于 Landsat 8 影像反演洪湖叶绿素 a 浓度[J]. 湖北大学学报(自然科学版),2017,39(2):212-216.

[233] 朱金凤,宋克鹏,张浩. 30 年间昕水河流域土地利用变化分析[J]. 资源节约与环保,2022(2): 14-16.

[234] 朱熹,刘黎明,叶张林. 无人机水质遥感监测方法[J]. 中国水运,2021(7):157-159.

[235] 邹涛. 地下水水质评价中 BP 人工神经网络模型的应用研究[J]. 水土保持应用技术,2017(1): 19-21.

[236] 邹宇博. 水质高光谱遥感反演模型建立及优化研究[D]. 北京:中国科学院大学(中国科学院长春光学精密机械与物理研究所),2022.